ÉLÉMENTS

DE

PHYSIOLOGIE.

IMPRIMERIE DE LACHEVARDIERE FILS,

SUCCESSEUR DE CELLOT,

rue du Colombier, n. 3o.

ÉLÉMENTS

DE

PHYSIOLOGIE

DU PROFESSEUR LAURENT MARTINI;

TRADUITS DU LATIN PAR F. S. RATIER,

DOCTEUR EN MÉDECINE DE LA FACULTÉ DE PARIS, MEMBRE CORRESPONDANT
DE LA SOCIÉTÉ ROYALE DE MÉDECINE DE BORDEAUX.

AVEC

DES ADDITIONS COMMUNIQUÉES PAR L'AUTEUR,

ET DES NOTES DU TRADUCTEUR.

A PARIS,

CHEZ CREVOT, LIBRAIRE-ÉDITEUR,

RUE DE L'ÉCOLE DE MÉDECINE, N° 3,

PRÈS CELLE DE LA HARPE.

1824.

PRÉFACE.

Présenter dans un seul volume, avec ordre et clarté, l'état actuel des connaissances physiologiques ; en offrir au lecteur le tableau abrégé, mais complet, de manière à le préparer à l'étude plus approfondie de la science, tel est le but que s'est proposé le professeur Martini, et qu'il a rempli en publiant le précis des leçons qu'il fait à l'université de Turin.

Nous avons pensé que ce travail, transporté dans notre langue, pourrait offrir quelque utilité aux personnes qui veulent aborder l'histoire de l'homme ; et l'assentiment de professeurs distingués nous a fait entreprendre la traduction que nous offrons aujourd'hui au public.

M. Martini a bien voulu nous transmettre quelques modifications qu'il se
propose d'insérer dans une prochaine édi-
tion. De notre côté, nous avons cherché
à compléter, autant que possible, ces
Éléments de Physiologie par des notes
extraites des ouvrages les plus estimés en
ce genre, et notamment de l'*Anatomie
générale* du professeur Béclard, et de la
Physiologie de M. Adelon.

ÉLÉMENTS

DE

PHYSIOLOGIE.

PREMIÈRE PARTIE.

GÉNÉRALITÉS.

CHAPITRE PREMIER.

DÉFINITION ET DIVISION DE LA PHYSIOLOGIE.

1. La physiologie, d'après son sens étymologique, comprend l'étude de la nature tout entière ; mais on en a restreint l'acception, et on l'a définie la science des phénomènes que manifestent les corps vivants dans l'état de santé : on pourrait la définir, avec plus de concision encore, la science de la santé.

2. M. Richerand a défini la physiologie la science de la vie ; M. Magendie, la science qui

a pour objet la connaissance des phénomènes propres aux corps vivants : mais l'une et l'autre définition manquent de justesse, puisque la physiologie ne traite que des lois qui régissent les corps vivants dans l'état de santé.

3. On a désigné la physiologie par quelques autres dénominations. Cette science a reçu de divers auteurs les noms de nature animée, d'anatomie rationnelle, de physique vivante, d'économie vivante. Toutefois, par économie vivante, on a plus souvent entendu l'ensemble des forces qui animent les corps vivants, et des actions qui résultent de l'exercice de ces forces. On pourrait adopter le mot de zoonomie, si Darwin n'en avait trop étendu la signification, et ne l'avait appliqué à l'étude des lois de la vie dans l'état de santé comme dans celui de maladie.

4. D'après la distinction des corps vivants en animaux et végétaux, on divise ordinairement la physiologie en animale et végétale. Cependant, lorsque je me servirai du mot physiologie sans aucune autre désignation, je ne comprendrai que la physiologie animale.

5. On a, avec raison, divisé la physiologie, de même que l'anatomie, en simple et comparée : la première ne considère qu'une seule espèce d'animal, l'homme uniquement, si l'on traite de la physiologie humaine ; la seconde étudie les

analogies et les différences que présente l'économie des diverses espèces animales.

CHAPITRE II.

DE L'IMPORTANCE DE LA PHYSIOLOGIE.

6. La physiologie est, sans contredit, l'une des plus belles sciences, soit que l'on considère la grandeur de l'objet de son étude, soit que l'on ait égard à l'étendue de son influence, soit enfin qu'on envisage l'immense utilité qu'elle présente.

7. C'est de la vie que traite la physiologie. Quelle autre étude pourrait, à un plus haut degré, commander l'admiration et l'humilité devant le souverain créateur de toutes choses ? Tous les êtres vivants périssent ; l'espèce seule est immortelle. Au moyen d'un germe d'une petitesse infinie, l'œuvre mystérieux de la génération donne naissance à un nouvel être : après avoir reçu le principe de la vie, il se développe pendant un temps déterminé, paraît à la lumière, convertit à sa propre substance des matières étrangères, croît, remplit diverses fonctions, et reproduit des êtres semblables à lui-même. Mais

la vie, considérée dans chaque espèce d'animaux et de plantes, présente des variétés infinies, qui forment pour le scrutateur de la nature
une étude pleine de charmes.

8. L'être vivant reçoit l'impression des corps
extérieurs : leurs diverses influences produisent
chez lui tantôt le plaisir, tantôt la douleur; et
tantôt la santé n'en reçoit aucune atteinte, tantôt
il en résulte un état de maladie. C'est pourquoi
la physiologie ne se borne pas à étudier les corps
vivants; elle comprend dans ses considérations
la nature tout entière; elle examine les modifications de l'air, observe les effets de la lumière,
de l'électricité, du galvanisme, détermine les
propriétés des aliments; enfin, après avoir parcouru la terre et pénétré dans ses endroits les
plus reculés, elle s'élance avec une noble audace
jusque dans les cieux, et recherche si les corps
qui y roulent peuvent avoir quelque influence
funeste.

9. Que de services on peut attendre de la physiologie! L'homme est né pour le bonheur; mais,
si l'on jette les yeux sur les temps passés, on se
convainc qu'il ne lui est pas permis d'atteindre
à une félicité parfaite et sans nuage : c'est le sage
avis que nous donne Homère, ce premier peintre
des temps anciens, et qu'il met dans la bouche
de Priam, lorsque ce prince infortuné vient,

baigné de larmes, auprès du superbe Achille réclamer les dépouilles de son fils Hector. Toutefois il est une somme de bonheur dont l'homme peut espérer de jouir ; pour y parvenir, il faut qu'il use avec sagesse des facultés que lui a départies l'Être-Suprême : ces facultés appartiennent, les unes au corps, les autres à l'âme ; les unes ne peuvent être cultivées à l'exclusion des autres. Le lien secret qui unit le corps à l'âme, l'influence mutuelle de ces deux substances et l'alliance étroite qu'elles ont contractée, sont démontrés par des effets irrécusables ; c'est à cause de cela que les facultés du corps, dirigées convenablement, ont une influence avantageuse sur celles de l'âme.

10. Ainsi ils auront également recours aux lumières de la physiologie ceux auxquels est confiée l'éducation de l'enfant dans les premières années de son existence, ceux qui instruisent la jeunesse dans des sciences plus importantes, qui l'élèvent pour en faire l'espoir de la patrie ; et les ministres de la divinité qui dirigent la conduite des peuples, et les dispensateurs de la justice chargés de composer les lois, ou de les faire observer. C'est à l'aide de la physiologie qu'on connaîtra bien les passions, qu'on les modérera, qu'on les dirigera vers le bien, d'où résultera le bonheur des peuples et des individus.

CHAPITRE III.

CONNAISSANCES NÉCESSAIRES POUR ENTREPRENDRE L'ÉTUDE DE LA PHYSIOLOGIE.

11. Lorsqu'on se propose d'étudier une science, il faut rechercher quelles sont les connaissances accessoires que l'on doit posséder pour y acquérir des notions justes et complètes: c'est ce qui m'engage à indiquer, dans les préliminaires de ces Éléments de physiologie, les connaissances indispensables à celui qui entreprend l'étude de la physiologie.

12. D'abord on doit avoir quelques notions de la langue grecque. La médecine est originaire d'Égypte ; c'est de cette contrée que, peu avancée et tout informe, elle passa chez les Grecs, qui, par leurs travaux, lui imprimèrent une marche imposante ; puis elle pénétra insensiblement dans les autres pays, et se transmit jusqu'à nous. Le langage médical, formé par les Grecs, fut conservé dans les temps postérieurs; et même, lorsqu'on crée de nouveaux mots pour exprimer des doctrines modernes ou des découvertes nouvelles, on a recours à la langue grecque : hon-

neur que cette langue ne doit pas seulement au respect que l'on a pour une nation qui a été l'origine de toutes les autres, mais bien plutôt à la facilité avec laquelle on réunit plusieurs mots pour former des mots composés, qui ont le mérite d'être courts et d'exprimer parfaitement des idées complexes.

13. C'est avec raison que Platon excluait de son école ceux qui ignoraient la géométrie. Les mathématiques, en effet, forment le jugement, et disposent l'esprit à procéder avec rigueur à la recherche de la vérité : mais ces sciences sont, sous d'autres rapports, particulièrement nécessaires à ceux qui se livrent à l'art d'Hippocrate. Il est divers passages dans les auteurs que l'on ne pourrait comprendre si l'on était étranger aux mathématiques. Privés de ces connaissances, comment, en effet, pourrions-nous expliquer les mouvements variés des animaux, la marche de la lumière dans l'œil, les modifications qu'éprouvent les vibrations de l'air dans l'oreille.

14. L'histoire naturelle, la physique, la chimie, prêtent des appuis nombreux à la physiologie. L'histoire naturelle, en donnant les caractères distinctifs de tous les corps de la nature, fournit au physiologiste les moyens de se former une idée de la vie par la comparaison des corps

qui en sont privés avec ceux qui en jouissent;
la physique, qui considère l'action réciproque
des corps accessibles aux sens et leurs modifications apparentes, nous découvre les phénomènes
de cette nature, qui se passent dans l'économie
vivante ; enfin, la chimie, qui fait connaître les
éléments constituants des corps organisés, si
elle n'a pas entièrement dévoilé les phénomènes
chimiques qui résultent de l'exercice de leurs
fonctions, a mis du moins sur la voie de les découvrir. La physiologie a fait de nos jours de tels
progrès, grâce aux travaux des chimistes modernes, qu'elle semble avoir presque entièrement
changé de face.

15. Puisqu'il existe un rapport si intime entre
l'âme et le corps, il est évident que les connaissances psychologiques doivent être d'une grande
importance pour les progrès de la physiologie:
la psychologie, en effet, recherche les modifications que l'âme reçoit du corps par lequel elle
est servie, et l'influence que l'âme elle-même
a sur le corps.

16. Quant à l'anatomie, il n'est personne qui
ne sente que cette science doit servir d'intro-
duction à la physiologie. Pour étudier les mouvements compliqués d'une machine quelconque,
ne faut-il pas en connaître tous les rouages ? Si l'on
consulte les annales de la médecine, on pourra

se convaincre que les progrès de la physiologie ont été liés à ceux de l'anatomie. Comment la première de ces deux sciences aurait-elle pu offrir quelque avancement à une époque où un respect mal entendu pour les morts empêchait d'interroger leurs dépouilles terrestres. Mais, dès que l'on se fut livré avec ardeur aux recherches anatomiques, non seulement la physiologie, mais la médecine tout entière se débarrassa d'une foule d'erreurs détruites par les beaux travaux des hommes les plus célèbres, s'enrichit de nouvelles découvertes ; et l'édifice de la science s'éleva sur des fondements plus solides.

17. En parlant de l'anatomie, je ne comprends pas seulement l'anatomie de l'homme ; on doit encore parcourir le champ si vaste de l'anatomie comparée. Buffon a parfaitement exprimé l'importance de cette science, lorsqu'il a dit que, s'il n'eût pas existé d'animaux, la nature de l'homme serait encore plus incompréhensible. C'est, en effet, à l'aide de l'anatomie comparée qu'on a pu connaître entièrement la texture des organes humains ; c'est à l'aide des vivisections d'animaux qu'on a pu être, jusqu'à un certain point, témoin du jeu des organes.

18. Quoique l'étude de la physiologie doive précéder celle de la pathologie (pour apprécier si quelque fonction est lésée, il faut bien savoir

ce qu'elle est dans l'état naturel), toutefois la connaissance de cette science jette beaucoup de lumière sur la première ; car si la lésion de quelque organe entraîne l'altération d'une fonction, il est évident que cet organe joue un rôle dans l'exercice de la fonction, ou du moins qu'il a quelque rapport avec les organes qui en sont chargés.

19. Il faut cependant se garder d'abuser des sciences dont la physiologie réclame les secours. Souvent des médecins se sont livrés avec trop de complaisance à des hypothèses basées sur la mécanique, la physique et la chimie ; et, supposant des analogies de phénomènes là où il n'en existe aucune, se sont éloignés de la route de la vérité, et sont tombés dans les erreurs les plus graves. Il est vraiment déplorable qu'on ne puisse extirper de l'esprit humain le vice qui lui est inhérent. Tous les jours nous critiquons les systèmes, et tous les jours nous en créons ; et, comme il est difficile d'en créer de nouveaux, nous reproduisons les anciens sous de nouvelles formes, sous des couleurs plus séduisantes ; bientôt, oubliant ce que nous avons fait, nous défendons de tout notre pouvoir le résultat de nos efforts : c'est un écueil funeste qu'il faut chercher à éviter avec le plus grand soin.

CHAPITRE IV.

RÈGLES QUE DOIT SUIVRE LE PHYSIOLOGISTE.

20. J'ai indiqué ci-dessus les connaissances nécessaires à celui qui veut se livrer à l'étude de la
physiologie ; je vais maintenant exposer les préceptes que doit suivre le physiologiste pour acquérir les notions les plus justes sur cette science.
Il faut premièrement qu'il connaisse ce qui a été
fait antérieurement. La nature, en effet, n'est pas
prompte à révéler ses secrets ; ce n'est qu'après
l'avoir interrogée long-temps qu'on peut espérer
d'en obtenir une réponse. Que de vérités sont
restées inconnues pendant une longue suite de
siècles ! que d'opinions regardées comme démontrées , et que de nouvelles observations ont fait
rejeter ! ce qui fait qu'on parcourt souvent les
travaux accumulés pendant plusieurs siècles pour
y trouver la vérité. Il est donc nécessaire de savoir ce qui a été connu des anciens pour adopter
ce qui est vrai, rejeter ce qui est faux, et examiner avec plus de sévérité ce qu'on peut mettre en
doute. Hippocrate a dit avec raison que le médecin devait être instruit de tout ce qui avait été

fait par ses prédécesseurs , afin de ne pas induire les autres en erreur , et de n'y pas tomber lui-même ; et Zimmermann prétend que le génie même peut devenir nuisible s'il n'est soutenu par l'érudition. N'est-il pas à craindre qu'il ne s'égare dans des routes où il n'a pas de guide assuré pour le diriger?

21. Je ne regarde pas comme érudits tous ceux dont la mémoire est surchargée plutôt de mots que de choses , et qui ne savent pas distinguer la vérité d'avec l'erreur : c'est une fausse érudition qui met des obstacles plutôt que d'aider à l'investigation de la vérité. Pour avoir une véritable érudition, il faut savoir juger les connaissances qu'on a acquises, distinguer le vrai du faux, les choses démontrées de celles qui sont encore en problème.

22. Voici la maxime qu'on doit avoir présente à l'esprit lorsqu'il s'agit de juger les auteurs: « Il ne faut pas se laisser entraîner par l'autorité des grands noms. » Combien une aveugle admiration pour les anciens n'a-t-elle pas retardé les progrès de la philosophie ! Que d'erreurs se sont propagées dans toutes les sciences , et surtout dans la nôtre, par le respect trop absolu qu'on a voué aux opinions d'hommes célèbres. L'on doit chercher à reconnaître les erreurs des savants , pour se frayer , au milieu d'elles , un chemin qui conduise à la vérité, pour les éviter, et ne pas les

soutenir contre les efforts de la raison. Examinez si l'auteur que vous lisez est présomptueux, s'il cherche à colorer les faits, ou s'il les présente avec modestie et candeur : dans le premier cas, défiez-vous-en, voyez s'il se rapporte avec ceux qui ont traité le même sujet ; dans le cas où il est en opposition avec eux, discutez ses opinions avec plus de sévérité.

23. Lorsqu'au moyen de l'érudition vous aurez acquis les meilleures dispositions pour vous livrer à toutes sortes de recherches, interrogez la nature par vous-même, en faisant des observations et des expériences ; tant que les philosophes n'ont pas suivi cette voie, ils se sont égarés dans les détours des vaines subtilités ; ce n'est que lorsque l'on se fut livré, d'après les préceptes de Bacon, à l'observation et à l'expérience, que les ténèbres se sont dissipées et que la vérité a brillé dans tout son jour.

24. Il est quelques conditions à remplir pour bien observer et bien expérimenter. Puisque les organes des sens sont les moyens dont nous nous servons pour parvenir à la connaissance des faits, il faut que ces organes soient dans un état parfait d'intégrité, et qu'ils offrent toutes les qualités dont ils sont susceptibles. La première de ces conditions dépend de la nature, la seconde s'acquiert par l'exercice. On doit, par

conséquent, exercer les organes des sens, surtout de ceux qui sont nécessaires pour saisir les phénomènes des corps vivants. L'esprit dirigera toute son attention de manière à pouvoir décomposer les idées complexes, distinguer les éléments qui les constituent, apprécier leurs rapports mutuels, et en déduire de nouvelles idées à l'aide de la réflexion.

25. Celui qui désire atteindre la vérité, doit l'aimer pour elle-même, doit la regarder comme l'unique but de ses efforts: il tâchera de se garantir des illusions de la vanité; il rejettera toute hypothèse qui n'aurait pour base que des faits torturés, ou qui ne serait que le produit d'une imagination trop vive. S'il arrive que le raisonnement et l'analogie le portent à faire quelque hypothèse, il la proposera avec réserve, et se gardera de la ranger prématurément parmi les vérités démontrées.

CHAPITRE V.

HISTOIRE DE LA PHYSIOLOGIE.

26. Après avoir démontré la nécessité de l'érudition, il convient de faire précéder l'étude de

la physiologie par l'exposé historique de cette science. Ne devant pas ici traiter ce sujet d'une manière complète (l'on ne pourrait, en effet, juger les connaissances auxquelles on est censé être encore étranger), je ne parcourrai que les sommités de l'histoire de la science : j'entrerai dans plus de détails lorsque je traiterai chaque sujet en particulier. Il est presque impossible de décrire les diverses phases de la physiologie sans exposer en même temps l'avancement de toute la médecine; je serai donc forcé quelquefois de parler de faits qui sembleront appartenir davantage à d'autres branches de cette science.

27. Dans les temps les plus reculés, la médecine, basée sur l'observation, l'expérience et l'analogie, consistait uniquement dans la guérison des maladies. On regardait comme un sacrilége d'ouvrir des cadavres : il ne pouvait point exister d'anatomie, ni, par conséquent, de physiologie. Mélampe, Chiron, Esculape, se sont rendus illustres en Grèce ; le chantre d'Achille a célébré Machaon et Podalyre. Jusque là on s'occupe de décrire des maladies, de faire connaître des remèdes vantés ; mais rien n'indique qu'on ait eu les premières notions de la structure des animaux et du jeu de leurs organes.

28. Pythagore le premier, six cents ans avant Jésus-Christ, associa la médecine à la philosophie,

et expliqua les fonctions du corps humain par le pouvoir des nombres, qui, suivant lui, présidaient à tous les phénomènes de la nature.

29. Alcméon de Crotone, disciple de Pythagore, disséqua des animaux; Démocrite passa sa vie à étudier leur organisation; il examina les propriétés des plantes, et augmenta le nombre des médicaments; l'on doit aussi à Empédocle divers travaux qui procurèrent quelque avancement à la médecine, et surtout à l'anatomie et à la physiologie : c'est ce philosophe qui le premier signala l'analogie qui existe entre la génération des animaux et celle des végétaux.

30. Dans le temps que l'illustre Périclès embrasait le cœur de ses concitoyens d'une noble passion pour les grandes choses, que Socrate, par ses discours et ses actions, donnait ses sublimes leçons de morale, Hippocrate jetait les fondements de notre science. Ce grand homme, rassemblant les notions éparses et peu connues sur le traitement des maladies, les dispose dans un ordre savant, et fait monter au rang des sciences l'art de guérir, qui, avant lui, ne présentait que vague et incertitude. Il avait dès sa jeunesse gravé dans sa mémoire les préceptes de ses ancêtres, qui s'étaient rendus célèbres par leur habileté; enflammé du désir d'apprendre, il parcourt les diverses contrées de la Grèce, visite les

temples où les malades venaient chercher la santé,
étudie les tables votives, consulte les écoles de
médecine, quelquefois même les oracles; fréquente les hommes qui excellent dans leur art,
les interroge modestement ; lui-même rédige les
observations qu'il fait sur les malades confiés à
ses soins, examine attentivement les symptômes
des maladies, signale la puissance des remèdes,
sans négliger de rappeler les efforts salutaires de
la nature; il expose, avec la candeur qui convient
à un sage, ce qu'il a vu, ce qu'il a expérimenté ;
ple ind'admiration pour les merveilleux phénomènes de la machine animale, il conçoit la différence qui existe entre les corps vivants et ceux
qui, privés de vie, sont soumis aux seules lois physiques et chimiques; il enseigne qu'il y a dans
les êtres vivants quelque chose qui veille à leur
conservation, qui s'oppose aux causes morbifiques, qui tend à ramener au type de la santé les
fonctions lésées : ce principe inconnu dans son
essence, manifeste seulement par ses effets, il
l'appelle ἔνορμον, c'est-à-dire la *force qui fait effort;*
il lui donne plus souvent le nom de nature (φῦσις);
il prévient que le médecin n'est que le ministre
de la nature, que tout son art consiste à secon-
der ses opérations, à les modérer à propos si
elles ont trop d'activité, à les exciter au contraire si elles sont faibles et languissantes.

31. Les médecins dogmatiques, livrés aux subtilités scolastiques, font de vains et d'imprudents efforts pour pénétrer les secrets les plus cachés de la nature ; ils se jettent dans la recherche des causes occultes, la nature garde un silence profond ; cependant, s'avançant avec plus de témérité dans la route où ils sont entrés, ils créent, dans le délire de leur imagination, des fantômes, qu'ils étendent, embellissent, et qu'ils défendent de tout leur pouvoir comme autant de vérités irréfragables, sans se souvenir de leur origine. Tous ces médecins ne professent pas une même doctrine, ou, pour mieux dire, ne sont pas agités par une seule espèce de délire : ils se partagent en diverses sectes ; mais tous, pour s'être écartés des principes d'une saine logique, se précipitent d'erreur en erreur.

32. Aristote, sous les auspices d'Alexandre le Grand, jette les fondements de l'histoire naturelle ; et, en se livrant aux dissections du corps humain, il ouvre la voie aux anatomistes. C'est au philosophe de Stagyre que l'on doit d'avoir comparé l'homme avec les animaux : comment aurait-il pu le faire s'il n'eût eu quelque connaissance de la structure de l'homme. Érasistrate, Hérophile, Eudème, marchant sur les traces d'Aristote, communiquèrent par leurs travaux une impulsion puissante à l'anatomie humaine.

33. Les heureux commencements de cette
science semblaient présager à la médecine des
destinées plus favorables : une circonstance funeste détruisit les espérances qu'ils devaient
donner. Sérapion d'Alexandrie, se mettant à la
tête des médecins empiriques, s'élève contre les
doctrines des dogmatiques : il proclame que les
causes premières, appelées contingentes, finales,
étant pour toujours cachées aux hommes, ne
doivent pas être l'objet de vaines recherches, que
la saine médecine ne doit être basée que sur l'observation et l'expérience ; en même temps il ré-
prouve les recherches anatomiques, et soutient
témérairement qu'il est inutile de connaître comment s'exécutent les fonctions dans l'état de
santé, comme dans celui de maladie.

34. Bientôt Asclépiade s'élève avec force contre
les empiriques ; il cherche à expliquer les phénomènes de l'économie animale d'une manière
toute nouvelle ; il reproduit le système des atomes,
qui avait servi à Démocrite à concevoir tous les
phénomènes de la nature, et l'applique au corps
humain : à l'entendre, la santé résulte du rapport exact entre les pores que présentent les solides et les atomes dont sont formés les fluides ;
si une cause quelconque altère ce rapport, la
maladie se produit aussitôt.

35. Thémison, à l'imitation de son maître,

négligeant la recherche des causes qui concourent à déterminer la maladie, ne s'occupe que des divers degrés de densité et de raideur de la fibre organique : il rapporte toutes les maladies à la tension, au relâchement, et à un état qui tient le milieu entre les précédents ; et il donne à son système le nom fastueux de méthodique.

36. Dans le même temps, Athénée supposait dans l'économie l'existence d'un principe qu'il appela πνεῦμα, souffle, esprit ; il attribuait les maladies à l'altération de ses fonctions. Agathinus et Archigène, chefs de la secte éclectique, cherchèrent à concilier les doctrines des empiriques, des méthodistes et des pneumatistes ; mais leurs efforts n'aboutirent qu'à mettre plus de confusion encore dans la médecine.

37. Arétée, qui s'était rangé d'abord parmi les pneumatiques, embrassa bientôt après la doctrine des éclectiques. On doit louer cet auteur d'avoir, à l'exemple d'Hippocrate, observé avec soin les symptômes des maladies : les descriptions qu'il nous a laissées réunissent l'éclat au mérite de l'exactitude. Celse, qui n'appartint à aucune secte, nous transmit, dans son langage élégant, les faits consacrés par l'expérience, et mérita d'être surnommé le Cicéron des médecins.

38. Pendant que les médecins s'occupaient de créer de vaines hypothèses, et de former des

sectes, Galien rappelait avec force ses contemporains à la doctrine d'Hippocrate : doué d'un génie fécond et brillant, d'une vaste érudition et d'une éloquence persuasive, jaloux d'étendre sa renommée et plus encore les progrès de son art, Galien examine avec soin les divers systèmes, les discute avec impartialité, les réfute avec une étonnante sagacité ; il consulte le père de la médecine, qu'il regarde comme un oracle infaillible, et sur les ouvrages duquel il fait de lumineux commentaires. Trop attaché cependant aux dogmes de la philosophie d'Aristote, il ne se tient pas lui-même assez en garde contre les séductions des hypothèses ; il multiplie sans raison les forces de la vie, crée autant de facultés qu'il existe de fonctions. Suivant lui, quatre humeurs principales circulent dans l'économie : savoir, le sang, la bile, la pituite et l'atrabile ; et, sur la prédominance et l'état de ces humeurs, il base sa théorie des tempéraments et des maladies ; il propose une foule de variétés du pouls, enfin il s'égare de tous côtés dans le champ des suppositions. Cependant la doctrine de ce grand homme a traversé les siècles ; pendant long-temps le nom de Galien a retenti dans toutes les écoles de médecine, et l'on a considéré comme un sacrilége de s'écarter quelque peu de ses opinions.

39. Mais, lorsque des hordes de barbares se furent précipitées sur l'empire romain et eurent renversé ce colosse puissant, la dévastation, la terreur, le massacre, régnèrent de tous côtés : les muses cherchèrent un asile où elles fussent à l'abri du tumulte et des fureurs de la guerre ; et la médecine, restée sans action, fut plongée dans l'ignorance.

40. Les Arabes, après avoir détruit Constantinople et dévasté les monuments des sciences et des arts, sentirent bientôt que, privés de leur influence, ils ne pouvaient que rester dans un état de barbarie; et ils s'adonnèrent aux belles-lettres. Ils tentèrent de relever les études de la philosophie et de la médecine, l'une de ses branches les plus distinguées; mais, agités par de continuelles guerres, ils semblaient peu propres à fixer chez eux le séjour des muses. Aussi, à ces époques funestes, les sciences ne marchèrent pas seulement avec lenteur, elles s'égarèrent trop long-temps dans des routes ténébreuses, et tombèrent dans un grand nombre d'erreurs.

41. Dans ce temps un délire, devenu presque universel, s'empara de l'esprit de la plupart des savants, je veux parler de l'alchimie. Paracelse, à une époque plus rapprochée de la nôtre, s'acquit une grande célébrité parmi les alchimistes; les écrits de cet homme bizarre sont remplis de

passages mystiques, de contes absurdes, et des rêves de l'astrologie. Certainement les discours d'un insensé ne présentent pas plus d'incohérence, et cependant cet homme séduisit les savants à un tel point, qu'ils n'élevèrent pas le moindre doute sur ce qui leur était débité. Suivant lui, la matière sort des mains de la nature toute brute et toute informe; peu à peu elle est élaborée, perfectionnée, puis convertie en or. L'imitation de ces opérations ne faisant pas seulement concevoir l'espérance d'acquérir de grandes richesses, mais encore celle de conserver une santé florissante, et d'arriver à la longévité, tel était le but des alchimistes, et c'est d'après cela qu'ils dirigeaient leurs travaux et prodiguaient leurs promesses. Cette folie, qui ne devait exciter que la raillerie, dura pendant un grand nombre d'années; d'où l'on peut conclure qu'il n'est aucune extravagance à laquelle ne puisse être porté l'esprit humain, dès qu'il s'éloigne des principes rigoureux du raisonnement.

42. Cependant on commençait à cultiver l'anatomie avec plus d'ardeur. Susius reconnaît que les veines caves prennent naissance au cœur; Mondini étudie le corps humain avec plus d'exactitude, le canal thorachique est découvert par Eustachi. On doit citer avec honneur les noms de Vesale, Fallope, Fabrice d'Aquapendente,

Fernel, dont les travaux augmentèrent considérablement les connaissances anatomiques. Servet fait connaître la circulation pulmonaire ; Césalpin esquisse les premiers traits de la circulation générale, que Harvey démontre par des arguments irrésistibles.

43. L'anatomie faisait de jour en jour des progrès ; mais la physiologie était loin de marcher sur la même ligne : ce n'était que beaucoup plus tard que la lumière devait se répandre sur cette science ; l'alchimie lui opposait des entraves qu'il était difficile de surmonter.

44. Vanhelmont, quoique fauteur de la prétendue science des alchimistes, sentit parfaitement le peu de résultats que devaient produire leurs travaux ; il étudia la nature avec plus de réserve, et ne la supposa pas d'après les rêves de son imagination ; il pensa qu'on ne pouvait concevoir les phénomènes des corps vivants sans admettre l'existence d'un principe qui préside à leurs actions : il donna à ce principe le nom d'*archée*. Cet homme célèbre fut loin toutefois de s'abstenir de toute hypothèse. Willis, encore entaché des erreurs de l'alchimie, et comparant à tort le corps humain avec un laboratoire de chimie, suppose dans l'économie des acides et des alcalis, des fermentations et des effervescences.

45. Cependant l'Europe, plongée depuis long-

temps dans les épaisses ténèbres de l'erreur, voyait s'élever sur l'horizon des astres brillants qui lui présageaient des jours plus heureux. Bacon, Descartes et Galilée secouent le joug servile de l'autorité, entreprennent d'arracher l'esprit humain à ses vains préjugés, et de le ramener dans la voie directe de la vérité. Le philosophe anglais, embrassant toutes les sciences dans sa pensée, indique ce qui doit contribuer aux progrès de chacune d'elles. Ce grand homme donne le précepte d'étudier la nature par l'observation et l'expérience ; il se moque de ceux qui dirigent leurs recherches vers les causes occultes, et compare la théorie des causes finales à ces vierges consacrées à la divinité, et qui sont condamnées pour toujours à la stérilité. Descartes propose un système imaginaire pour l'explication des phénomènes de la nature, et son intention, comme on doit penser, n'a pas été d'entraîner la conviction, mais de frapper les esprits de l'éclat de la nouveauté, et de détruire les erreurs qui règnent depuis long-temps. Enfin, le philosophe italien n'avait aucune opinion qui ne fût appuyée sur les faits et sur des arguments invincibles ; mais on a peine à croire jusqu'à quel point s'enracinent les préjugés, et combien il est difficile, je ne dis pas seulement de les extirper, mais même de les ébranler : aussi les doctrines alchimistes ne furent-elles pas entièrement re-jetées, et si elles parurent perdre de leur crédit, elles ne cédèrent pas encore la place à la vérité, mais bien à des systèmes non moins absurdes qu'elles.

46. Borelli s'applique à rattacher les phéno-mènes de l'économie animale aux lois de la mé-canique; Bellini fait tous ses efforts pour étendre l'application de cette science à la médecine; à la même époque, Sylvius chercha à ressusciter les doctrines de l'alchimie, qui touchaient à leur ter-me : toutefois les théories mécaniques parurent toujours dominer. Newton y contribua surtout par les progrès qu'il fit faire aux sciences mathé-matiques, dont il rendit l'étude si attrayante que tous les savants se dirigèrent vers elles.

47. Pendant ce temps, Sydenham, appréciant la futilité des hypothèses, prend la nature seule pour guide et pour modèle.

48. Stahl s'écarte des théories mécaniques et chimiques : il enseigne que les phénomènes de la vie dérivent d'un principe étranger aux corps inorganiques et aux corps organisés dont la mort s'est emparée. Suivant lui, l'âme est ce principe. Quelques personnes, je le sais, sont portées à croire que Stahl ne considérait pas l'âme pensante comme le principe de la vie, qu'il désignait seulement ce principe sous le nom

d'âme; mais je ne vois pas trop les raisons de leur opinion : car ce grand médecin, dans divers endroits de ses ouvrages, exprime son admiration sur la prévoyance de l'âme, soit pour repousser les causes morbifiques, soit pour rétablir les fonctions qui se sont écartées de leur état naturel. L'hypothèse de Stahl est certainement plus près de la vérité que toutes les autres : les théories mécaniques et chimiques sont, en effet, insuffisantes pour expliquer les phénomènes de l'économie : il faut donc admettre une force qui y préside. La médecine aurait dû reconnaître le vice de ces théories et suivre une voie plus sûre : il n'en fut pas ainsi. Boërhaave remet en honneur les mathématiques et la chimie ; il suppose l'existence d'un fluide qui se répand, au moyen des nerfs, dans les parties vivantes et détermine leurs actions. L'exemple de cet homme célèbre porta de tous côtés les médecins à faire une application abusive des sciences qui avaient été l'objet de sa prédilection.

49. Dans le même temps, Hoffmann enseigne que les phénomènes de la vie dérivent d'un principe auquel il donne le nom d'âme sentante, pour qu'on ne la confonde pas avec l'âme raisonnable : il considère celle-là comme un fluide très subtil qui, du cerveau où il est sécrété, se répand dans tout le corps par l'intermède des

nerfs. Le système d'Hoffmann reçut d'heureuses modifications de Gorter, Gaubius, Cullen, Sauvages, Plater. Baglivi, Glisson, Grégory, admirent l'existence d'une force motrice propre aux corps vivants; Haller l'étudia avec plus de détails, et la désigna, avec Glisson, sous le nom d'irritabilité. Les premiers l'avaient considérée dans toutes les parties du corps; Haller la restreignit aux organes musculaires.

50. Pendant que ces hommes illustres cherchaient à expliquer les phénomènes de la vie par des forces spéciales, quelques autres, jouissant aussi d'une certaine célébrité, voulurent transporter la théorie de l'électricité dans la médecine. De ce nombre fut notre compatriote Gardini, qui s'est fait une grande réputation parmi les physiciens.

51. Sur ces entrefaites, Brown apparaît au monde médical, sur lequel il répand une lumière éclatante; une foule de vérités, jusqu'alors inconnues, deviennent évidentes et palpables. Quelle simplicité dans son système! quel enchaînement dans ses idées! quelle force dans ses arguments! Les corps organisés sont doués d'une force qui les assujettit, pour condition de la vie, à l'influence de certains agents : cette force est appelée incitabilité, les agents portent le nom de stimulants; celle-là est une et identique dans

tout le corps, ceux-ci varient avec la texture des parties qu'ils doivent modifier.

52. Bichat, quelque temps après, professa une doctrine plus complète que celle du médecin écossais, mais qui ne paraît pas s'en écarter beaucoup, et qui ne jeta pas plus de lumières sur les phénomènes de la vie. Suivant ce physiologiste, il existe deux forces dans les corps vivants, la sensibilité et la contractilité : l'une et l'autre de ces facultés se distingue en deux espèces, suivant qu'elles dépendent de la volonté ou qu'elles sont soustraites à son empire. Hébenstreit établit une autre propriété qui rend les parties stimulées susceptibles de se tuméfier ; il la distingue de la contractilité, et la désigne sous le nom de turgescence vitale. Cependant les hommes les plus distingués, surtout en Italie, restaient fidèles au système de Brown. Ce médecin, malgré ses nombreuses et grandes découvertes, n'avait pas toujours rencontré la vérité : c'était à l'observation à réformer ses erreurs ; mais il arriva par malheur que les uns rejetèrent sa doctrine avant d'avoir pu la juger, et que les autres en défendirent les erreurs avec plus d'ardeur que les vérités.

53. De nos jours, Rasori se proposa, non de renverser le système de Brown, mais de le modifier légèrement : le médecin écossais avait dit

que tout ce qui affecte la fibre organique déterminait une action stimulante; Rasori prétendit,
au contraire, qu'il y avait certains agents doués
d'une propriété opposée, et qu'il appela à cause
de cela contre-stimulants (1).

54. Pendant que le système de Brown parta-
geait les opinions des médecins, on émettait diverses théories qui ont eu peu d'influence sur la
médecine. D'après les expériences de Galvani, Al-
dini, Girtanner, Humboldt, regardèrent le fluide
électrique comme la cause de tous les phénomènes que manifestent les corps vivants. Dans le
même temps on voulait les rattacher aux lois de
la chimie; on concilia bientôt ces opinions : le
fluide électrique fut regardé comme la cause des
décompositions et des combinaisons qui s'observent dans la machine vivante. Cette théorie,
qu'on n'a pas accueillie en Italie, paraît jouir
de beaucoup de faveur en Allemagne. D'après

---

(1) On peut s'étonner que M. Martini, après avoir cité
Brown, Bichat et Rasori, n'ait point parlé de M. Broussais,
dont la doctrine, de quelque manière qu'elle soit jugée et
accueillie en Italie, méritait certainement d'être mention-
née. L'application toute nouvelle que ce célèbre médecin
a faite de l'idée fondamentale de Brown, et les développements qu'il a donnés aux principes de Bichat, doivent avoir
sur la physiologie et la théorie médicale une influence qui
s'est déjà fait ressentir, et qu'il serait injuste de mécon-
naître.

elle, l'univers serait un vaste électromoteur composé d'un nombre infini d'électromoteurs plus petits ; le corps humain serait également un électromoteur, et chacune de ces parties douée de la même propriété. Tous les phénomènes proviendraient du fluide électrique.

55. On voit qu'il a toujours existé quelques hommes qui, se préservant de l'esprit d'hypothèses, s'appliquèrent à dévoiler, autant qu'il nous est permis, les mystères de la nature. J'ai signalé ceux qui se sont illustrés par les travaux les plus importants ; et je remarquerai avec joie que l'Italie, ma belle et chère patrie, qui a été dans tous les temps le berceau des sciences et des arts, n'est pas restée aujourd'hui en arrière des autres nations dans la part qu'elle a prise à l'avancement de toute la philosophie naturelle, et surtout de la médecine.

CHAPITRE VI.

PARALLÈLE DES CORPS DE LA NATURE.

56. La vie est couverte d'un voile épais ; il est moins facile de dire ce qu'elle est que ce qu'elle n'est pas : aussi les physiologistes, avant

d'étudier les phénomènes des êtres vivants, jettent-ils un coup d'œil général sur tous les corps de la nature; ils signalent les propriétés qui leur sont communes ; et ceux qu'ils voient se soustraire aux lois de la physique et de la chimie sont réputés jouir de la vie. Je suivrai cet utile exemple, et ferai en quelques mots l'examen comparatif des divers corps de la nature.

57. Si nous jetons nos regards sur ce vaste univers, nous y découvrons des corps dont le nombre est infini et la forme variée. Au milieu de cette multitude d'objets, nous sommes frappés de plusieurs caractères qui nous permettent d'établir certaines classes générales : la distinction de tous les corps de la nature en trois règnes, animal, végétal et minéral, est consacrée depuis long-temps en histoire naturelle; le premier comprend les animaux, le second les végétaux, et le dernier tout ce qui est privé d'organisation. Quelques personnes, pour distinguer l'air de la terre, ont proposé un autre règne, sous le nom de règne atmosphérique. Dans ces derniers temps, cette division n'a pas paru entièrement convenable, en ce que les règnes animal et végétal présentaient par leur organisation un caractère commun qui devait les faire réunir dans la même classe ; c'est ce qui a fait adopter généralement la division suivante : les corps sont rangés dans

deux grandes classes ; l'une renferme les corps organisés, l'autre les corps inorganiques. On donne le nom d'organisés aux corps composés de diverses parties solides et fibreuses, et de divers fluides contenus dans des canaux. Les corps inorganiques, au contraire, sont formés de parties homogènes, ou du moins ne sont pas nécessairement constitués par des parties de diverse nature. On appelle encore vivants les corps organisés, et morts les corps inorganiques. On doit cependant observer, si l'on veut mettre de la sévérité dans son langage, que ces expressions ne peuvent pas être synonymes : les corps organisés, en effet, présentent quelque temps encore après la mort une disposition organique ; et quand on parle d'un corps mort, on comprend qu'il a cessé de vivre, tandis que les corps inorganiques n'ont jamais joui de la vie. Cependant, pour me conformer à l'usage, je me servirai également de ces dénominations. Il est aussi bon de savoir que les chimistes donnent le nom de substances organiques à celles qui proviennent des corps organisés, quoique privés de la vie.

58. On distingue les corps organisés en animaux et végétaux ; les corps inorganiques, en simples et composés ; les corps simples sont ceux qui, par aucun moyen de l'art, ne peuvent être dé-

composés en divers éléments ; les corps organisés
sont tous composés.

59. Je dois noter avec plus de détails les caractères qui font rapporter tous les corps à ces
diverses classes. La première différence entre les
corps inorganiques et les corps organisés est établie par l'homogénéité des premiers et la composition des seconds : brisez un bloc de marbre,
écrasez-le, chaque fragment sera semblable à la
masse entière. Les parties des corps organisés, au
contraire, sont dissemblables : les végétaux vous
offriront l'écorce, le liber, le bois, la moelle ;
dans les animaux, vous rencontrerez des os, des
muscles, des nerfs, des membranes.

60. Les corps organisés sont nécessairement
formés de parties solides et de parties fluides :
les premières sont, à l'exception d'un petit nombre, disposées en fibres ; encore si la texture de
l'œil n'est pas manifestement fibreuse, l'analogie y fait supposer cette disposition : les fluides
sont de diverses sortes ; ils sont contenus dans
des canaux particuliers, où ils circulent tant que
la vie existe. Au contraire, des solides et des fluides n'entrent pas nécessairement dans la composition des corps inorganiques : les uns ne sont
pas tout-à-fait solides, et d'autres parfaitement
fluides ; il en est aussi qui, sous forme de cristaux,
contiennent à la fois des parties solides et liqui-

des, mais ils peuvent en être dépouillés sans changer de nature. Il suffit de remarquer que ces parties fluides, c'est-à-dire l'eau, sont combinées au lieu d'être contenues dans des vaisseaux et de s'y mouvoir.

61. Les corps inorganiques sont quelquefois simples ; la plupart sont binaires. Les corps organisés, au contraire, sont composés, et formés au moins de trois éléments ; l'analyse fera toujours découvrir dans le végétal de l'oxygène, de l'hydrogène et du carbone, dans quelques cas, de l'azote : ces quatre principes se rencontrent constamment dans les parties animales ; il en est d'autres que l'on n'y trouve pas également répandus, comme le phosphore, la soude, la chaux, etc.

62. Les corps inorganiques, simples ou composés, persistent dans le même état ; ils n'éprouvent aucun changement, à moins que quelque cause étrangère ne sépare leurs éléments et ne les sollicite à de nouvelles combinaisons ; lorsqu'au contraire le principe de la vie, qui s'opposait à l'action des lois chimiques, a abandonné les corps organisés, formés de plusieurs éléments, leurs diverses parties se décomposent bientôt sans l'intervention d'aucune cause étrangère, et donnent naissance à des composés nombreux.

3.

63. Toutes les parties des corps organisés concourent à un même but ; dès qu'on les sépare, le corps entier périt, la vie disparaît. Il n'en est pas de même des corps inorganiques : chacune de leurs parties est indépendante des autres ; séparées, elles existent également et ne changent pas de nature.

64. Dans les corps organisés de la même espèce, les formes présentent le même type ; les corps inorganisés se montrent sous des figures variées : les formes primitives des cristaux sont à la vérité les mêmes dans chaque masse d'un même composé, mais les formes secondaires offrent beaucoup de variétés. Les corps organisés affectent plus ou moins les formes arrondies, tandis que les corps inorganiques, à l'état de cristallisation, ont pour caractère de se terminer par des surfaces planes.

65. Les corps inorganiques augmentent de volume par l'addition successive de molécules à leurs surfaces, tandis que les corps organisés croissent en vertu d'une force qui leur est particulière ; ceux-ci proviennent de corps semblables à eux, et donnent naissance à des êtres semblables ; ceux-là n'ont point de génération.

66. Les corps inorganiques sont seulement soumis aux lois de l'attraction et de l'affinité ; les corps organisés, au contraire, exécutent,

tant qu'ils jouissent de la vie, plusieurs fonctions étrangères aux premiers.

67. Enfin, les corps organisés périssent après une période de temps déterminée pour chacun d'eux ; ils perdent les propriétés dont ils jouissaient pendant la vie, et se réduisent en leurs éléments. Les corps inorganiques, ne jouissant pas de la vie, ne sont pas soumis à la mort ; on peut les briser, les dissoudre, mais ces changements d'état ne peuvent pas être assimilés à la mort.

68. Il me reste maintenant à tracer les différences que présentent les animaux et les végétaux. Les animaux, comme je l'ai déjà dit, ont une composition plus compliquée que les végétaux. L'azote, qui est abondant dans les premiers, n'existe pas ou existe en petite quantité dans les végétaux.

69. La proportion des solides aux liquides est moindre dans les animaux et plus forte dans les végétaux. Dans ceux-là les solides forment la sixième partie de la masse totale du corps ; ils entrent pour un quart dans les derniers.

70. Tous les animaux, depuis le zoophyte jusqu'à l'homme, sont pourvus d'une cavité destinée à élaborer les substances alimentaires ; les végétaux, au contraire, absorbent leurs principes nutritifs par leur surface externe. Il y a long-

temps qu'Hippocrate a dit que l'estomac était pour les animaux ce que le sol était pour les plantes. Toutefois les animaux paraissent absorber à la surface du corps quelques principes nutritifs.

71. Les végétaux n'ont point conscience des phénomènes qui se passent en eux. Quelques auteurs ont contesté ce fait: il est bon de rapporter en peu de mots les raisons sur lesquelles ils appuient leur opinion. Anaxagore, Thalès, Démocrite, ont attribué du sentiment aux plantes. Buffon a dit qu'un végétal était un animal plongé dans le sommeil ; la même opinion a été soutenue avec force par Bonnet, Darwin et Percival : mais il est plusieurs considérations qui portent à la mettre en doute. La nature n'opère que lentement et par gradation , ce qui a pu donner lieu de penser que les végétaux , qui ont tant de rapports avec les animaux, n'étaient point étrangers à toute sensibilité. On voit des feuilles se fermer au coucher du soleil : comment se fait-il dans ce cas que l'absence d'un stimulus détermine du mouvement? A certaines époques, les plantes qui appartiennent à des sexes différents se rapprochent les unes des autres. L'étamine fécondante lance le pollen du côté où se trouvent les plantes femelles : c'est ce que l'on peut observer surtout dans le *berberis officinale*, le *ré-*

séda jaune, le *nénuphar*, la *valisneria*, la *dionœa muscipula*, la *mimosa americana*. La *drosera* manifeste des mouvements qui ne paraissent déterminés par aucune cause extérieure d'excitation, qui sont spontanés. Les végétaux sommeillent, a-t-on dit; or le sommeil n'est que l'interruption de la vie de relation. De ces divers faits, les philosophes que j'ai cités tirent cette conséquence, qu'il n'est point démontré que les plantes soient dépourvues de sentiment, qu'il y a même beaucoup de raisons de les croire douées d'une sorte de sensibilité. On leur a objecté qu'il n'était pas conforme à la prévoyance de la nature d'accorder le sentiment aux plantes, et de leur refuser la faculté de se soustraire à la douleur; que le sommeil des plantes ne pouvait pas être comparé à celui des animaux; que le sommeil chez ces derniers consistait en une très grande diminution des mouvements ou de certaines actions, tandis qu'on doit considérer la contraction des feuilles vers le soir comme l'effet du défaut de stimulus; que ce mouvement n'était pas actif, mais bien passif; qu'il était plutôt la cessation de l'expansion, qui est réellement l'état actif. Je me range à l'opinion de ceux qui considèrent les plantes comme dépourvues de sentiment.

72. Les végétaux sont fixés au sol et restent toujours à la même place; les animaux peuvent

se transporter d'un lieu dans un autre. Cette
faculté a reçu le nom de *locomotrice*.

CHAPITRE VII.

DE LA VIE CONSIDÉRÉE DANS LES DIVERS ÊTRES VIVANTS.

75. La vie, considérée dans les divers êtres
qui en sont doués, se présente sous une foule
de variétés. Je vais les passer rapidement en
revue; cet examen nous donnera les moyens de
nous former une idée plus exacte de la vie. Bonnet a pensé que tous les corps de la nature re-
présentaient une chaîne dont ils formaient les
anneaux se suivant les uns les autres. Je ne crois
pas qu'il en soit ainsi pour les corps inorganiques;
il existe certainement un intervalle immense
qui les sépare des corps organisés. Quant aux
animaux et aux végétaux, j'avoue que la distance
entre eux est très légère, si l'on a égard seulement à la disposition apparente. Il est des
animaux qui, fixés presque entièrement à la
même place, et doués d'une sensibilité très obscure, peuvent être facilement confondus avec
les plantes, avec celles surtout qui manifestent

certains mouvements et qui semblent renfermer en elles-mêmes, comme je l'ai déjà dit, quelque principe de sensibilité. Toutefois il est certaines propriétés, certaines forces qui distinguent les animaux des végétaux. Dans le but que je me propose, d'examiner les formes infiniment variées sous lesquelles s'offre la vie, je commencerai par considérer les végétaux.

74. L'organisation des plantes présente quelque analogie avec celle des animaux; elle montre des fibres composées de fibrilles et réunies par du tissu cellulaire qui s'épanouit au centre pour former un canal destiné à la moelle; plusieurs sortes de vaisseaux se distribuent dans le tissu végétal, charrient les liquides qui l'arrosent et le nourrissent, et viennent s'ouvrir à la surface externe, pour absorber l'air et l'eau contenue dans l'atmosphère. Les végétaux sont le siége de mouvements qui démontrent en eux l'existence d'une force particulière ou d'un principe de vie. On remarque dans le germe les rudiments de toutes les parties de la nouvelle plante, et la radicule destinée à élaborer les matériaux nutritifs. Celle-ci s'enfonce dans la terre, tandis que les autres parties prennent une direction contraire. C'est en vain que vous chercheriez à vous opposer à cette loi de la nature. Placez une plante dans la terre de manière que la radicule soit supérieure,

elle changera bientôt de direction : la radicule prendra celle qui lui est affectée, la tige tendra à sortir de terre. Quelques plantes suivent la marche du soleil lorsque le ciel est couvert de nuages; la plupart des fleurs s'épanouissent lorsque le temps est serein, et semblent se plaire à montrer tous leurs trésors ; mais si le ciel vient à s'obscurcir de nuages, elles pâlissent et tombent en langueur. Aristote a remarqué il y a long-temps que la végétation était la plus active dans les parties extérieures de la plante, que ces parties fournissaient principalement à son entretien, et qu'elles périssaient plus tard que les autres ; ce qui fit dire à ce philosophe qu'une plante était un animal retourné. Les végétaux puisent leurs principes nutritifs en partie dans la terre et en partie dans l'atmosphère ; le gaz azote, qui est mortel pour les animaux, convient au contraire aux végétaux ; il se décompose dans leur tissu : le carbone est employé à la nutrition, le gaz oxygène est restitué à l'atmosphère pour servir à la respiration des animaux. Mais l'air ne fournit pas seulement à l'alimentation des plantes; il est encore nécessaire à l'entretien d'autres fonctions. Belli plaça pendant l'hiver quelques plantes sous des cloches enduites de cire, afin de les mettre à l'abri du froid ; ces plantes périrent à l'approche du printemps. La chaleur vitale des végétaux dérive de l'élaboration de l'air absorbé, par suite de laquelle il se développe du calorique ; elle provient aussi de l'exercice des autres fonctions. La lumière favorise la décomposition du gaz acide carbonique. Ces faits ont été démontrés par les expériences d'Ingenhouz, Senebier, Berthollet et Chaptal. Les plantes perpétuent leur espèce comme les animaux ; elles semblent même dans cet acte être presque animées et y trouver des jouissances. Le pistil de la gratiole s'épanouit pour recevoir la poussière fécondante, et se referme dès qu'il en est en quelque sorte imprégné ; le nénuphar, qui nage pendant le jour à la surface des eaux, se dresse pour lancer le pollen, et vers le soir s'enfonce sous l'eau, où il se tient caché pendant toute la nuit. Enfin, l'on observe des signes bien évidents d'irritabilité dans le règne végétal : la *drosera rotundifolia* et *longifolia* se contracte sous l'influence d'un stimulant ; la *mimosa pudica* semble fuir toute espèce d'attouchement ; la *dionœa muscipula*, par le rapprochement de ses feuilles hérissées d'épines retient la mouche qui est venue s'y poser. On remarque de semblables mouvements dans l'*onoclea sensitiva*, l'*oxalida sensitiva*, dans l'*hedysarum gyrans*, et dans quelques autres végétaux.

75. Après avoir considéré la vie dans les végétaux, examinons ses phénomènes dans le règne

animal. La vie est très simple dans les polypes : ils sont formés d'une substance molle, sensible, contractile et disposée en sac ; leur organisation n'est pas bien connue ; ils n'ont aucun organe spécial de reproduction ; des sucs sont continuellement versés dans l'intérieur du sac, et dissolvent les matières qui y sont contenues : toute la masse se répare et s'accroît, puis le sac se contracte et rejette le résidu de la digestion. Chaque partie que l'on sépare d'un polype devient un individu, ces animaux gemmipares jouissant d'une sensibilité obscure et d'une motilité prononcée.

76. La vie se montre avec des caractères plus évidents dans les vers ; on y observe des fibres, des vaisseaux, un canal digestif, une moelle épinière, une sensibilité et une contractilité assez marquées ; leurs parties divisées formeront bien encore autant de vers, mais cette faculté est restreinte à un nombre de divisions beaucoup plus petit que dans les polypes.

77. Les crustacés présentent une organisation plus élevée : on y voit des muscles, un squelette articulé, des nerfs, une moelle épinière, un cerveau, un cœur, des viscères annexés ou conduit digestif dans lequel affluent divers fluides pour le travail de la digestion. Ces animaux offrent des signes évidents de sensations et de

mouvements volontaires. Si l'on retranche quelques parties de leur corps, elles se reproduisent, mais ne forment plus de nouveaux animaux.

78. Dans les animaux dits à sang rouge et froid, la vie se montre plus active et beaucoup plus dépendante des rapports mutuels des organes. Si l'on retranche quelques unes des parties des poissons, des reptiles, elles ne se régénèrent pas, ou du moins ne se régénèrent qu'imparfaitement. Un poumon est ajouté aux autres viscères. Cependant un grand nombre de ces animaux restent engourdis pendant de longs hivers, privés de tout sentiment et de tout mouvement, jusqu'à ce que le printemps vienne les réveiller de leur léthargie.

79. Si nous arrivons aux animaux à sang rouge et chaud, nous remarquons une organisation beaucoup plus compliquée. Dans cette classe d'animaux, on observe une colonne vertébrale, quatre membres, un cerveau, une moelle épinière, des nerfs, cinq organes de sens externes, un conduit alimentaire contourné sur lui-même, des organes annexés à ce conduit et concourant à la fonction de la digestion, des vaisseaux lymphatiques, des artères, des veines, un cœur composé de quatre cavités, des poumons volumineux.

80. L'homme, qui par son âme est la noble image de la divinité, tient par son corps le premier rang parmi les animaux ; son organisation est la plus parfaite, ses sens les plus pénétrants, ses formes les plus élégantes ; son visage élevé vers le ciel atteste la dignité de son être.

81. Avant de terminer ce chapitre, je crois devoir rappeler les discussions qui se sont élevées sur l'existence de la vie dans les corps inorganiques. Buffon place les lithophytes entre les plantes et les pierres ; ils sont formés de fibres longitudinales, symétriques et réunies en faisceaux. Tournefort a prétendu qu'on ne pouvait concevoir la forme et la structure intérieure de ces pierres sans y admettre quelque espèce de génération ; il fait remarquer que ces pierres se présentent constamment sous la même forme. Vanhelmont avait supposé un germe de pétrification. Suivant Boot, les cristaux se produisaient comme les champignons. Tout récemment, Sprengel, se laissant entraîner par la vivacité de son imagination, a admis la vie dans tous les corps de la nature. D'après lui, elle est obscure dans les minéraux amorphes, et manifeste dans les cristaux salins et minéraux ; mais ceci provient d'une confusion dans les mots, qui fait qu'en employant le même langage pour désigner des objets différents, il n'est bientôt plus possible de

s'entendre. Si, avec Sprengel, l'on définit la vie une force intérieure existante par elle-même, il est certain que tous les corps de la nature jouissent de la vie, car tous sont régis par l'attraction et l'affinité, qui sont des forces intimes, intérieures; mais jusqu'ici, sans parler seulement des physiologistes, on a donné généralement une autre acception au mot de vie : pourquoi alors étendre sa signification, lorsqu'on n'y remarque aucun avantage, qu'il en résulte au contraire une extrême confusion d'idées. L'on ne doit donc considérer comme vivants et appeler ainsi que les corps qui naissent par un germe, donnent naissance à d'autres êtres, et meurent : quant aux phénomènes qu'on observe dans les minéraux, on ne doit pas les rapporter à la vie, mais bien aux forces physiques et chimiques.

CHAPITRE VIII.

DE L'ACTION RÉCIPROQUE DES SOLIDES ET DES FLUIDES.

82. L'existence de la vie suppose un mouvement continuel dans les parties solides et fluides dont sont formés les corps organisés : le sang agit sur le cœur, et le sollicite au mouvement;

le mouvement du cœur réagit sur le sang, et pousse ce fluide dans les vaisseaux qui lui sont destinés.

83. Il existe bien certains mouvements dans les corps inorganiques, mais ils diffèrent essentiellement des mouvements vitaux; ils sont déterminés par l'attraction, l'affinité, ou quelque cause mécanique; les êtres vivants, au contraire, sont animés par une force particulière: c'est le principe vital. La nature de ce principe est inconnue; l'analyse chimique ne peut la dévoiler; il ne peut pas être découvert par le scalpel de l'anatomiste. Cependant ses effets manifestes en démontrent l'existence; et puisque ces effets ne ressemblent nullement à ceux qui sont le produit de forces mécaniques, physiques et chimiques, on doit penser que la cause qui leur donne naissance est distincte des forces mortes de la matière.

84. Afin d'établir avec plus d'exactitude les distinctions entre les mouvements vitaux et les mouvements que présente la nature inorganique, je dois exposer les lois qui président aux unes et aux autres. Les mouvements mécaniques reconnaissent toujours quelque cause externe; ils sont en raison de la masse du corps qui produit le choc, de la force et de la durée d'impulsion. Les mouvements physiques sont déterminés par

l'attraction ; ils sont en raison directe des masses et inverse du carré des distances. Les mouvements chimiques dérivent de l'affinité ; ils sont toujours accompagnés de combinaisons et de décompositions. On ne remarque rien de semblable dans les mouvements vitaux. Si vous fixez les yeux pendant quelque temps sur un corps brillant, vous éprouverez d'abord une sensation vive qui s'effacera peu à peu. Piquez un cheval avec une aiguille, vous déterminerez des mouvements qui n'auront aucun rapport avec la masse de l'animal et la cause d'impulsion. Les mouvements vitaux ne sont donc pas produits par l'attraction ; ils sont même souvent contraires à ses lois. Enfin, il ne s'opère aucune combinaison entre la fibre organique et l'agent qui la stimule. On observe aussi dans les corps vivants des phénomènes mécaniques, physiques et chimiques ; mais ils sont tempérés par les lois de la vie.

85. On a vu que le principe de la vie ne pouvait pas entrer en action sans être affecté par certains agents. La nature a destiné des agents spéciaux à l'excitation de chacune des parties.

86. Les physiologistes désignent ordinairement sous le nom de stimulants tous les agents qui sollicitent à l'action le principe de vie ou la propriété vitale. Toutefois des auteurs récents de

matière médicale se sont servis de cette dénomination dans une acception moins étendue; ils n'ont appelé stimulants que les agents qui exaltent les forces vitales, mais ils pensent, comme j'ai déjà indiqué, qu'il existe certains agents qui exercent une action opposée, qui engourdissent la fibre vivante, et contre-balancent et détruisent les effets des stimulants, agents qu'ils ont appelés contre-stimulants. J'emploierai le mot de stimulant dans le sens que lui reconnaissent les physiologistes; il n'entre d'ailleurs pas dans mon plan de traiter de la doctrine des contre-stimulants.

CHAPITRE IX.

DU PRINCIPE VITAL.

87. On ignore d'où provient la vie. Cette question a donné lieu à beaucoup de discussions, mais elle est couverte d'un voile qu'il ne nous sera peut-être jamais permis de soulever; toutefois il n'est pas inutile de rappeler les diverses opinions émises sur ce sujet. Les uns pensent que la vie dépend entièrement de l'organisation; que la vie, conséquence nécessaire de telle disposition organique, cesse lorsque cette disposition

n'a plus lieu ; Fray a même prétendu tout récemment , sans convaincre beaucoup de personnes,
qu'il était possible, à l'aide de la chimie, de créer
des corps vivants. D'autres , embrassant le sentiment de Stahl , ont soutenu que l'âme était
la cause de tous les phénomènes des corps vivants. Quelques autres, enfin, firent consister le
principe vital en un fluide qu'ils désignèrent
sous diverses dénominations. Hoffman lui donna
le nom d'âme sentante , matérielle; Canaveri et
Amoretti, celui de fluide vital , de vitalité ; Darwin , celui de force sensoriale ou d'esprit d'animation. Il serait difficile d'expliquer ce qu'Hippocrate entendait par le mot nature , et Vanhelmont par celui d'archée. On peut présumer qu'ils
ont voulu désigner par ces expressions le principe de la vie ; mais ils laissent dans l'incertitude
s'ils les ont appliquées à l'âme , à un fluïde , à
l'ensemble ou au lien des forces vitales.

88. Je vais examiner maintenant ces diverses
opinions. Il n'y a pas de doute que la destruction de l'organisation ne soit accompagnée de
l'extinction de la vie , mais la décomposition de
la fibre organique est plutôt l'effet que la cause
de la mort. Certainement, la mort naturelle, ou
du moins celle qui n'est point occasionée par
des causes susceptibles d'altérer la structure des
organes , n'est précédée d'aucune altération or-

ganique. Il n'est pas difficile de réfuter l'opinion de Stahl : les plantes vivent sans avoir une âme ; ceux qui leur ont accordé une âme végétative n'ont fait qu'une confusion de mots, ils ont donné le nom d'âme au principe de leur existence. Ce que Bonnet a dit du sentiment des plantes est très ingénieux, mais n'entraîne pas la conviction. On observe aussi dans les animaux un grand nombre d'actions dont ils n'ont nullement la conscience. Enfin, certaines parties séparées du reste du corps présentent pendant quelque temps divers mouvements sous l'influence des stimulants, sans être cependant vivifiées par l'âme. Ces faits ont conduit quelques autres physiologistes à penser que la vie dépendait d'un fluide très subtil qui imprégnait les fibres organiques. Darwin a soutenu cette opinion, en empruntant à la physique ses principaux raisonnements. Si l'on approche l'une de l'autre deux lames de fer, on n'y observera aucun mouvement ; mais si l'une des deux est exposée à l'action de l'aimant, on les verra bientôt se joindre. On est alors porté à croire qu'il a été ajouté aux molécules ferrugineuses quelque chose qui a été la cause de leur mouvement : il en est de même d'un corps vivant ; si, après un certain intervalle de temps, il ne vit plus, il faut croire qu'il a perdu quelque chose. Les parties ont souvent conservé leur intégrité, autant qu'on peut en juger par les sens. Du reste, la désorganisation, comme je l'ai déjà dit, est l'effet et non la cause de la mort. On ne peut expliquer, par l'intermède de l'âme, tous les phénomènes qui ont lieu dans les animaux ; ils ont donc perdu avec la vie quelque chose de différent de l'âme, qui produisait la vie. ou plutôt quelque chose qui résidait dans la fibre organique et lui donnait l'aptitude à la vie. Cette théorie de Darwin me paraît assez près de la vérité.

89. Il ne faut pas croire que le fluide vital agisse sur la fibre vivante de la même manière que les stimulants ; pour être modifiée par ceux-ci, il est nécessaire qu'elle possède déjà la faculté vitale : le principe de la vie n'est donc pas un stimulant qui agit sur la fibre organique, mais il la pénètre, et la dispose à être influencée par les stimulants. Ainsi, s'il est permis de prendre un exemple dans les phénomènes physiques, deux corps doués d'une électricité différente tendent à se rapprocher : le fluide électrique ne pousse pas cependant ces corps l'un vers l'autre, mais par sa présence il fait qu'ils s'attirent réciproquement. Mais si l'on demande quelle est la nature du fluide vital, quelle est son origine, son siége, comment se répare-t-il, de quelle manière s'échappe-t-il pour produire la mort, on

ne peut que répondre que ce sont autant de mystères. Il est probable néanmoins que ce fluide réside principalement dans le système nerveux, qu'il se répand de là dans le reste du corps, et qu'il se régénère au moyen de la nutrition.

CHAPITRE X.

DES PROPRIÉTÉS DES CORPS VIVANTS.

90. J'ai démontré précédemment que les mouvements qui ont lieu dans les corps vivants étaient tout-à-fait indépendants des lois de la mécanique, de la physique et de la chimie; que leur cause, par conséquent, différait du choc, de l'attraction et de l'affinité : il s'agit maintenant de rechercher s'il n'existe qu'une seule cause, ou si l'on doit reconnaître plusieurs causes de ces mouvements. On a émis à ce sujet diverses opinions; je vais commencer par les auteurs qui ont admis plusieurs forces vitales. Au premier rang de ceux-ci on doit placer Bichat, dont je vais exposer d'abord la doctrine.

91. D'après ce célèbre physiologiste, les propriétés des corps organisés sont distinguées en propriétés vitales et propriétés de tissu: les pre-

mières sont tellement liées à la vie, qu'elles disparaissent aussitôt avec elle; les autres ne sont pas détruites par la mort, en conséquence elles ne dépendent pas de la vie, elles résultent plutôt de la disposition des éléments organiques.

92. Il y a deux espèces de propriétés vitales, savoir, la sensibilité et la contractilité. La sensibilité est cette faculté des tissus vivants qui les rend susceptibles de ressentir l'impression de stimulants appropriés, et de se livrer, par suite de cette impression, aux actions qui leur sont propres. La contractilité est la propriété en vertu de laquelle les tissus, excités par leurs stimulants spéciaux, se contractent et se relâchent alternativement.

93. La sensibilité est de deux sortes, elle est organique ou animale. On appelle sensibilité organique celle qui fait que les parties sont impressionnées par leurs stimulants, sans que l'âme en ait conscience; la sensibilité animale, au contraire, est la propriété en vertu de laquelle les tissus reçoivent de leurs stimulants une impression de nature à produire une sensation.

94. Il en est de même de la contractilité; elle se divise en organique et animale : la première est soustraite à l'empire de la volonté, la seconde y est soumise. La contractilité organique est dite encore manifeste ou latente, suivant que les mouvements sont manifestes ou obscurs.

Cette dernière espèce de contractilité organique, que Bichat appelait insensible, parcequ'elle est inaccessible aux sens, est la propriété qu'on désigne ordinairement sous les noms de force tonique, de tonicité, de vibratilité, de contractilité fibrillaire ; c'est elle qui paraît présider à l'attraction réciproque des éléments organiques primitifs, et s'opposer à leur dissociation.

95. Mais il est des parties qui dans l'état naturel sont privées de sensibilité animale, et qui dans l'état de maladie en donnent des marques non équivoques ; on l'a appelée sensibilité animale contre nature.

96. Il existe encore des parties qui, à certaines périodes de temps, deviennent le siége de la sensibilité animale : ainsi le sentiment de la faim se manifeste à des époques déterminées. C'est pourquoi des physiologistes distingués ont admis une sensibilité animale périodique ; mais on ne voit pas pourquoi on a cherché à la distinguer de la sensibilité animale naturelle, car elle n'est point morbide de sa nature, quoiqu'elle puisse dégénérer en maladie si l'on ne satisfait pas au besoin qu'elle exprime. Si l'on voulait faire connaître les variétés que présente la sensibilité animale, on pourrait d'abord distinguer cette propriété en naturelle et contre nature ; puis la sensibilité naturelle, en continue et périodique.

La sensibilité naturelle serait celle qui a lieu dans l'état de santé ; la sensibilité contre nature, celle qui se développe dans l'état morbide ; la sensibilité continue, celle qui a lieu dans tous les moments, excepté pendant le sommeil; la sensibilité périodique, celle qui se montre à des époques déterminées.

97. Dans quelques cas, des parties qui ne sont pas ordinairement soumises à l'empire de la volonté en deviennent dépendantes par l'effet de certaines conditions des forces vitales. Cette disposition n'est pas un état morbide, mais bien plutôt un jeu de la nature; c'est ainsi qu'on cite l'exemple de personnes qui pouvaient à leur gré accélérer ou retarder les mouvements du cœur : on dit aussi qu'un capitaine américain perdait à volonté connaissance.

98. Les propriétés de tissu sont de deux sortes, l'extensibilité et la contractilité de tissu ; on doit ajouter cette dénomination à cette dernière propriété, afin de la distinguer de la contractilité vitale. L'extensibilité est cette faculté qu'ont les tissus organisés de pouvoir être distendus sans être déchirés; la contractilité de tissu est la propriété par laquelle les parties animales se resserrent et se crispent sous l'influence de certains agents. On a un exemple très évident de ces propriétés dans les membranes : on les voit s'alonger

lorsqu'on les distend ; si on les expose au feu , elles se crispent : cet effet ne résulte pas de l'évaporation des fluides , car il a également lieu par l'action des astringents.

99. Les propriétés de tissu existent pendant la vie et ont une liaison intime avec les propriétés vitales ; les unes ne peuvent être altérées sans que les autres s'en ressentent , mais les premières ne sont pas détruites par la mort : longtemps après ce terme, les parties animales sont condensées par l'action des astringents ; la vie paraît modérer l'influence des propriétés de tissu.

100. Winterlius , qui a recherché la cause prochaine de l'inflammation , a prétendu que les artères irritées se relâchaient et se dilataient, de manière que, présentant moins de résistance au sang, ce fluide y abordait avec plus de force et en plus grande quantité. Callisen adopta l'opinion de Winterlius , que Borsieri n'a pas hésité de considérer comme nouvelle; plus récemment, Hebeinstreit a étudié avec plus d'exactitude cette force que Winterlius et Callisen n'avaient fait qu'indiquer confusément , et il lui donna le nom de turgescence vitale. Cette dénomination n'est point exacte puisqu'elle n'exprime pas la faculté de se tuméfier, mais plutôt cette faculté transformée en acte; par la même raison que l'on dis-

tingue la contractilité de la contraction, l'on doit établir une différence entre la force de la tuméfaction en action, et cette même force au repos. L'auteur lui-même en fait l'aveu, mais comme il répugnait à se servir du mot de turgescibilité, et qu'il ne trouvait pas d'autre expression qui pût y suppléer, il préféra employer les mots de turgescence vitale, que de blesser les lois du langage. M. Chaussier a désigné récemment cette propriété sous le nom d'expansibilité ; je me servirai également des deux dénominations, quoique la seconde soit plus convenable. La turgescence vitale est donc cette propriété en vertu de laquelle quelques parties se dilatent et se distendent sous l'influence de stimulants ; le visage sur lequel se manifeste le rouge de la pudeur nous fournit un exemple de turgescence vitale. L'inflammation paraît consister dans la même propriété portée au-delà de son degré naturel; il n'y a pas d'autre origine de la plupart des obstructions. Le plus grand nombre des physiologistes de notre époque ont adopté l'opinion d'Hebeinstreit; Tommasini surtout paraît avoir étendu et éclairé la doctrine de la turgescence vitale. D'un autre côté, Canavéri et Scavini, dont je me ferai toujours gloire d'avoir suivi les leçons, sont convaincus qu'il existe des phénomènes qu'il est impossible d'expliquer par la contractilité; et Capelli est porté à croire que la turgescence vitale n'est point une propriété particulière, qu'elle n'est que l'augmentation de la contractilité des vaisseaux sanguins, qui détermine un afflux plus considérable de ce fluide. Suivant Sprengel, la turgescence vitale résulte de la force expansive du sang, de la réplétion des vaisseaux capillaires par des fluides élastiques, et d'une lutte qu'il suppose entre les forces contractile et expansive. Roos et Kreysig attribuent l'expansion du tissu cellulaire à la contraction des artères.

101. L'opinion de Sprengel n'est appuyée sur aucune preuve. Le sang, comme nous le verrons ailleurs, ne jouit d'aucune force expansive; on n'a jamais, lors de la turgescence vitale, constaté la présence d'aucun fluide élastique dans les vaisseaux capillaires; et l'on ne voit pas la raison qui a porté Sprengel à faire intervenir l'action de la contractilité et de l'expansibilité pour expliquer les phénomènes rapportés à la turgescence vitale, et à supposer une lutte entre elles. La théorie de Roos et de Kreysig n'a pas plus de fondement. Sur quoi s'appuie-t-il pour attribuer l'expansion du tissu cellulaire à la contraction des artères. Capelli s'est approché davantage de la vérité. Son opinion, soutenue de l'élocution brillante de ce physiologiste, entraîne presque la conviction. Il est certain que lorsque l'irrita-

bilité est augmentée les vaisseaux doivent se contracter avec plus de force et de fréquence, et recevoir une plus grande quantité de sang. Il y a cependant quelques phénomènes qui semblent démontrer la nécessité de distinguer la turgescence vitale de la contractilité. Le premier effet de l'action des stimulants sur des parties douées de contractilité est de les faire se raccourcir, mais elles se relâchent bientôt après. Ces mouvements alternatifs durent pendant quelque temps, soit que le stimulant continue d'agir, soit que son action ait cessé; ils se succèdent très rapidement, ils se prolongent enfin quelque temps après la mort. Au contraire, les parties qui sont le siége de la turgescence vitale, se tuméfient d'abord sous l'influence des stimulants, puis s'affaissent bientôt. Ces phénomènes ont lieu avec lenteur; et la tuméfaction ne se reproduit plus si l'irritation n'est pas renouvelée. Enfin, la turgescence vitale cesse aussitôt après la mort. C'est pourquoi Canavéri a été conduit à penser que ces phénomènes ne pouvaient pas être rapportés à l'augmentation de contractilité des vaisseaux sanguins, puisque souvent on observe un ralentissement dans l'action du cœur et des artères, tandis que les effets de la turgescence vitale se manifestent; et assez fréquemment il existe une fièvre très violente, sans que ces mêmes effets soient produits. Du reste, l'afflux plus considérable du sang dans la turgescence vitale doit en être considéré plutôt comme l'effet que comme la cause. Il y a long-temps que Galien a dit que les organes ne s'enflammaient pas parcequ'ils recevaient plus de sang, mais qu'ils recevaient plus de sang parcequ'ils étaient enflammés. Ces paroles de Galien renferment toute la doctrine de la turgescence vitale ; cependant on peut rapporter cette dernière force et la contractilité à une seule propriété sous le nom de motilité. Il semble plus convenable de se servir de cette dénomination que de celle de mobilité, par laquelle on a désigné quelquefois cette disposition de la fibre vivante à ressentir vivement l'impression des stimulants.

102. Dumas, outre la sensibilité et la contractilité, a créé des forces d'assimilation et de résistance vitale. Ce physiologiste pensa que les deux premières ne suffisent pas pour expliquer la nutrition, et il a admis, pour l'exercice de cette fonction, une propriété particulière. De plus, le corps vivant n'est pas toujours affecté par les agents externes, à l'action desquels il est exposé, d'une manière conforme à leur puissance ; il semble lutter contre les causes de destruction qui menacent la vie. Dumas a donné le nom de force de résistance vitale à la force qui

produit ces merveilleux effets. C'est elle qui préserve le corps vivant de la putréfaction, qui préside à la conservation des humeurs dans leur état
constituant, à celle des solides dans la cohésion
qui leur convient ; qui veille au maintien de la
chaleur animale, quel que soit le degré de température extérieure.

103. Souvent les tissus qui paraissent doués
d'une moindre cohésion physique résistent davantage aux causes qui tendent à opérer la dissociation de leurs éléments organiques. Barthez,
pour expliquer cet effet, a créé une force de situation fixe.

104. Les corps vivants conservent un certain
degré de chaleur au milieu d'une atmosphère ou
plus froide ou plus chaude. Canavéri, pour se
rendre compte de cet effet, a admis deux forces,
l'une qui tend à faire développer le calorique, l'autre à le faire absorber et à le transformer à l'état de calorique latent. Il appelle la première force pyrigénique, et la seconde cryptopyrique.

105. J'arrive maintenant aux physiologistes qui
n'ont admis qu'une seule force dans l'organisme ;
tels sont Grégory, Glisson, Zimmermann, Brown
et Rolando. Grégory et le professeur de Turin
lui ont donné le nom de mobilité ; Glisson et
Zimmermann, celui d'irritabilité ; Brown, celui

d'incitabilité. Comme l'auteur écossais est celui qui a soutenu cette doctrine avec le plus de force, je m'arrêterai davantage sur l'exposition de ses idées. Suivant Brown, deux conditions sont essentielles à l'exercice de la vie. Il faut d'abord que la fibre organique possède la faculté d'être affectée par certaine puissance, de manière à exécuter les actions qui sont l'attribut de la vie ; cette faculté est ce qu'il appelle incitabilité. Pour cela, ces puissances ou stimulants doivent agir sur la fibre organique douée d'incitabilité. De l'action des stimulants sur la fibre irritable naît l'incitation qui constitue la vie elle-même. L'absence de stimulant produit l'inaction de l'incitabilité, inaction qui ne peut pas durer quelque temps sans que la vie ne s'éteigne. Cet état ne peut pas être appelé la vie, car les phénomènes de la vie ne se manifestent pas ; ce n'est cependant pas la mort, car l'idée de mort emporte celle de l'extinction complète de la vie, et dans le cas indiqué la vie n'est pas éteinte. Pour distinguer cet état de la véritable mort, on doit le nommer mort apparente. Les auteurs fournissent des exemples de mort apparente qui a duré assez long-temps. Bonnet a vu des charançons qui pendant vingt-sept ans n'offrirent aucun signe de vitalité, et qui par l'action des stimulants appropriés à leur nature, revinrent, en quelque sorte, à une vie nouvelle ; Spallanzani observa une tortue qui était restée pendant plusieurs années dans le même état ; Stuckey rapporte le même fait relativement à des limaces privées de vie apparente pendant quinze ans ; enfin, Goughi et Bellardi ont fait des observations semblables sur des plantes qui n'avaient offert pendant très long-temps aucune trace de végétation.

106. Suivant Brown, l'incitabilité est une et répandue dans toutes les parties du corps ; la nature a assigné à chaque être vivant la quantité qu'il doit en posséder, et qu'il ne peut plus réparer dès qu'elle est consumée ; enfin la vie est un état forcé ou passif.

107. Dans le même temps que Brown exposait sa doctrine, un grand nombre de physiologistes s'efforçaient de la renverser. Sacco objectait qu'il n'y avait aucune analogie entre les animaux et les plantes, et que la vie pouvait subsister sans incitation ; d'autres reprochaient à Brown de n'avoir fait aucune mention de l'âme. Berlinghieri et Antonini soutenaient qu'il était absurde de rapporter toutes les fonctions à une seule propriété ; Marzari, qu'il était inexact de séparer l'incitabilité de l'irritabilité ; Michelotti, que toutes les conditions de la vie ne pouvaient se réduire à l'incitabilité et aux stimulants ; que la pression atmosphérique, la digestion, le développement

du calorique, n'étaient point des stimulants ; que ces conditions étaient cependant nécessaires à l'exercice de la vie ; qu'enfin les humeurs n'étaient pas seulement des stimulants, mais bien encore des parties constituantes du corps vivant.

108. Voici ce que Tommasini a répondu à ces objections. Il existe certainement une très grande analogie entre les animaux et les végétaux. Sans prétendre avec Bonnet que les plantes sont douées de sentiment, personne ne pourra se refuser à admettre qu'elles jouissent de la vie. L'incitabilité peut bien exister sans la vie, mais non la vie sans incitabilité. Incitation et vie sont deux idées qu'on ne peut séparer, car la première renferme nécessairement la seconde. Brown considère tous les corps vivants ; il ne devait donc pas faire mention de l'âme. D'ailleurs l'âme agit sur le corps de la même manière que les stimulants, et Brown professe que l'incitabilité n'était pas seulement mise en jeu par les stimulants externes, mais encore par certaines actions intérieures. Il est probable que sous cette dénomination il a compris les fonctions de l'âme. L'incitabilité peut être partout la même dans l'économie, et donner lieu à des effets différents, suivant la structure des organes auxquels elle est départie. L'admirable liaison qui existe entre tous

les phénomènes des corps vivants, pour concourir au même but, démontre qu'une même force préside à ces phénomènes, qu'ils reconnaissent tous une même cause. Il en est de même des stimulants. Ils affectent telle ou telle partie parceque la structure diffère dans chacune d'elles. Du reste on peut accorder que les stimulants ont une nature différente; mais ils ont tous cela de commun, que leur action sur la fibre incitable produit l'incitation. L'incitabilité ne diffère pas de la sensibilité et de la contractilité, et ne doit cependant pas être confondue avec ces propriétés. La sensibilité et la contractilité sont des dénominations variées qui conviennent à l'incitabilité, suivant les parties où elle est mise en action, ou bien sont deux variétés de la même propriété. Ici nous n'entendons pas la sensibilité d'après l'acception que Haller et Bichat ont donnée à ce mot, mais bien la sensibilité animale. D'après cela, la sensibilité est la même que l'incitabilité des nerfs, qui communiquent au cerveau les impressions qu'ils ont reçues des corps extérieurs et y déterminent la sensation; l'irritabilité, la même que l'incitabilité des muscles. Nous verrons plus tard ce que l'on doit penser de la sensibilité organique de Bichat. Il est, à la vérité, quelques conditions nécessaires à l'exercice de la vie, et que l'on ne peut pas rapporter uniquement à l'incitation ; mais il ne s'ensuit pas que la doctrine de Brown soit fausse. On doit en inférer que certaines conditions étaient directement nécessaires à la vie , que d'autres ne l'étaient qu'indirectement. Aux premières se rapportent l'incitabilité et les stimulants ; aux secondes les circonstances qui ne sont pas la cause immédiate de la vie , mais qui disposent de telle manière l'organisme , qu'il acquiert l'aptitude à la vie sous l'influence des stimulants. Nous rechercherons ailleurs si les humeurs sont des parties organiques vivantes. Il nous suffit maintenant de prévenir qu'on peut les regarder comme des stimulants.

109. Brown , comme je l'ai dit , a pensé que l'incitabilité une fois consumée ne pouvait plus se réparer , et que la vie était un état tout-à-fait passif. Cependant on remarque que les forces épuisées par les travaux se réparent par le sommeil , et que la vie prête à s'éteindre est souvent ranimée par la puissance seule de la nature ou par les secours de l'art. Ces faits paraissent prouver la proposition contraire à celle de Brown. Si l'on prend , il est vrai , le langage de cet auteur dans le sens le plus rigoureux , je ne vois pas comment on pourrait le justifier ; mais je crois que sa proposition est susceptible de quelque interprétation. En effet , on doit considérer la vie

dans son ensemble et non dans chacune de ses parties isolément. Dans ce cas, on peut jusqu'à un certain point soutenir que l'incitabilité consumée ne se recouvre plus. La nature a fixé pour l'existence des êtres vivants certaines périodes de temps. Ils sont tous soumis à cette loi immuable, et nul ne peut en violer les dispositions. Mais si l'on envisage les divers âges de la vie, on ne peut douter que l'incitabilité ne se consume et ne se répare. Tommasini croit tellement que la vie est un état passif, qu'il s'étonne qu'on ait pu douter de la vérité de cette assertion. L'incitabilité, dit ce physiologiste, peut-elle produire la vie sans l'action des stimulants? Non certainement. L'incitabilité peut-elle ne pas être mise en jeu par les stimulants appropriés? Non plus. Enfin, l'incitabilité mise en jeu par les stimulants peut-elle ne pas produire la vie? Il n'est personne qui soutienne cette opinion; d'où il lui semble évident que la vie est un état forcé. Canavéri a adopté une opinion opposée, à laquelle j'adhère tout-à-fait. Il y a certainement une foule de preuves qui démontrent que la vie est un état très actif. La succession des âges donne lieu à un grand nombre de changements très prononcés dans l'économie humaine; et cependant il ne s'est opéré aucun changement dans les stimulants: l'air est toujours le même, on use des mêmes

aliments. Les crises des maladies viennent encore
à l'appui de cette opinion. Ces crises ont souvent lieu sans qu'on ait administré aucun secours
de l'art, et elles ont dû nécessairement être pro-
voquées par quelque cause active intérieure. Il
n'y a pas de doute que la vie ne puisse exister
sans l'action des stimulants, mais il est également certain que la vie une fois produite par
l'influence des stimulants donne lieu à des effets
qui ne proviennent plus de cette influence, mais
directement de la vie elle-même.

110. D'après ce que j'ai rapporté, il est évident
que la théorie de Brown est la plus simple de
toutes, et celle qui fait concevoir le plus facilement tous les phénomènes de la vie. Je dois cependant justifier le jugement sévère que je porte
sur la doctrine de Bichat et de quelques autres
physiologistes célèbres. On ne voit pas pourquoi
Bichat a admis l'existence de deux propriétés,
l'une par laquelle les tissus ressentent l'impression des stimulants, l'autre qui les rend aptes
au mouvement après avoir reçu cette impression.
Le mouvement est certainement déterminé par
la même propriété qui fait que les tissus sont affectés par les stimulants. Ils ne peuvent être affectés par les stimulants sans se mouvoir, et ils ne
peuvent exercer de mouvement sans y avoir été
sollicités par les stimulants. Brown me paraît

avoir été beaucoup plus heureux dans la manière
dont il conçoit le développement des actions vitales. S'agit-il des fonctions du cœur, Bichat dit
que le cœur est impressionné par le sang en vertu
de sa sensibilité organique, et qu'il se meut à
cause de sa contractilité organique. Brown, au
contraire, explique ainsi le phénomène : le cœur
est doué d'incitabilité ; le sang est le stimulant
qui met en jeu l'incitabilité de cet organe. Qui
peut contester l'opinion de Brown? Dans la même
théorie, il n'est pas non plus nécessaire d'assi-
gner des propriétés particulières aux organes des
sensations et des mouvements volontaires, et
d'autres propriétés pour les actions vitales qui ne
sont pas sous la dépendance de la volonté. La
différence de structure explique parfaitement la
différence d'effets. Enfin, Bichat a donné au mot
sensibilité une acception tout-à-fait nouvelle, et
qui ne peut convenir ; car la sensibilité est la faculté de sentir, or sentir c'est avoir conscience.
La sensibilité est donc toujours une fonction
animale.

111. Cependant, il faut l'avouer, Brown n'a pas
toujours atteint la vérité dans ses recherches sur
les conditions de la vie. Il y a dans sa pathologie et sa thérapeutique plusieurs principes faux.
Mais je ne suis pas du nombre de ceux qui
s'obstinent à rejeter sa doctrine parcequ'il a erré

en quelques points. Quel est l'homme auquel il est donné de ne pas commettre d'erreurs?

112. Quant aux forces d'assimilation, de résistance vitale, de situation fixe, pyrigénique, cryptopyrique, je pense que tous les phénomènes qu'on leur rapporte proviennent de l'incitation. On a lieu de s'étonner que Barthez et Dumas n'aient pas créé autant de forces qu'il existe de fonctions dans l'économie, et qu'ils n'aient pas ressuscité les facultés si multipliées par Galien. Canavéri n'avait regardé que comme secondaires les forces pyrigénique et cryptopyrique; car, dans l'excellent ouvrage où il examine les lois de la vitalité, il ne fait mention que des forces sentantes et motrices.

CHAPITRE XI.

DE L'ÉTAT DES HUMEURS.

113. La vie des solides est bien évidente; aucun physiologiste ne l'a révoquée en doute. Il n'en est pas de même des fluides. Il est bien certain qu'ils stimulent les solides; mais remplissent-ils une autre fonction? Les uns pensent que la vie est étrangère aux humeurs; d'autres professent

l'opinion opposée. Les derniers apportent en preuve que les humeurs ont une certaine constitution qu'ils perdent bientôt après être sorties de leurs vaisseaux propres. Le sang a paru à Hunter et à quelques autres avoir une sorte d'organisation. Rosa prétend que le sang est doué d'une force plastique ou expansible, et que ce fluide retiré de l'artère crurale d'un chien et placé dans l'intestin grêle d'un poulet, y a offert des oscillations. Petit dit avoir observé une sorte de tremblement dans le sang que contenaient des tumeurs anévrysmales, quoiqu'elles ne fussent le siége d'aucune contraction. Dumas a vu des oscillations dans des parties dépourvues tout-à-fait de fibres musculaires. Il pense que l'expansion du tissu cellulaire était déterminée par l'effusion du sang. Une force plastique semble nécessaire pour maintenir la fluidité du sang. Hunter a observé que le sang tiré d'une veine se décomposait et se putréfiait promptement si les forces de l'animal étaient dans un état d'épuisement, et que la force plastique du même fluide augmente ou diminue suivant que l'incitabilité est augmentée ou diminuée. Tourdes, Circaudius, Heidmann, ont vu dans le sang des mouvements vibratoires semblables à ceux des muscles. La fibrine du sang se crispe par l'action d'un courant galvanique. Fontana a vu dans ses expériences le sang être subitement décomposé par le venin de la vipère. Les astringents arrêtent presque tout-à-coup les flux sanguins. Tels sont les arguments de ceux qui soutiennent que les humeurs jouissent d'une vie propre. On doit toutefois remarquer que cette vitalité a été principalement attribuée au sang, qu'on l'a à peine admise pour les humeurs qui ne restent que quelque temps dans le corps pour y remplir diverses fonctions, et qu'à cause de cela on appelle récrémentitielles, et qu'on l'a regardée comme nulle dans les humeurs qui sont évacuées.

114. Ceux qui n'admettent point la vitalité des humeurs soutiennent ainsi leur opinion : la crase des humeurs diffère extrêmement de la structure organique ; si pendant la vie elles se maintiennent dans un état particulier, cet effet provient de l'action des solides. Quant à ceux qui disent avoir découvert des fibres dans le sang, leur imagination seule les leur a fait voir. Rien ne prouve la force du même fluide. On ne doit pas ajouter entièrement foi aux expériences de Rosa. D'ailleurs on peut croire que l'intestin du poulet, ayant conservé quelque contractilité, a été sollicité à se mouvoir par le stimulus du sang. Ce fluide, soustrait à toute action de la part de ses vaisseaux, ne présente aucune oscillation. Ceux qui ont prétendu le contraire ont été certaine-

ment la dupe de quelque illusion. Il y a des parties contractiles où l'on ne découvre point de fibres musculaires. La composition des humeurs peut, à la vérité, subir des changements dans divers cas d'incitation; mais cette disposition des humeurs provient de celle des solides. Qui pourrait confondre avec une véritable contraction vitale l'effet que produit un courant galvanique sur la fibrine hors du corps vivant? Girtanner a observé que le venin de la vipère faisait périr sur-le-champ des grenouilles auxquelles il avait enlevé tout leur sang, et qu'il détruisait l'incitabilité qui leur restait. Il est donc évident que ce poison n'agit pas sur le sang. Comment concevoir que le sang puisse augmenter de densité dans certains cas, et se décomposer dans d'autres, sans recourir à l'influence des solides. Le sang ne présente aucune organisation; en conséquence, les changements qui s'opèrent en lui, quels qu'ils soient, ne peuvent pas se propager aussi promptement et d'une manière aussi étendue. Du reste, les affections de l'âme, qui agissent certainement sur les solides, arrêtent les écoulements de sang: on doit donc reconnaître un mode d'action semblable aux remèdes qui produisent le même effet. Tommasini croit que les humeurs, n'étant point organisées, ne peuvent être considérées comme vitales; mais qu'elles sont douées de vitalité dès qu'elles passent à l'état d'organisation. Je me range de l'avis de ce célèbre physiologiste.

115. On ne peut pas objecter que par la suite le sang se transforme en solide vivant par l'œuvre de la nutrition, car les aliments soumis aux organes digestifs se changent aussi en parties solides vivantes ; et personne n'a prétendu que les aliments étaient doués de vitalité. Du reste, si l'on voulait donner le nom de vie à l'état constitutif des humeurs, on en est bien le maître, pourvu qu'on ne confonde pas inconsidérément cet état avec la vie des solides, qui est la véritable vie. et que l'on reconnaisse que cette vie des humeurs leur est communiquée et est entretenue par les solides. Il est donc plus convenable, pour éviter toute ambiguïté, de la désigner sous le nom de crase.

CHAPITRE XII.

DÉFINITION DE LA VIE.

116. Chaque auteur a donné une définition différente de la vie. Je vais examiner celles qui ont été proposées ; leur parallèle montrera que la définition donnée par Brown est beaucoup

meilleure que toutes les autres. Brown a dit : la vie est produite par l'action des stimulants sur la fibre douée d'incitabilité. Grégory fait tantôt consister la vie dans l'exercice des fonctions, tantôt fait dériver de la vie la sensibilité et la contractilité du solide vivant. D'après Cullen, la vie consiste dans l'excitation du système nerveux et surtout du cerveau; mais l'idée qu'il se forme de l'excitation diffère de celle qu'a conçue Brown, et il est difficile de saisir dans ses ouvrages le sens qu'il a voulu donner à ce mot. Girtanner a avancé que la vie était renfermée dans l'action même. Gallini reconnaît aux corps vivants la faculté de subir certains changements de position, et de produire des phénomènes de sentiment et de mouvement : la vie est l'exercice de cette faculté. Selon Darwin la vie est le mouvement de l'esprit d'animation excité par l'action des stimulants. Godwin l'a définie la faculté de mettre les fluides en circulation ; Hufeland dit que la vie est l'exercice continuel des forces organiques ou vitales. D'après Roy, la vie est le cours harmonieux d'un grand nombre d'atmosphères inhérentes aux solides et aux fluides du corps organisé. Bichat a prétendu que la vie était l'ensemble des fonctions qui résistent à la mort; Dumas, qu'elle était la somme des mouvements et des phénomènes qui dérivent de l'action réciproque des organes. Cuvier avoue que la notion de la vie est très obscure; toutefois il pense qu'il existe évidemment dans les corps vivants quelque chose d'étranger aux corps inorganiques et aux corps morts, et qu'on désigne sous le nom de vie cette condition inconnue qui distingue les êtres vivants des êtres morts. Richerand dit, dans certains endroits, que la vie est la faculté de vivre réduite en acte; dans d'autres, qu'elle est l'ensemble des phénomènes qui se succèdent pendant un espace de temps déterminé dans les corps organisés; ailleurs, qu'elle résulte du concours des systèmes sanguins, nerveux et respiratoires. Selon Morgan, la vie est l'ensemble des fonctions qu'exécutent les êtres vivants.

117. Qui ne s'aperçoit que toutes ces définitions de la vie ou s'éloignent beaucoup de celle proposée par Brown, ou s'en rapprochent extrêmement. D'après les unes, la vie n'est pas la mort; d'après d'autres, elle est la faculté de vivre réduite en acte; d'après d'autres encore, elle est la force qui met les fluides en mouvement, comme si toute la vie consistait dans le mouvement des humeurs. D'ailleurs on a, dans ce cas, confondu à tort la cause avec l'effet. D'un autre côté, qu'il est certain que la vie est une certaine période que parcourent les êtres organisés. Mais quels sont les caractères de cette période? Il est

également certain que tous les organes conspirent au même but. Mais par là on ne caractérise pas assez exactement la vie. Pourquoi donc a-t-on si injustement dédaigné la définition de Brown, qui exprime avec tant de clarté les conditions de la vie. D'où vient le silence qu'on affecte de garder sur cet homme si recommandable ? pourquoi l'école française a-t-elle dans tous les temps marqué une aversion si prononcée pour la doctrine de Brown ? Est-ce parcequ'il est tombé dans quelques erreurs ? il fallait les signaler ; est-ce parcequ'il a découvert d'utiles vérités ? il fallait en faire usage ; mais un silence injurieux est souverainement injuste. Du reste, on doit, autant qu'il est possible, établir la définition de la vie non pas d'après des hypothèses, mais d'après les phénomènes que l'on reconnaît unanimement. Si l'on souscrit à ces principes, on pourra adopter la définition suivante : période que parcourent les corps organisés, et pendant laquelle l'impression des stimulants appropriés détermine en eux des mouvements qu'on ne peut rapporter aux lois de la mécanique, de la physique et de la chimie. Cette définition, comme on le voit, ne diffère pas essentiellement de celle de Brown, mais elle me semble plus complète.

CHAPITRE XIII.

DIVISION DE LA VIE.

118. Bichat, après Aristote, Buffon et Grimaud, a distingué deux vies. La même division a été établie par Sprengel. Bichat appelle l'une vie organique, et l'autre vie animale. Sprengel nomme la première, vie végétative ; la seconde, sensitive : par celle-là, l'animal vit en quelque manière en lui-même, il répare ses pertes, prend de l'accroissement, exécute toutes les fonctions qui ne dépendent pas de la volonté ; par l'autre, il vit au dehors de lui, il entretient des relations avec les choses extérieures.

119. Bichat a indiqué les caractères nombreux qui distinguent les deux vies ; je vais les rapporter en peu de mots. Les organes de la vie animale sont pairs et symétriques ; ils affectent des formes régulières ; il faut que les organes pairs présentent les mêmes degrés d'excitation, pour que la fonction à laquelle ils concourent s'exécute parfaitement. Il y a des intermittences dans les actions de la vie animale : l'habitude émousse le sentiment et perfectionne le jugement ; enfin,

tout ce qui concerne l'intelligence se rapporte immédiatement à la vie animale : au contraire, les organes de la vie organique ne sont ni pairs ni symétriques, ils n'ont pas de forme régulière, il n'est pas nécessaire qu'il y ait harmonie entre leur degré d'excitation ; l'exercice de la vie organique a lieu d'une manière continue, l'habitude n'a pas d'empire sur ses fonctions, enfin les passions sont dans son domaine.

120. Ces assertions de Bichat ne sont pas exactes : il n'est pas vrai que les organes de la vie intérieure soient impairs, les reins et les testicules en sont un exemple ; ils n'offrent pas toujours de l'irrégularité dans leur forme, témoins les organes que je viens de citer. Il est également nécessaire dans la vie organique que les parties qui concourent à la même fonction se trouvent dans des conditions semblables d'excitation pour que cette fonction s'exécute avec intégrité. Cependant, il faut l'avouer, cela se remarque moins dans la vie organique que dans la vie animale. Mais le caractère distinctif le plus marqué entre les deux vies consiste dans les intermittences d'action, auxquelles est soumise la vie animale et nullement la vie organique : le cœur exécute continuellement ses mouvements ; la respiration s'opère d'une manière continue. Au reste, on ne doit pas omettre de dire qu'il y a d'autres fonc-

tions de la vie organique qui se ralentissent, si elles ne présentent pas de véritables intermittences. L'habitude a de l'empire sur les organes de l'une et l'autre vie. Quant au siége que Bichat a assigné aux passions, nous verrons ailleurs ce que nous devons en penser.

121. Toutefois je me propose de suivre cette division de la vie, parcequ'elle présente plus d'avantages que toute autre pour exposer ses phénomènes; mais il faut se garder d'y attacher plus d'importance qu'elle ne mérite. Toutes les fonctions des êtres vivants ont entre elles un rapport admirable. C'est avec raison qu'Hippocrate a comparé le corps humain à un cercle qui n'a ni commencement ni fin, et dont chaque point peut être le commencement ou la fin. La nature n'a point établi cette division dans la vie, mais notre esprit peut la supposer pour faciliter l'étude des phénomènes vitaux.

CHAPITRE XIV.

DES SYSTÈMES, DES ORGANES ET DES APPAREILS.

122. Quoique l'incitabilité répandue dans les diverses parties du corps soit de même nature,

elle y donne cependant lieu à des effets différents en raison de leur différence de structure. Pour connaître cette variété de phénomènes, il convient de considérer les éléments organiques du corps. Les anciens reconnaissaient autant de sortes de fibres et de lamelles qu'il y a de parties dans l'économie : les modernes ont adopté une meilleure méthode, et ont divisé le corps humain en systèmes. C'est à tort qu'on a attribué à Pinel la première idée de cette division; car Malacarne avait, avant cet auteur, publié son ouvrage sur les systèmes organiques. On doit regretter que la nation française, qui s'est acquis tant de renommée dans toutes les sciences, soit aussi envieuse de la gloire des autres peuples (1).

123. Tous les auteurs ne se sont pas servis du mot de système dans la même acception. Bichat, Dupuytren, Tommasini, Gallini et Rolando désignent sous ce nom les tissus les plus simples qui composent la machine animale; Dumas et Richerand ont appliqué la même dénomination

----

(1) Nous n'examinerons pas ici la question de priorité; mais dût-elle être décidée en faveur de Malacarne, il ne serait pas moins vrai de dire que les Français s'emparent rarement des découvertes étrangères, et qu'ils auraient très probablement plus à réclamer qu'à rendre, si l'on en venait aux explications.

à l'ensemble des organes qui concourent à la même fonction; enfin, Malacarne a considéré chacun des organes comme formant autant de systèmes.

124. Bichat admet vingt-un systèmes: ce sont les systèmes cellulaire, nerveux de la vie animale, nerveux de la vie organique, artériel, veineux, exhalant, absorbant, osseux, médullaire, cartilagineux, fibreux, fibro-cartilagineux, musculaire de la vie animale, musculaire de la vie organique, muqueux, séreux, synovial, glanduleux, dermoïde, épidermoïde, et pileux.

125. Dupuytren a proposé quelques modifications à la division de Bichat. Il réunit sous le titre de système vasculaire les artères, les veines et les vaisseaux lymphatiques; il ne fait qu'un système nerveux, dans lequel il distingue cependant les nerfs cérébraux de ceux qui naissent des ganglions; il rapporte à un seul système, qu'il nomme fibreux, les systèmes fibreux, fibro-cartilagineux, et dermoïde; il n'établit qu'un seul système musculaire, tout en distinguant les muscles en volontaires et en involontaires. Les systèmes pileux et épidermoïde sont réunis sous le nom de système corné ou épidermique. Enfin, il ajoute aux systèmes de Bichat le système érectile, ou système caverneux ou

spongieux : il donne ce nom au système de parties qui sont douées d'expansibilité et de turgescence vitale, et il y rapporte les corps caverneux, le gland, le clitoris, le tissu interne de la vulve et du vagin, le mamelon, l'iris, etc.

126. Tommasini n'admet que quatre systèmes; savoir, les systèmes nerveux, irrigatoire, absorbant, et cellulaire : le système musculaire est rapporté au système nerveux.

127. Galien en admet également quatre, qui sont les systèmes osseux, cellulaire, vasculaire ou végétatif, et nerveux ou sensitif.

127 *bis*. Rolando ne reconnaît que deux sortes de systèmes, le cellulo-vasculaire et le nerveux.

128. Richerand a formé dix systèmes : ce sont les systèmes digestif, absorbant ou lymphatique, circulatoire, respiratoire ou pulmonaire, glanduleux ou sécrétoire, sensible ou nerveux, musculaire ou moteur, osseux, vocal, et sexuel.

129. Dumas a distingué trois genres de systèmes : les uns qu'il appelle simples ou similaires; d'autres, composés ou dissimilaires; d'autres, enfin, généraux ou communs. A la première classe se rapportent les systèmes nerveux ou sensible, vasculaire ou calorifique, et lymphatique ou absorbant; à la seconde, les systèmes musculaire ou moteur, viscéral ou réparateur, sexuel ou générateur, osseux ou fondamental; à la

troisième, les systèmes cutané, muqueux, et celluloso-séreux.

130. Malacarne a divisé les systèmes en généraux, communs, et particls. Les systèmes généraux sont au nombre de quatre : le cellulaire, le vasculaire, le nerveux, et le musculaire ; le cutané forme le seul système commun ; les systèmes partiels sont en grand nombre : c'est à cet ordre que se rapportent toutes les parties composées, l'œil, l'oreille, les appareils lacrymal, biliaire, spermatique; chacune de ces parties est désignée par un nom tiré du grec. Les systèmes généraux de Malacarne sont à peu près les mêmes que ceux admis par Tommasini. Il y a cette seule différence, que le premier de ces auteurs a réuni les systèmes sanguin et lymphatique sous le titre de vasculaire, et qu'il distingue le système musculaire du nerveux.

131. Pour moi, je donnerai, avec Tommasini, le nom de système aux tissus qui, répandus dans toutes les parties du corps, y présentent une structure semblable, autant qu'on peut s'en rapporter aux sens, et qui entrent comme éléments dans la composition des organes. D'après cela, il est évident qu'il existe, dans quelque partie du corps que ce soit, du tissu cellulaire, des vaisseaux lymphatiques, des vaisseaux sanguins, et des fibres musculaires dans ces derniers. Je

m'éloignerai cependant de Tommasini, en ce
que je séparerai le système musculaire du nerveux. Certainement l'aspect et les caractères chimiques établissent une différence assez marquée
entre ces deux systèmes. Je distinguerai donc
cinq systèmes : le nerveux, le musculaire, le
circulatoire, le lymphatique, et le cellulaire. Peut-
être devrait-on rapporter le système circulatoire
au système musculaire; mais comme on n'est pas
généralement d'accord sur la nature musculaire
de la membrane moyenne des artères, et que les
vaisseaux sanguins remplissent des fonctions
bien distinctes, j'ai cru devoir séparer ces deux
systèmes l'un de l'autre.

[Comme cette division des tissus, proposée par
M. Martini, pourrait sembler ou incomplète ou peu
exacte, je crois devoir exposer les idées qui sont communément adoptées en France sur ce point d'anatomie, et j'extrairai en partie ce que je vais en dire
des *Éléments d'anatomie générale* par M. le professeur Béclard.

L'idée d'un parenchyme comme base ou élément
générateur de tous les solides est extrêmement vague.
On admet plus généralement, avec Haller, trois sortes
de fibres, qu'on regarde comme les éléments de toutes
nos parties : ce sont les fibres celluleuse, musculeuse,
et médullaire ou nerveuse. Mais on n'est point encore
arrivé au dernier terme d'analyse. Si l'on s'aide du

microscope, on voit que ces tissus simples, et toutes leurs modifications, et tous leurs composés, peuvent être réduits à deux éléments anatomiques ; ils sont formés d'une substance animale, aréolaire, perméable, et de globules microscopiques semblables à ceux qu'on trouve dans les humeurs. La première substance seule forme des lames, et le plus souvent des fibres, qui ne diffèrent les unes des autres que par la figure alongée et filiforme dans le second cas, élargie dans le premier cas, et qui, quelquefois séparées, sont le plus souvent réunies ; c'est de leur réunion que résultent les cellules ou les aréoles, etc. Ce premier élément, qui, à lui seul, mais diversement modifié, constitue la plupart des organes, réuni avec l'autre, dont il rassemble et joint les particules, forme la fibre musculaire et la substance nerveuse.

C'est à Bichat, quoi qu'en dise M. Martini, qu'on doit d'avoir le premier analysé avec précision les tissus simples qui entrent dans la composition des organes, et d'avoir accompagné cette analyse de développements qui feront éternellement admirer son génie. Bichat, parmi les vingt et un systèmes qu'il admettait, en considérait six comme générateurs de tous les autres ; savoir, le cellulaire, l'artériel, le veineux, l'exhalant, l'absorbant, et le nerveux. (Les systèmes exhalant et absorbant, tels que les annonçait Bichat, n'existent pas, ou du moins ne peuvent point être démontrés.) Toutes les parties ne sont pas nécessairement pourvues de tous les six, mais ils concourent à former le plus grand nombre ; et toujours quelques uns se rencontrent là où les autres manquent. Les systèmes générateurs se forment les uns les autres ; chacun donne et reçoit : ces systèmes, par leurs combinaisons diverses, forment les autres tissus, qui sont l'osseux, le médullaire, le cartilagineux, le fibro-cartilagineux, le fibreux, le musculaire, le muqueux, le séreux, le synovial, le glanduleux, le dermoïde, l'épidermoïde, et le pileux. Plusieurs de ces tissus pourraient être rapportés à un seul, et diverses parties ne trouvent pas place dans cette division ; ce qui a fait modifier diversement la classification des tissus. Voici la division des organes proposée par M. Béclard ; elle est basée sur leurs caractères anatomiques, chimiques, physiologiques et pathologiques.

Le tissu cellulaire, élément principal et général de l'organisation, doit tenir le premier rang ; ce tissu, un peu modifié dans sa consistance, dans sa forme, dans la proportion de substance terreuse qu'il contient, forme plusieurs autres genres d'organes. Disposé en membranes closes de toutes parts, dans l'épaisseur desquelles il y a plus de fermeté et moins de perméabilité, il constitue les systèmes séreux et synovial ; il forme de même le tissu tégumentaire, qui comprend la peau et les membranes muqueuses, ainsi que les follicules de ces deux sortes de membranes, et les organes producteurs des poils, des dents, etc. Il en est de même aussi du tissu élastique, qui fait la base du système vasculaire, lequel comprend les artères, les veines et les vaisseaux lymphatiques, et qui appartient encore au même ordre, en se rappro-

chant du tissu musculaire. Le système glanduleux,
qui est formé par la réunion des systèmes tégumentaire et vasculaire, est encore du même ordre d'organes. Le système ligamenteux ou desmeux, qui comprend des organes très tenaces et très résistants, résulte encore d'une modification du tissu cellulaire.
Enfin, les systèmes cartilagineux et osseux appartiennent encore au tissu cellulaire, et doivent leur solidité
à sa condensation et à la grande quantité de sels terreux que contient cette substance.

Un second ordre d'organes est formé essentiellement par la fibre musculaire : ce sont les muscles,
soit ceux qui appartiennent aux os, soit ceux des
téguments externe et interne, et des sens, soit ceux
du cœur.

Les nerfs et les masses nerveuses centrales constituent un troisième et dernier ordre d'organes formés
essentiellement par la substance nervale.]

132. Les systèmes, tels que je les ai définis,
diffèrent des organes et des appareils d'organes.
La dénomination d'organe est prise dans deux
acceptions différentes. Le plus souvent on donne
le nom d'organe à toute partie d'une structure
compliquée qui remplit quelque fonction. Boyer
appelle organes toutes les parties composées qui
sont près de la surface du corps, et réserve le
nom de viscères à celles qui sont situées dans les
cavités intérieures. J'adopterai la première acception, et je donnerai également le nom d'organes

aux yeux, qui sont extérieurs, et au cœur, au foie, aux poumons.

133. L'ensemble des organes qui concourent à une même fonction est compris sous le nom d'appareil. Ainsi l'estomac, le foie, le pancréas, la rate, forment l'appareil gastrique; les reins, les uretères, la vessie, l'appareil urinaire. On peut cependant étendre ou restreindre cette dénomination : ainsi on peut comprendre dans l'appareil digestif non seulement l'estomac et les parties adjacentes, mais encore toutes celles qui concourent à la chylification, et réunir le conduit alimentaire et les organes qui versent dans sa cavité les humeurs destinées à séparer les principes nutritifs des parties excrémentitielles.

134. Je vais maintenant examiner chacun des systèmes en particulier. Je commencerai par le système nerveux.

CHAPITRE XV.

DU SYSTÈME NERVEUX.

135. Le système nerveux joue le principal rôle dans l'économie animale. C'est par ce système que

nous sentons, que nous éprouvons du plaisir et de la douleur; c'est par lui que nous recherchons les choses qui nous sont bonnes, que nous fuyons celles qui sont mauvaises ; par lui que la nature opère le grand œuvre de la génération ; il tient toutes les fonctions sous son empire, et établit entre elles les rapports nécessaires pour concourir au même but ; enfin, le principe de la vie paraît y avoir son siége. C'est donc avec raison que les physiologistes se sont efforcés de découvrir les propriétés du système nerveux. Mais autant ses fonctions sont importantes, autant son organisation est difficile à connaître, autant sont cachés les moyens par lesquels il étend son influence sur toute l'économie. On a écrit des milliers de volumes sur le système nerveux. Il a été le sujet d'une foule d'opinions et de discussions, et cependant il est encore environné d'épaisses ténèbres. Toutefois il ne faut pas se décourager : j'examinerai les points sur lesquels les physiologistes sont en discussion ; ceux qui pourront jeter quelques lumières sur cette partie de la science et ce qui se soustrait tout-à-fait à nos recherches. Du reste, les phénomènes qui sont au-dessus de notre intelligence nous fournissent une ample occasion d'admirer la sagesse de l'Être suprême, et sont une source abondante d'utiles réflexions.

156. Commençons par les phénomènes que

nous fait connaître l'observation. Il n'y a pas de doute que le système nerveux ne soit l'instrument de la vie animale, certainement le *sensorium commune* a son siége dans cet organe; c'est à cette partie du système nerveux que se rendent les impressions faites par les objets extérieurs sur les organes externes des sens et les affections internes des viscères contenus dans les diverses cavités; c'est aussi de cette partie que proviennent les commandements de la volonté, et qu'ils se transmettent aux muscles. Lorsqu'on lie un tronc nerveux on anéantit le sentiment; ôte-t-on la ligature, la sensibilité se rétablit : de même une ligature faite sur le nerf qui se rend à quelque muscle, s'oppose à sa contraction sous l'influence de la volonté; la soustraction de la ligature rend au muscle la faculté de se mouvoir par l'action de la volonté. Si le cerveau est lésé, que le nerf soit intact, que l'organe extérieur du sens soit également intact, il n'y a plus ni sensation ni mouvement volontaire. Il est donc évident que les impressions faites sur les organes sensibles se transmettent au cerveau par le moyen des nerfs pour s'y transformer en sensation; et que par l'intermède des nerfs également les commandements de la volonté se communiquent aux muscles pour y provoquer la contraction. Il est cependant plusieurs physiologistes qui ont élevé des doutes sur une vérité si palpable. Ils se fondent sur ce que la section du cerveau ne fait point éprouver de douleur, que des acéphales ont vécu pendant quelque temps et ont exercé quelques mouvements. Un poulet auquel Gautier avait tranché la tête, remuait encore ses ailes comme pour se défendre ; on dit que l'empereur Commode se plaisait à couper la tête d'un poulet tandis qu'il courait, et que ce poulet n'en continuait pas moins sa course. Le mouvement péristaltique des intestins et la contraction de la vessie persistent après la mort. Dans quelques cas, le fœtus a été expulsé de l'utérus. Il y a des animaux qui, privés de cerveau, offrent des signes évidents des sens du toucher et du goût. Chacun des nerfs, suivant la fonction différente qui lui est assignée a une origine, des expansions, une forme, une manière d'être et d'agir particulières. Si l'on accorde au cerveau seul la faculté de sentir, on ne voit pas pourquoi la nature a multiplié les organes externes des sens, et leur a donné une structure différente. Les fonctions du système nerveux ne paraissent pas être en proportion du volume des nerfs. Les insectes ont un très petit cerveau, et jouissent d'une très grande sensibilité. L'aigle a la vue plus perçante que le chien, quoiqu'il ait beaucoup moins de cerveau. Quelques observations pathologiques prouvent que quelque organe des sens externe ayant été détruit par une maladie, ainsi que le nerf qui lui appartient, l'on ne pouvait plus provoquer, ou rappeler à la mémoire les impressions que ce sens avait fournies pendant qu'il était intact. De là l'on conclut que le cerveau n'est pas l'instrument, du moins unique, des sensations et des mouvements volontaires. D'autres mêmes prétendent que les nerfs ne sont pas les moyens de transmission du sentiment et du mouvement volontaire. Ils font remarquer que certaines parties qui ne sont pas douées de sentiment dans l'état naturel, acquièrent la faculté de sentir par l'état morbide; qu'il y a des parties qui, dépourvues entièrement de nerfs, ne jouissent pas moins d'une sensibilité très vive; que la sensibilité n'est nullement en rapport avec la quantité de nerfs répandus dans la partie. Parmi les fauteurs de cette opinion se rangent Bichat et Dumas.

137. Il est facile de combattre ces arguments; attachons-nous d'abord à la faculté de sentir, propre au cerveau. L'inflammation du cerveau occasione des douleurs très vives; j'accorde que le cerveau dont on coupe quelque portion extérieure n'éprouve point aussitôt de douleur, ou ne manifeste aucun autre trouble; mais de là on peut conclure seulement que la partie qui est le siége du *sensorium commune* n'a point été lésée.

Les animaux auxquels on a coupé la tête exécutent, il est vrai, quelques mouvements; mais ces mouvements sont déterminés par l'action de l'air ou d'autres stimulants sur les nerfs qui se rendent aux divers muscles ; ou bien les mouvements qui étaient volontaires pendant la vie persistent très peu de temps après la mort, à cause d'une sorte de tendance des parties à exécuter des mouvements dont elles avaient depuis long-temps l'habitude. Mais certainement les mouvements volontaires ne peuvent avoir lieu après la décapitation ; il n'existe point de ces sortes de mouvements chez les acéphales: les mouvements qu'on y a observés sont purement organiques. Quant à ce que l'on rapporte au sujet de l'empereur Commode, il y a de l'exagération ; en supposant même que le fait fût vrai, on pourrait l'expliquer par ce que j'ai dit précédemment. Je nie qu'il existe des animaux dépourvus de cerveau ou de quelque partie nerveuse où siège le *sensorium commune*. Il n'importe dans quelle région elle se trouve, et quelle soit sa forme. Mais j'accorde encore cela ; l'on ne pourrait établir de comparaison entre les animaux privés de cerveau et ceux qui possèdent cette partie principale du système nerveux ; quant à l'organisation différente des organes des sens externes, il fallait qu'il en fût ainsi pour qu'ils fussent affectés par

des stimulants différents. Du reste, de cette différence de disposition dans les organes des sens
externes il ne s'ensuit pas que le cerveau n'est
pas l'organe du sentiment; il n'y a pas de rapport nécessaire entre ces deux idées. Je ne pré-
tends pas que la sensibilité soit en raison du
volume du cerveau; il ne faut cependant pas nier
la chose d'une manière trop exclusive. Camper
a mesuré les divers degrés d'intelligence des animaux et des hommes par la différence de l'angle
formé par deux lignes droites, dont l'une est tirée
du front au bord alvéolaire de la mâchoire supérieure, et dont l'autre suit la base de ce même
os. On ne doit pas, à la vérité, ne considérer
que le volume, il faut encore avoir égard à l'organisation plus ou moins parfaite de l'organe,
et à la manière dont on a exercé ses fonctions;
du reste, ceux qui professent une opinion contraire oublient ce qu'ils ont dû observer sur eux-
mêmes. Ils refusent au cerveau d'être l'organe
du sentiment, parceque celui-ci n'est point pro-
portionnel à la masse cérébrale. Mais la vue n'est
pas non plus en raison du volume de l'œil, ni l'ouïe
en raison de la grandeur de l'oreille; on peut
en dire autant des autres sens externes. Darwin
prétend que la perte de quelque organe sensorial
entraînait celle des idées qui en émanent: il en
fait même un signe pour distinguer si l'opacité

du cristallin, ou la cataracte, est compliquée
de la paralysie du nerf optique, autrement d'a-
maurose. Suivant ce physiologiste, le malade
éprouve ou non des fantômes lumineux ; dans
le premier cas, la cataracte existe seule ; dans le
second, elle est accompagnée de la paralysie du
nerf optique. Je ne sais si le fait est bien exact ;
mais, en le supposant tel, il faut admettre que la
paralysie n'affecte pas seulement la rétine, qu'elle
s'est propagée par le nerf optique jusqu'à la partie
du cerveau qui donne naissance à ce nerf. Je reviendrai d'ailleurs avec plus de détail sur ce sujet ;
qu'il me suffise pour le moment d'avoir prouvé
que le *sensorium commune* avait son siége dans
le cerveau. Je dois aussi combattre ceux qui prétendent que les nerfs ne sont pas les conducteurs
de la sensibilité : je conviens que, dans l'état naturel, certaines parties ne donnent aucune mar-
que de sensibilité ; mais être doué de sensibilité
et sentir sont deux choses différentes : la sensibilité peut exister sans qu'il y ait sensation,
tandis que la sensation suppose nécessairement
la sensibilité. Si des parties qui dans l'état physiologique ne manifestent pas de sensibilité
acquièrent cette propriété par l'état morbide, on
doit en inférer, ou qu'elles n'étaient pas affectées
dans la première condition par un stimulant approprié, ou qu'elles ont acquis par la maladie

quelque nouvelle disposition qui les rend susceptibles de communiquer au *sensorium commune*
les impressions qu'elles ne lui transmettaient pas
auparavant. Qui ne sait que le degré de sensibilité ne dépend pas seulement de la quantité de
nerfs dont une partie est pourvue, mais encore
de leur mollesse et de leur état de nudité plus ou
moins complet ; de plus on doit avoir égard à la
nature et au degré des stimulants qui sont dirigés
sur les parties, et à toutes les circonstances accessoires où se trouve l'animal qui est le sujet des
expériences. D'après ces principes, il sera facile
de concilier les diverses opinions des auteurs :
Haller a prétendu que les tendons étaient dépourvus de sensibilité ; Lecat affirme qu'ils jouissent de cette propriété : mais le premier avait
fait ses expériences sur des animaux en santé ;
le second avait observé des animaux dans l'état
de maladie. Vicq d'Azyr avait remarqué que les
tendons ne ressentaient pas dans les premiers
moments les piqûres et les dilacérations, mais que
la douleur se manifestait après trois ou quatre
jours ; cependant, dira-t-on, il ne peut y avoir de
sensibilité dans des parties dépourvues de nerfs.
On ne trouve pas de nerfs dans la dure-mère, la
plèvre, le péritoine, et quelques autres organes ;
mais des anatomistes distingués ont reconnu dans
ces mêmes parties des nerfs dont la présence

n'est point admise par les partisans de Haller. Tels sont entre autres Heister, Duverney, Leber, Winslow, Cotugno, Lancisi, Valsalva, Sabatier, Laghi, Vandelli, Eustachi ; je n'en cite pas d'autres, dont on pourrait contester l'habileté. En supposant d'ailleurs qu'on n'ait point découvert de nerfs dans ces parties, est-ce une raison d'affirmer qu'il n'y en a pas ? On aurait certainement tort si les phénomènes indiquent leur présence : c'est ce qui a lieu. Je regarde donc comme démontré qu'une sensation ne peut être déterminée sans l'intermède des nerfs : par conséquent, si une partie manifeste de la sensibilité dans quelque cas, il entre nécessairement des nerfs dans sa composition. Or toutes les parties peuvent être le siége de l'inflammation, et l'inflammation s'accompagne de douleur ; les nerfs pénètrent donc dans toutes les parties du corps. Mais il est un autre moyen de démontrer l'influence si étendue du système nerveux. Toutes les parties se nourrissent ; la nutrition suppose une action des artères ; or il existe dans les artères une membrane musculeuse, et toute substance musculaire est formée en grande partie de filets nerveux. Il y a donc des nerfs dans toutes les parties du corps (1). Tous les anatomistes, il est vrai, n'ad-

____

(1) Ce raisonnement de M. Martini ne peut être admis,

mettent pas une membrane musculeuse dans les artères, et des filets nerveux dans toutes les fibres des muscles. Je discuterai plus tard ces questions. Quelques physiologistes, pour expliquer la sensibilité des parties auxquelles on refuse des nerfs, supposent, avec Reil, autour de ces organes une sorte d'atmosphère au moyen de laquelle ils peuvent manifester leur action à une certaine distance. Mais il est absurde de penser expliquer les sensations par je ne sais quelle atmosphère, qu'on ne peut toujours regarder que comme inorganique. Je pense donc que les nerfs pénètrent dans toutes les parties du corps, et qu'aucune sensation ne peut être déterminée sans le concours de nerfs. Cependant toutes les parties ne manifestent pas de sensibilité dans l'état naturel, de même que tous les nerfs n'appartiennent pas à la vie animale.

138. On a beaucoup recherché si les fonctions

---

parceque les principes sur lesquels il est fondé sont peu exacts : il n'est pas prouvé que la nutrition suppose une action des artères ; nous ignorons le mécanisme de cette fonction ; nous ne savons pas si les artères s'étendent jusqu'aux parties les plus ténues, etc. Ensuite il est loin d'être démontré que la membrane moyenne des artères soit musculaire ; et, quand cela serait, il ne s'ensuivrait pas qu'il y ait une substance musculaire dans les parois des artères capillaires.

de la vie organique sont sous la dépendance du système nerveux ; on s'accorde du reste à penser aujourd'hui que ce système a de l'influence sur toute l'économie. Ses affections réagissent sur les fonctions de la vie intérieure : une passion triste de l'âme trouble aussitôt la digestion, enraie les mouvements du cœur ; si l'on interrompt l'influence nerveuse dans une partie, ses fonctions sont bientôt suspendues. Jadis les physiologistes étaient incertains sur la manière d'envisager les mouvements des organes qui sont soustraits à l'action du cerveau, mais l'on a reconnu que les mouvements organiques avaient leur principe dans les nerfs et non dans le cerveau. Du reste, l'empire très étendu du système nerveux sur tout le corps, et l'existence de nerfs dans les parties que l'on rapporte à la vie organique, suffisent pour persuader que cette vie est subordonnée au système nerveux.

139. On a également recherché si chaque vie avait son système particulier, ou s'il n'y en avait qu'un seul pour toutes les deux. Ceux qui professent la première de ces opinions ne s'accordent pas sur le centre qu'ils reconnaissent à l'une et à l'autre vie. Sementini, après Willis et Boerhaave, place le centre du système nerveux animal dans le cerveau, et celui de l'organique dans le cervelet. Il s'appuie sur ce que les vices de con-

formation du cerveau altéraient les fonctions animales et non les fonctions organiques , tandis qu'on observe le contraire pour les vices de conformation du cervelet ; et sur ce que chez les oiseaux on peut traverser le cerveau avec une aiguille , le retrancher en partie , sans troubler les fonctions de la vie intérieure. Bichat place dans l'encéphale le centre du système nerveux de la vie animale , et regarde les ganglions comme autant de centres du système nerveux organique. Cet auteur base son opinion sur les considérations suivantes : les ganglions diffèrent de la substance médullaire du cerveau ; ils sont rouges , d'une texture spongieuse , se crispent par l'action du feu et des acides, et se décomposent moins par les alcalis. Les nerfs ganglionnaires ne servent point aux fonctions de la vie animale , tandis qu'ils président à celles de la vie intérieure. Johnston , Vic d'Azyr , Pfaff , sont convaincus que les ganglions sont destinés à rendre certaines parties indépendantes de la volonté. Richerand place aussi le centre du système nerveux sensitif dans l'encéphale , mais il assigne aux nerfs grands sympathiques le principal siége du système nerveux organique. Suivant cet auteur, les animaux invertébrés manquent de nerfs cérébraux , tandis qu'ils ont des nerfs grands sympathiques. Ces nerfs se distribuent principalement

aux organes de la vie intérieure ; ils sont interrompus par des ganglions, qui paraissent avoir
pour but de soustraire à l'empire de la volonté
les parties auxquelles ils se rendent. D'autres
physiologistes ne distinguent pas deux systèmes
nerveux pour expliquer les phénomènes de la
vie animale et de la vie organique, mais ils
séparent le système nerveux animal en deux
ordres. Ils pensent que des nerfs particuliers
sont destinés aux sensations, et d'autres au
mouvement volontaire. Rolando prétend que
les nerfs moteurs ont leur principe d'action dans
le cervelet.

140. Diverses considérations m'empêchent
d'adhérer au sentiment des auteurs que je viens
de citer. D'abord il n'est pas constant que les lésions du cerveau altèrent seulement les fonctions
animales, et que celles du cervelet ne troublent que
les fonctions organiques. Chez les oiseaux dont on
a blessé le cerveau, les fonctions animales, au té-
moignage de Baron, ne sont pas détruites ; car ils
couraient encore après l'opération ; c'est que le *sensorium commune* n'avait point été lésé. Il n'existe
aucune différence entre la substance médullaire
du cerveau et celle qui compose les ganglions. La
différence apparente dépend des vaisseaux et du
tissu cellulaire, qui sont plus abondants dans les
ganglions. Les nerfs qui viennent des ganglions

communiquent aussitôt avec les nerfs cérébraux. Toutes les parties prises d'inflammation occasionent de la douleur. Les ganglions n'empêchent donc pas les impressions de se transmettre au *sensorium commune*. Du reste, des anatomistes ont démontré que des ganglions se trouvaient aussi sur le trajet de nerfs appartenants à la vie animale. Le tronc du nerf trijumeau présente, près de son origine, le ganglion de Gasser ; des ganglions se rencontrent encore sur les bronches de ce nerf ; les nerfs qui sortent des ganglions ophthalmique, sphéno-palatin et maxillaire, portent le sentiment et le mouvement volontaire dans les parties auxquelles ils se distribuent. Les nerfs spinaux , munis d'un ganglion à leur origine , entretiennent bien évidemment le sentiment et le mouvement volontaire dans les parties dans lesquelles ils pénètrent. Les rameaux du nerf intercostal , qui naissent de ganglions , se rendent dans les muscles du pharynx et le diaphragme , parties dont les mouvements sont sous la dépendance de la volonté. Ainsi quelques organes appartenants à la vie animale reçoivent des nerfs interrompus dans leur trajet par des ganglions ; de même il y a des nerfs qui sont destinés à la vie organique et qui n'ont point de ganglions. Le nerf intercostal est bien coupé par des renflements ; mais il reçoit beaucoup de filets de la racine antérieure des nerfs spinaux , qui , comme l'a démontré Scarpa, ne traverse pas les ganglions, et communique directement avec la moelle épinière et le cerveau. Les nerfs pneumo-gastriques sont dépourvus de ganglions , quoiqu'ils envoient des rameaux au cœur, aux poumons, à l'œsophage , à l'estomac et aux intestins, parties qui sont soustraites dans leurs mouvements à l'empire de la volonté. Des nerfs privés de ganglions appartiennent donc à la vie organique. Il est par conséquent évident que les opinions de Bichat et de Richerand sont erronées (1). Rolando, qui a rendu tant de services à l'anatomie , a distingué les nerfs du sentiment de ceux du mouvement.

---

(1) Depuis que Bichat a signalé la différence de composition qui existe entre le système nerveux animal et le système nerveux ganglionnaire, des expériences diverses ont confirmé l'opinion de ce célèbre physiologiste. Les ganglions diffèrent des nerfs par une plus grande proportion de gélatine, et plus encore de l'encéphale par l'excès de gélatine , par une plus grande quantité d'albumine, et par une moindre proportion de graisse. La racine antérieure des nerfs spinaux est étrangère au ganglion ; elle ne lui est unie que par du tissu cellulaire lâche. Les ganglions spinaux de Gasser, du nerf vague et du glosso-pharyngien, ont une texture simple en comparaison des ganglions du grand sympathique. Le tronc du nerf vague a une texture tout-à-fait particulière, et différente des autres nerfs ; il ressemble beaucoup au tronc du nerf sympathique.

Il pose d'abord en principe qu'ils ont une origine différente ; que les nerfs du sentiment viennent du cerveau, et les nerfs moteurs du cervelet ; de plus il pense que les premiers sont doués de mobilité, tandis que les secondes transmettent aux muscles le fluide nerveux formé dans le cervelet. Quant à la première assertion, je remarque que quelques nerfs moteurs prennent naissance dans le cerveau. On en a un exemple bien évident dans les nerfs moteurs des yeux (1). Pour ce qui

---

(1) M. Flourens, par des expériences récentes et analogues à celles de M. Rolando, est arrivé à des résultats un peu différents. Suivant ce dernier physiologiste, les hémisphères cérébraux sont le siège des sensations et de la volition ; et le cervelet fournit aux muscles le principe moteur, d'après les déterminations de la volonté opérée dans le cerveau. M. Flourens a été également conduit, par ses expériences, à établir qu'il y a dans les centres nerveux des organes distincts pour le sentiment et le mouvement, mais que la moelle épinière, la moelle alongée, les tubercules quadrijumeaux, sont seuls capables d'exciter immédiatement la contraction musculaire, tandis que les lobes cérébraux n'en sont pas susceptibles ; que dans les lobes cérébraux résident exclusivement les sensations, les instincts, les volitions, toutes les facultés intellectuelles et sensitives ; que le principe coordonnateur des mouvements de locomotion et de préhension réside exclusivement dans le cervelet ; que la moelle, à l'endroit où elle est surmontée des tubercules quadrijumeaux, est le point commun d'arrivée des sensations, et de départ de l'influence nerveuse des mouvements musculaires. M. Magendie pense que la sensibilité est inhé-

regarde le mode d'action des nerfs, il n'y a pas besoin d'établir de différence entre les nerfs du mouvement et ceux du sentiment ; car ceux-ci communiquent au cerveau les impressions faites sur les organes des sens externes ; et les nerfs moteurs transmettent aux muscles l'impression que détermine la volonté sur les extrémités centrales de ces nerfs. Rien ne prouve que les nerfs du sentiment remplissent leurs fonctions à l'aide de mouvements, et les nerfs moteurs au moyen d'un fluide. On serait au contraire porté à croire que ces deux sortes de nerfs les exécutent également ou à l'aide de mouvements, ou

---

rente à la moelle épinière ; que la volonté, ou faculté de déterminer des mouvements musculaires, réside dans la partie la plus élevée de la moelle crânienne, jusque dans les tubercules optiques et les pédoncules du cerveau ; que les tubercules optiques sont nécessaires aux mouvements latéraux, les hémisphères cérébraux au mouvement en avant, et le cervelet au mouvement contraire. Suivant MM. Foville et Pinel-Grandchamps, la sensibilité aurait son siége dans le cervelet, et la volition dans la substance médullaire des hémisphères ; la partie antérieure et le corps strié seraient destinés aux mouvements des membres abdominaux, la couche optique et la partie postérieure de l'hémisphère aux mouvements des membres thorachiques ; les facultés intellectuelles résideraient dans la substance corticale des hémisphères. — On voit que ces diverses opinions, qu'on prétend appuyer de faits, sont loin de s'accorder.

à l'aide d'un fluide. Je discuterai incessamment laquelle de ces opinions mérite la préférence.

[La distinction admise par M. Rolando entre les nerfs du sentiment, qui naissent du cerveau, et ceux du mouvement, qui naissent du cervelet, n'est point fondée ; non pas à cause de la raison que donne M. Martini, mais par l'observation suivante : c'est que tous les nerfs naissent de la moelle alongée et de la moelle épinière, et aucun des lobes du cerveau ou du cervelet. « Les nerfs, dit M. Béclard, peuvent être exactement distingués : 1° en nerfs à double racine, l'une tenant à la colonne antérieure, et l'autre à la colonne postérieure de la moelle : ce sont les nerfs spinaux, le sous-occipital et le trijumeau, ou cinquième paire des nerfs crâniens ; ces nerfs servent tout à la fois à la sensibilité et à la myotilité. 2° En nerfs à une seule racine : ce sont la première paire, la deuxième, la huitième, ou les nerfs olfactifs, visuels, auditifs ; et la troisième, la quatrième, la sixième, ou les nerfs moteurs de l'œil ; et la douzième, ou les nerfs moteurs de la langue : ces nerfs servent exclusivement, les uns à la sensibilité, et les autres à la myotilité. 3° En nerfs respiratoires, vocaux et expressifs ; ils tiennent au faisceau latéral de la partie supérieure de la moelle : ce sont le nerf vague, qui est le centre de ce système, le nerf facial, le glosso-pharyngien, le spinal ou accessoire, le diaphragmatique et le thorachique externe. 4° En nerfs circulatoires ; ils tiennent à tous les nerfs spinaux : ce sont les nerfs

grands sympathiques ; ces derniers et le nerf vague
appartiennent en outre au tégument intérieur (membranes muqueuses), aux glandes, et aux muscles intérieurs en général. » Les nerfs à double racine, qui se
distribuent à la peau et aux muscles du tronc et des
membres, sont composés de filets sensoriaux et de
filets moteurs distincts. Des expériences ont démontré
que la racine postérieure des nerfs spinaux est sensoriale, et la racine antérieure motrice. Cela explique
les paralysies isolées du sentiment ou du mouvement.]

141. Tommasini conçoit les phénomènes des
deux vies à l'aide d'un seul système nerveux ; il
pense qu'il existe dans les nerfs une disposition
différente qui leur donne la faculté de recevoir
et de communiquer telles ou telles impressions,
et qui fait que les uns président au sentiment,
d'autres au mouvement, d'autres enfin aux fonctions de la vie organique. Plusieurs considérations viennent à l'appui de cette opinion. Les
nerfs de la vie animale ne sont pas tous affectés
par les mêmes stimulants ; ils ne remplissent pas
les mêmes fonctions. Ceux même qui régissent
la vie organique n'ont pas le même mode d'action.
Par conséquent, s'il fallait faire autant de systèmes nerveux que de fonctions différentes assi-
gnées aux nerfs, il y en aurait autant que d'organes ; car l'incitabilité se montre dans chacun
avec des phénomènes différents. Or il serait ab-

surde de multiplier indéfiniment le nombre de systèmes nerveux, lorsqu'un seul suffit pour tout expliquer. Tous les organes sécréteurs sont formés, en grande partie, de vaisseaux sanguins ; ces vaisseaux ont la même structure, mais se distribuent de différentes manières dans chacun d'eux. C'est ce qui rend compte de l'étonnante variété des sécrétions. Certainement la différence d'incitation entre pour beaucoup dans cet effet ; mais il n'est pas douteux que la différence de structure n'en soit la principale cause. En conséquence, si un seul système sanguin suffit pour expliquer les différences de sécrétions, pourquoi n'en serait-il pas de même du système nerveux. Cette théorie paraissant la plus simple, et rendant compte de tous les phénomènes de la manière la plus satisfaisante, j'y adhère entièrement.

[Je crois devoir ajouter quelques propositions à celles qu'a données M. Martini ; je les extrairai encore de l'ouvrage de M. Béclard. « En général, le système nerveux a d'autant plus d'influence sur le reste de l'organisme, que l'animal, plus élevé dans la série, a ce système plus développé. Dans l'espèce humaine, le système nerveux a d'autant plus d'influence sur les fonctions, que l'individu, plus éloigné de l'état d'embryon, a également ce système plus perfectionné. L'influence de l'innervation sur une autre fonction est d'autant plus marquée, que cette fonction s'éloigne davantage du but des fonctions végétatives. Dans l'homme adulte, le système nerveux forme un système unique, dont toutes les parties concourent à l'action de l'ensemble, à l'innervation ; mais en outre chacune a sa fonction propre. Ainsi, le cerveau et le cervelet, outre leurs fonctions particulières, augmentent l'énergie de la moelle : celle-ci augmente celle des nerfs. Dans l'homme adulte, l'encéphale, et plus encore le mésocéphale, c'est-à-dire l'extrémité crânienne de la moelle, l'endroit d'où naissent les pédoncules du cervelet et du cerveau, est vraiment le centre d'action du système nerveux. L'influence du centre nerveux sur le reste du système est d'autant plus grande et plus nécessaire, que le centre est plus développé, plus volumineux relativement au reste du système, et surtout que les parties diverses de la masse centrale sont plus exactement rassemblées vers un point unique. Les fonctions nutritives et génitales sont toutes plus ou moins dépendantes de l'innervation. La transmission du sentiment a lieu par la partie postérieure de la moelle épinière, et celle du mouvement par sa partie antérieure. Les nerfs de la moelle de l'épine naissent par deux racines, une antérieure et une postérieure. Il y a, comme on l'a vu, des nerfs spéciaux pour chacune de ces fonctions. La moelle, qui ne remplit alors que le rôle de conducteur, est le siége ou l'origine du principe de l'irritabilité. La circulation est sous l'influence de la moelle tout entière, et de tous les nerfs moteurs qui y tiennent ; l'action particulière du cœur y est également, mais médiatement et immédiatement sous l'influence du nerf sympathique. La respiration est sous la direction de la partie supérieure et latérale de la moelle, la digestion sous l'influence des nerfs vague et sympathique ; la sécrétion, l'absorption, la chaleur vitale et la nutrition, sous l'influence de toutes les parties du système nerveux. Les nerfs ne sont pas bornés tout-à-fait au rôle de conducteurs ; ils ont une activité propre qui se manifeste quand ils sont séparés du centre nerveux, mais cette activité est beaucoup augmentée par celle de la moelle, comme celle de la moelle par l'influence de l'encéphale. Le nerf sympathique, intercostal ou trisplanchnique, est un cordon nerveux et ganglionnaire, étendu depuis la tête jusqu'au bassin, tenant par des rameaux anastomotiques ou des racines à tous les nerfs spinaux et au trijumeau, et fournissant de nombreux rameaux aux organes des cavités splanchniques du tronc. » M. Béclard, après avoir rapporté les diverses opinions émises sur les usages du grand sympathique, expose ainsi les fonctions de ce nerf : « Le système des ganglions doit être considéré tout à la fois comme un système séparé ou réuni, indépendant ou dépendant, suivant diverses circonstances. Les fonctions des ganglions paraissent être de diminuer ou d'arrêter l'influence du centre nerveux sur les nerfs ganglionnaires, de diminuer ou d'empêcher la transmission des impressions au centre ; de sorte que, par l'action des ganglions, le système nerveux végétatif est séparé du système animal. Les ganglions paraissent en outre destinés à rassembler, à coërcer la force nerveuse qu'ils puisent dans la moelle, à en développer par eux-mêmes, pour la communiquer convenablement aux nerfs et aux organes, où ils se terminent. Les ganglions exercent des fonctions différentes, suivant la diversité de leur texture. Il ne paraît pas que les ganglions spinaux, dont la texture est peu compliquée, diminuent la communication nerveuse; ils ne peuvent pas être considérés non plus comme les origines des nerfs moteurs et sensitifs communs, car la racine antérieure des nerfs spinaux leur est étrangère : leurs fonctions restent donc très douteuses. Les cordons nerveux ganglionnaires sont des conducteurs un peu différents des autres nerfs, dont ils diffèrent en se rapprochant beaucoup des ganglions; ils sont des conducteurs imparfaits : les irritations mécaniques ou chimiques ne les traversent pas; mais l'irritation galvanique est conduite par eux, et détermine, soit des sensations, soit des contractions : ils ressentent l'irritation morbide. Le nerf sympathique dirige donc la nutrition, les sécrétions, distribue l'agent nerveux au cœur, au canal digestif, et aux organes urinaires et génitaux; il établit une liaison sympathique entre tous les principaux organes : ce nerf forme ainsi un système particulier dans le système général. L'un et l'autre système nerveux ont des connexions intimes; ils s'influencent réciproquement, surtout dans l'état de maladie. »]

142. On avait pensé que la substance médul-

laire de l'encéphale se divisait en filets pour donner naissance aux nerfs, et que cette substance ne s'augmentait pas dans leur trajet. C'est une erreur qui a été détruite par les physiologistes modernes. Certainement on remarque des renflements dans la moelle épinière, et la substance médullaire paraît bien s'accroître dans les ganglions. D'ailleurs on a observé des monstres qui, non seulement manquaient de cerveau, mais étaient même réduits à une seule hanche, et qui parvinrent à l'état déterminé d'accroissement. Toutes les parties du système nerveux ont donc une force qui leur est propre; elles existent par elles-mêmes, et ne ressortent ni du cerveau ni de la moelle épinière.

143. Il s'est élevé beaucoup de débats sur la manière dont les nerfs exécutent leurs fonctions. Les uns, regardant la substance médullaire du cerveau et des nerfs comme une pulpe homogène, inorganique et incapable d'aucun mouvement, prétendent qu'on doit expliquer l'action nerveuse par l'existence d'un fluide; suivant ces auteurs, en supposant quelque motilité dans les nerfs, on ne peut expliquer leur action par leurs mouvements, car ils sont interrompus dans leur trajet par des ganglions et des plexus, et ils sont adhérents aux parties adjacentes. Du reste, ces

mêmes auteurs ne sont nullement d'accord sur
la nature du fluide qu'ils admettent et sur son
développement. Les uns les comparent à l'albumine, d'autres à l'esprit recteur des végétaux,
d'autres à l'alcohol ; quelques autres pensent qu'il
est formé de l'acide universel qu'ils ont imaginé ;
Vanhelmont, Willis, Sténon, croient qu'il a de
l'affinité avec la lumière ; d'après Descartes, c'est
un fluide igné ; d'après Boerhaave, un fluide
aqueux ; d'après Sauvages, un fluide électrique.
L'opinion de ce dernier a obtenu l'assentiment de
la plupart des physiologistes. Un grand nombre de
faits semblent, il est vrai, déposer en sa faveur.
Les phénomènes du système nerveux manifestent une extrême rapidité dans son action ; or
il n'existe rien dans la nature dont l'activité soit
plus grande que celle du fluide électrique : un
choc violent de l'œil y détermine des étincelles
électriques. Les circonstances qui augmentent
l électricité développent la force nerveuse. D'autres physiologistes prétendent que le fluide nerveux est sécrété par le cerveau de la même manière que les autres matières des sécrétions ; ils
voient dans le cerveau une glande conglomérée,
et pensent que le sang, par son afflux dans la
substance corticale, y sécrète le fluide nerveux
qui est transmis à toutes les parties du corps par
la substance médullaire et les nerfs qui en sont

la continuation. Ils font remarquer que la quantité de sang qui se porte au cerveau est de beaucoup supérieure à celle que semblerait exiger la nutrition de cet organe et la sécrétion de l'humeur séreuse qui lubrifie la pie-mère ; d'où ils concluent que le sang y remplit une autre destination, savoir la sécrétion du fluide nerveux. Rolando croit que ce fluide se forme dans le cervelet de la même manière que le fluide électrique dans un électromoteur. La pile de Volta se compose de disques formés de deux métaux différents superposés et séparés par des disques de cartons mouillés. La torpille et le gymnote électrique présentent des organes composés de plusieurs couches de nature différente; c'est à l'aide de ces organes qu'ils développent de l'électricité et qu'ils frappent de commotion les animaux dont ils font leur proie. On observe également dans le cervelet un bon nombre de couches formées alternativement de substance corticale et de substance médullaire : il y a donc de l'analogie entre le cervelet, les organes électriques des poissons, qu'à cause de cela on a nommés électriques, et un électromoteur. Ces raisons conduisent le célèbre professeur à penser que le cervelet est un électromoteur animal. Jannin croit que le fluide nerveux provient du sang, et que cette sécrétion a lieu non seulement dans le cerveau, mais dans tout le système nerveux (1). Il fait remarquer que le cerveau seul ne reçoit pas une grande quantité de vaisseaux sanguins ; qu'il en est de même pour les nerfs, et que l'action de ces derniers n'était point sous l'influence immédiate du cerveau. Je pense que, s'il faut admettre un fluide nerveux, on ne doit pas le considérer sécrété comme les autres humeurs ; car il n'a rien, ce me semble, de commun avec celles-ci, qu'il n'est pas formé dans le cerveau ou dans le cervelet, mais dans tout le système. Il est certain que les propriétés des nerfs ne proviennent pas du cerveau. De plus, il y a au moins deux substances différentes dans la composition des nerfs, la substance médullaire et le névrilème. Cette disposition ne pourrait-elle pas donner lieu au développement de fluide électrique ?

144. Quoique le fluide nerveux soit admis par la plupart des physiologistes pour expliquer l'action du système nerveux, j'avoue ne pouvoir adhérer à cette hypothèse : je crois, avec Tommasini, que le cerveau et les nerfs ont une disposition fibreuse ; que rien ne démontre l'existence du fluide nerveux ; que ce fluide n'est point

---

(1) M. Chevreul a trouvé dans le sang une matière caractéristique de la substance nerveuse, et qu'il a nommée *cérébrine*.

nécessaire pour concevoir l'action nerveuse ; que la substance médullaire n'est point incapable de mouvement ; que, par cette sorte de mouvement, les nerfs transmettent au loin les impressions qu'ils ont reçues. Je dis d'abord que la substance médullaire du cerveau et des nerfs est fibreuse et susceptible de mouvéments. Des anatomistes distingués n'ont pas seulement parlé des fibres du cerveau, mais les ont décrites avec soin ; on peut mettre à leur tête Gall et Rolando. Il y a, dans l'ouvrage que le professeur de Turin a publié sur la structure interne du cerveau, des remarques précieuses qui jettent beaucoup de clarté sur l'exercice des fonctions animales, et qui mettent sur la voie de progrès ultérieurs. On observe des fibres très manifestes dans les corps pyramidaux, dans la protubérance annulaire, dans la grande commissure et dans les parois antérieures et postérieures des ventricules ; des fibres médullaires se voient parfaitement chez les sujets morts à la suite d'une hydrocéphale. Si l'on fait bouillir le cerveau dans l'huile, ou qu'on le fasse macérer dans les acides nitrique, hydrochlorique affaiblis, ou dans l'alcohol, on peut, à l'aide de scalpel, quoique avec quelque peine, séparer des fibres. Ceux qui soutiennent l'opinion opposée objectent que cette disposition fibreuse résulte de la coagulation de la pulpe ; mais ils sont dans l'erreur ; de quelque agent chimique que l'on se serve, on remarque toujours des fibres dans la même partie, et ces fibres affectent des directions différentes dans divers points : ici elles sont droites, là elles vont en serpentant, ailleurs elles sont perpendiculaires ou obliques, ou croisées, et elles se montrent constamment avec ces caractères ; c'est donc la nature, et non l'action chimique, qui les a formées ; le cerveau est donc fibreux. En outre, Darwin a démontré par des expériences la structure fibreuse de la rétine ; il a plongé dans l'eau chaude une rétine de bœuf ; puis il l'a déchirée : les bords parurent frangés ; ils eussent été lisses et égaux si la rétine eût consisté en une simple mucosité. Le mucus resta en dissolution, et les fibres se montrèrent à nu. On doit en dire autant de tous les nerfs ; j'avoue qu'on ne peut distinguer partout des fibres, et qu'on n'en démontre pas toujours facilement au moyen du scalpel ou des agents chimiques ; c'est parceque les filets médullaires sont très déliés et très mous qu'ils perdent promptement leur disposition fibreuse et qu'ils se réduisent en une pulpe homogène. Du reste, lors même qu'on ne pourrait pas apercevoir la structure fibreuse du cerveau et des nerfs, l'analogie suffirait pour la faire admettre : cette structure s'observe dans toutes les autres parties qui ne jouent pas un rôle aussi grand dans l'économie animale que le système nerveux, et ce système, qui est d'une telle importance que tous les autres sont sous sa dépendance, et qu'il est le principal siége de la vie, serait le seul qui consisterait en une masse homogène, inorganique. Cette opinion serait certainement absurde. Il reste à démontrer que le cerveau et les nerfs sont le siége des mouvements : l'observation, l'analogie et le raisonnement fournissent les preuves de ce fait. Je commence par ce qui a trait à l'observation : Schlicting introduisit son doigt dans une plaie faite au cerveau ; il assura avoir éprouvé des contractions manifestes. Un homme condamné à la peine capitale, pour éviter d'aller au supplice se frappa avec violence le front contre un mur, et tomba aussitôt sans vie ; à l'ouverture de son cadavre, le cerveau parut s'être contracté et avoir un volume moins considérable. Une semblable contraction du cerveau, et une sorte d'induration, se remarquent sur les cerveaux des fous. L'analogie démontre également le mouvement de la substance médullaire : toutes les autres parties excitées par des stimulants exécutent des mouvements ; les unes se contractent, les autres augmentent de volume ; pourquoi la substance médullaire du cerveau et des nerfs serait-elle seule incapable de mouvements ? Du reste, l'observation en fait découvrir dans les nerfs. Faites une tache rouge sur du papier blanc, et fixez-la avec un œil pendant quelque temps; d'abord vous aurez la sensation du rouge, puis du vert, et ensuite de la première couleur rouge, qui sera remplacée de nouveau par le vert; ces sensations alternatives diminueront peu à peu et cesseront tout-à-fait. Ces sensations ont également lieu soit qu'on continue de tenir l'œil fixé sur le papier, soit qu'on l'en détourne; si la tache est noire, on aura alternativement des sensations de blanc et de noir. Cette expérience semble prouver que la rétine frappée par la lumière devient le siége d'oscillations de même que les fibres musculaires, quoique le mouvement paraisse beaucoup plus faible dans cette membrane. D'après cela, si l'on admet que la rétine exécute des mouvements, pourquoi n'en serait-il pas de même pour les autres nerfs, et pour la substance médullaire du cerveau qui se continue dans les nerfs et qui s'épanouit dans les organes externes des sens. Enfin le raisonnement concourt à démontrer que la substance médullaire a des mouvements qui lui sont propres. Les nerfs sont affectés chacun par des stimulus différents. La rétine est sensible à la lumière, et nullement au son; le nerf acoustique est affecté par le son, et non par la lumière. On se rendra compte de ces

phénomènes en admettant une différence d'organisation dans chacun de ces nerfs , tandis que
je ne vois pas comment on pourrait les expliquer
au moyen du fluide nerveux. Il est en notre pouvoir de renouveler certaines perceptions et point
du tout quelques autres. Supposez dans le cerveau des fibres qui peuvent entrer en mouvement
isolément, et vous concevrez parfaitement cet
effet ; la mémoire et l'imagination sont en raison
de la fermeté du cerveau. Il est facile de comprendre que les fibres de cet organe suivent les
mêmes lois que les autres parties du corps qui
prennent de la consistance par les progrès de
l'âge jusqu'à ce qu'elles tombent dans l'épuisement par l'effet de la vieillesse. La mémoire disparaît par suite de maladie, et revient avec la
santé. Dans la manie , le délire s'étend à tout ;
l'esprit , dans la mélancolie , ne divague que sur
un seul objet et sur ce qui y a trait. Au moyen
de fibres cérébrales susceptibles de mouvement,
ces effets s'expliquent très bien. Ainsi ces fibres
venant à être frappées de torpeur , la mémoire
cesse ; cette faculté se rétablit lorsqu'elles reviennent à leur état naturel ; de même qu'un muscle
paralysé ne peut plus se contracter , et ne recouvre le mouvement que lorsque la maladie a
disparu. Dans la manie , plusieurs fibres cérébrales sont affectées , tandis que dans la mélan-

colie il n'y a de lésé qu'une seule fibre sensoriale ou quelques unes qui ont du rapport avec
celle-ci. Il s'ensuit, d'après la remarque ingénieuse de Darwin, que le délire peut être considéré en quelque sorte comme une convulsion
des idées. L'action nerveuse exige donc quelque
espèce de mouvement.

[La nature de l'action nerveuse est couverte encore
d'obscurité, quoique plusieurs faits fassent davantage
pencher vers un agent nerveux analogue à l'agent électrique. Les raisonnements de M. Martini ne peuvent,
ce me semble, persuader que cette action consiste
dans quelque espèce de mouvement de la fibre nerveuse. Je me bornerai à signaler quelques assertions
qui ne m'ont pas paru exactes : la contraction res-
sentie dans le cerveau vivant, celle qui a été observée
sur un cerveau frappé de commotion, l'induration du
cerveau des fous, sont plus que problématiques. Pour
dire que la mémoire et l'imagination sont en raison
de la fermeté du cerveau, il faudrait avoir une mesure
de la consistance de cet organe. Les vieillards devraient
avoir ces qualités à un plus haut degré que les jeunes
gens.]

145. Examinons maintenant si les phénomènes précédents s'expliquent mieux à l'aide
d'un fluide nerveux ; ceux qui l'admettent rai-
sonnent ainsi : les nerfs reçoivent des impressions et les communiquent ; cette communica-

tion peut s'opérer de deux manières, ou par oscillation, ou au moyen d'un fluide; or les nerfs ne peuvent vibrer; ils manquent des conditions nécessaires à cet effet. Pour que les filets nerveux présentent des vibrations, il faut qu'ils soient élastiques et dans un état de tension; ils sont mous et nullement tendus : ils ne peuvent point vibrer. Mais en supposant que ces vibrations aient lieu, elles ne pourraient se propager bien loin, car les nerfs, comme il a été dit, ne sont pas libres; ils adhèrent de tous côtés aux parties environnantes, il faut donc, d'après ces auteurs, avoir recours au fluide nerveux. Pour soutenir cette hypothèse, ils établissent une analogie entre le cerveau et les glandes conglomérées, ou bien entre un électromoteur et l'encéphale, ou seulement le cervelet, ou bien encore tout le système nerveux. Mais certainement leurs raisonnements ne peuvent entraîner la conviction. Ce qui les porte à supposer un fluide nerveux, c'est que les nerfs ne peuvent vibrer de la même manière que des cordes, comme si l'on ne pouvait pas concevoir d'autre mouvement qu'une vibration très forte. L'on rejette l'existence de tout mouvement dans les nerfs, parceque la vue ne peut le saisir : mais le fluide nerveux est-il plus sensible à la vue? qui l'a aperçu? qui l'a saisi? Du reste, admettons

un moment son existence ; supposons qu'il soit
inaccessible à tous les sens, qu'il soit doué d'une
activité extrême ; qu'est-ce qui le porte à se transmettre par les nerfs avec une excessive rapidité?
Les stimulants externes et le pouvoir de la volonté, répondra-t-on. Mais pourquoi est-il mis en
mouvement par l'impression d'un stimulant ou
par l'action de la volonté? est-ce parceque l'é-
quilibre du fluide se trouve altéré dans le cerveau et l'organe externe d'un sens, ou entre le
cerveau et les muscles? Mais comment se fait-il
qu'il ne survienne aucune modification dans le
nerf? comment ce fluide nerveux peut-il parcourir si rapidement les nerfs, pendant que ces organes restent dans une immobilité parfaite? Certainement il ne peut en être ainsi : tout en admettant un fluide nerveux, il faut donc encore
supposer dans les nerfs un mouvement qui lui-
même mette en mouvement ce fluide, ou bien
un mouvement extrêmement rapide du fluide
qui détermine celui des nerfs. Que l'on ne dise
pas que le fluide électrique parcourt les disques
métalliques sans qu'il s'y opère aucun mouvement, car le fluide électrique passe des corps qui
en ont trop à ceux qui n'en ont pas assez ; l'équilibre est rompu, ou par le frottement des corps
idéo-électriques, ou par le contact de métaux de
différente nature, ou enfin par quelque action

chimique. Mais rien de semblable ne se passe dans l'économie animale : les stimulants qui sont en rapport avec les expansions nerveuses n'y opèrent aucun frottement, n'y déterminent aucune action chimique. On ne voit pas comment l'impression d'un stimulant, le pouvoir de la volonté, pourraient exciter l'action de l'électromoteur animal, sans quelque modification du cerveau et des nerfs ; on est donc forcé d'admettre une modification, qui ne peut être qu'un mouvement. Par conséquent si le fluide nerveux ne peut rendre compte des phénomènes sans y ajouter un mouvement dans les nerfs, et si ce mouvement suffit pour les expliquer, pourquoi multiplier les causes sans nécessité? Je pense donc avec Tommasini que les nerfs ont chacun leur mode d'incitation, et que toute incitation consiste dans quelque mouvement ; que ce mouvement soit insensible il n'importe, son existence est démontrée par l'analogie, par le raisonnement : elle semble encore confirmée par les faits que j'ai rapportés ci-dessus (1).

---

(1) M. Martini n'a pas rapporté les principales raisons qui font pencher vers l'admission d'un fluide nerveux. Ainsi, le fluide galvanique peut remplacer l'agent nerveux, pour déterminer les contractions musculaires, l'action chimifiante

146. J'ai admis précédemment un principe vital, tandis que maintenant je rejette le fluide nerveux : l'on ne serait pas fondé néanmoins à me reprocher de m'être contredit. J'ai supposé un principe de vie répandu dans tous les points du corps, ayant toutefois son siége principal dans les nerfs, et répartissant l'incitabilité dans les fibres; mais ces attributions ne peuvent nullement s'appliquer au fluide nerveux que l'on a imaginé pour expliquer l'action du système nerveux. Je passe maintenant au système musculaire.

CHAPITRE XVI.

DU SYSTÈME MUSCULAIRE.

147. Le système musculaire est, après le nerveux, le plus important de tous. Au moyen de ce

---

de l'estomac, l'action respiratoire des poumons, etc. La force nerveuse se manifeste évidemment, à distance, à travers la solution de continuité des nerfs divisés; le mécanisme par lequel s'opère la contraction de la fibre musculaire a de l'analogie avec certains phénomènes électromagnétiques : enfin, avec les seuls éléments animaux, des nerfs et des muscles, on peut déterminer des phénomènes galvaniques.

système, il s'opère dans le corps animal des mouvements multipliés, dont les uns dépendent de la volonté, et dont les autres se soustraient à son empire. La nature a dispensé aux animaux la sensibilité pour qu'ils aient la faculté de distinguer ce qui leur est utile d'avec ce qui peut leur nuire. Mais la sensibilité sans la motilité serait insuffisante; elle deviendrait même plutôt un supplice qu'un don précieux : il fallait qu'elle fût accompagnée du pouvoir d'obtenir ce qui est avantageux et de repousser ce qui est funeste. En conséquence, outre les nerfs qui reçoivent les impressions faites par les choses extérieures, et qui les transmettent au *sensorium commune*, il y en a d'autres qui communiquent aux muscles les déterminations de la volonté, pour y provoquer le mouvement. D'autres muscles, également subordonnés au système nerveux, servent à diverses actions vitales dont l'âme n'a point conscience. C'est un effet de la prévoyance de la nature: les mouvements dont la vie dépend immédiatement ne devaient pas être soumis à la volonté, qui est si changeante. Que de gens atteints par le malheur, ou brûlés d'une passion qu'ils ne peuvent satisfaire, désirent et appellent la mort! c'en serait fait d'eux, si le dégoût de la vie pouvait à l'instant même en trancher le cours. Le système musculaire pro-

duit les mouvements auxquels se livrent les animaux , et concourt à la plupart des fonctions.

148. Les muscles excités par des stimulants
se contractent et se relâchent alternativement.
La propriété d'où émane ce phénomène a été
désignée par Haller sous le nom d'irritabilité.
Bichat lui a donné le nom de contractilité musculaire ; Chaussier, celui de myotilité. La dénomination employée par Haller est beaucoup plus
usitée. On savait depuis long-temps que l'irritation détermine des oscillations dans les muscles. Homère et Virgile nous parlent des frémis-
sements que produit l'action du feu dans les
chairs des animaux sacrifiés; Galien a admis une
force qui fait gonfler les muscles ; Bellini parle
d'une force contractile; Baglivi, d'une force motrice : mais Haller est l'auteur qui a traité de
l'irritabilité avec le plus de profondeur. Le mouvement tonique de Stahl se rapproche de l'irritabilité de Haller : toutefois on ne doit pas les confondre entièrement. Stahl n'a pas assez distingué
la contractilité prononcée des muscles de cette
contractilité obscure et latente qu'on a nommée
tonicité.

149. On a cherché si l'irritabilité tenait aux
nerfs, ou en était indépendante : Haller prétend
que cette propriété est inhérente à la fibre musculaire elle-même, et qu'elle ne provient pas des

nerfs : il ne nie pas que les ordres de la volonté ne soient transmis aux muscles par l'intermède des nerfs ; mais il croit que ces organes, dans la production de ce phénomène, n'ont pas d'autres fonctions que de propager le fluide nerveux. Il observe que l'irritabilité n'est pas détruite, quoiqu'on ait interrompu toute communication avec le cerveau ; que de plus le cœur extrait du corps de l'animal présente encore des mouvements pendant quelque temps : mais l'on ne peut tirer de ce fait que cette conclusion, que l'action des muscles n'a point son principe dans le cerveau, ce que j'accorde volontiers ; et il n'est pas permis d'en inférer que l'irritabilité ne dérive des nerfs en aucune manière. Certainement la fibre musculaire, telle que la conçoit Haller, n'est dépourvue nulle part de substance nerveuse. Les substances musculaire et nerveuse sont tellement unies et confondues qu'elles ne semblent former qu'une seule substance ; ce qui a porté Brown et Tommasini à faire un seul système des systèmes musculaire et nerveux. Whytt pense que l'irritabilité musculaire a sa cause dans les nerfs. Cette opinion a été adoptée par la plupart des physiologistes ; elle semble tellement démontrée de nos jours qu'il y aurait presque de la témérité à en contester la vérité. Certainement il n'est pas un seul point des muscles qui ne reçoive de filets nerveux , et les contractions sont déterminées par un stimulus , auquel est soumis le nerf qui se rend dans le muscle.

150. On a beaucoup discuté sur la cause qui produit dans les muscles des contractions et des relâchements alternatifs. Les uns ont dit que les fibres charnues avaient une structure vésiculaire, en vertu de laquelle elles attiraient et repoussaient alternativement un fluide subtil. Robertson et Langrish ont attribué l'irritabilité à une matière éthérée très subtile ou à une matière électrique. Fordice la désigne sous le nom d'attraction vitale. Blane prétend que les fibres musculaires sont formées de sphéroïdes qui se resserrent ou se relâchent suivant qu'ils présentent un axe plus ou moins grand. Girtanner regarde l'oxygène comme la cause de l'irritabilité ou comme la condition nécessaire de son existence. Cette idée de Girtanner fut développée par de Humboldt. Ce célèbre naturaliste observa que l'acide muriatique oxygéné rendait aux muscles l'irritabilité qu'ils avaient perdue par l'action des stimulus. Mais il proposa ensuite une nouvelle hypothèse : par celle-ci il établit que la contraction musculaire provient d'un changement des affinités, qui rapproche les éléments organiques du muscle ; suivant lui ce phénomène doit être attribué au fluide galvanique. Fourcroy pense que

la contraction musculaire a quelque action chimique pour cause ; mais il avoue avec franchise ignorer en quoi consiste cette action. Darwin avance que de la même manière qu'on a admis un fluide magnétique pour expliquer l'attraction mutuelle de l'aimant et du fer, on devait supposer une cause qui détermine la contraction de la fibre musculaire ; et il attribue cet effet à un fluide qu'il appelle esprit d'animation. Mais il prévient ensuite que par cette dénomination on ne doit entendre que la puissance, de quelque nature qu'elle soit, qui produit la contraction. D'après Prochascka, la contraction d'un muscle est occasionée par l'afflux plus considérable du sang dans ses vaisseaux capillaires, afflux qui fait raccourcir la fibre de la même manière qu'une corde devient plus courte par l'humidité dont elle est pénétrée. Il restait à savoir pourquoi les muscles, excités par des stimulus, se contractent et se relâchent alternativement. Whytt a expliqué cet effet par une réaction du principe sentant qui cherche à se soustraire au stimulus. Tumiati a admis deux forces dans les muscles, la force expansible et la force contractile, qu'il place la première dans le tissu cellulaire, la seconde dans la fibre musculaire. Suivant cet auteur, ces deux forces agissent alternativement.

151. Je vais examiner maintenant les opinions

que je viens d'exposer. Il ne suffit pas de dire que l'irritabilité provient d'une matière éthérée, électrique ; il faut encore prouver comment cette matière donne naissance à l'irritabilité de la fibre. Personne n'a vu la structure vésiculaire de la fibre ; et cette disposition , en la supposant réelle , ne rendrait pas compte de l'irritabilité. Pourquoi ces vésicules attirent-elles et repoussent-elles alternativement un fluide? Pourquoi les sphéroïdes dont on parle présentent-ils successivement un axe différent? Est-il vrai que tous les stimulants dégagent l'oxygène? Attirent-ils les corps qui perdent facilement l'oxygène qu'ils contiennent? Une aiguille enfoncée dans un muscle s'oxyde-t-elle? Si les muscles devenus insensibles à leurs stimulants ordinaires se contractent par l'action de l'acide muriatique oxygéné, c'est que l'irritabilité est réveillée par un stimulus nouveau et plus puissant. Dans les expériences faites par M. de Humboldt, l'acide muriatique a fourni un nouvel élément à l'électromoteur (car il s'est servi de cet appareil). Personne n'ignore qu'un changement dans les éléments d'un électromoteur ajoute à l'action du galvanisme. Certainement on ne peut attribuer cet effet à l'oxygène ; car on a démontré récemment que le corps regardé comme composé d'acide muriatique et d'oxygène était simple : c'est le chlore , nommé ainsi à cause de sa couleur. Il n'est pas non plus avéré que les éléments dont se compose la fibre musculaire contractent de nouvelles combinaisons par la contraction. Darwin a bien établi que la contraction dépendait de la faculté de se contracter ; car tout effet a une cause. Mais il s'agit de connaître cette cause. Que signifie la réaction que suppose Whytt dans la fibre musculaire? La question est-elle par là résolue? Pourquoi le principe sentant cherche-t-il à se soustraire au stimulus? Enfin, si l'on admet une force expansible dans le tissu cellulaire et une force contractile dans la fibre musculaire, pourquoi ces forces agissent-elles alternativement? pourquoi l'une ne détruit-elle pas l'autre? Il est donc évident que toutes ces opinions ne jettent aucun jour sur la cause de l'irritabilité. Pour moi, m'abstenant de toute hypothèse, je dirai que la structure des muscles et leur mode d'incitation sont tels que ces organes se contractent et se relâchent alternativement sous l'influence de certains stimulus. J'avance que les muscles se contractent parcequ'ils sont contractiles, et qu'ils sont contractiles parcequ'ils se contractent. Je déduis la cause de l'effet ; mais j'avoue ignorer complètement la nature de cette cause.

[Les expériences curieuses de MM. Prévost et Dumas permettent de concevoir, mieux qu'on ne l'avait fait jusqu'alors, les phénomènes de la contraction musculaire, et prouvent l'analogie, sinon l'identité, de l'agent nerveux avec le principe électrique. Si l'on place sous le microscope un muscle suffisamment mince pour conserver sa transparence, et qu'on y excite des contractions au moyen du courant galvanique, on voit ses fibres se fléchir en zigzags d'une manière instantanée, et cette action détermine ainsi le raccourcissement de l'organe, sans changement dans son volume. Les rameaux nerveux se distribuent d'abord dans le muscle, sans suivre un cours régulier ; mais si l'on examine leurs dernières branches avec un grossissement suffisamment fort, on verra toutes les ramifications nerveuses se terminer en s'insérant entre les fibres musculaires, dont elles coupent la direction à angle droit; et, pendant la contraction du muscle, on verra les dernières fibrilles transverses du nerf répondre exactement au sommet des angles que forme le plissement des fibres musculaires : ces angles et ce plissement ont lieu parceque le courant galvanique, excité au travers des filets nerveux, qui sont de fort bons conducteurs, fait qu'ils se rapprochent, d'après la loi établie par M. Ampère, et entraînent avec eux les faisceaux musculaires auxquels ils sont perpendiculairement fixés. MM. Prévost et Dumas ont prouvé que, lorsqu'un muscle se contracte par l'action de divers stimulants, il se produit des états électriques déterminés ; que le nerf est traversé par un courant galvanique. Ces physiologistes ne se croient point encore autorisés à avancer que la contraction déterminée par l'influence de la volonté présente les mêmes conditions, quoique leurs expériences puissent déjà leur faire présumer qu'il en est de même que dans la contraction par irritation.]

152. J'ajouterai que, d'après Tommasini, l'état qui succède à la contraction musculaire n'est point passif, ainsi que le considèrent les physiologistes. Certainement le muscle dont la contraction cesse exerce un certain effort sur la main qui le comprime, et soulève les corps qu'on y applique. C'est cet effort qu'il désigne par les mots de *risalto vitale,* qu'on peut traduire par élasticité vitale. Du reste, je reviendrai sur le relâchement des muscles, que je considère également comme un état actif.

CHAPITRE XVII.

DU SYSTÈME CIRCULATOIRE.

153. Je vais maintenant m'occuper du système qui distribue le sang dans toutes les parties du corps ; qui répare les pertes continuelles qu'elles subissent ; qui fournit la matière des diverses sé-

crétions ; qui colore d'un doux incarnat les joues arrondies de la jeunesse , qui dans la colère enflamme le visage , qui par la lenteur et la faiblesse des mouvements du cœur, ainsi que par la pâleur mortelle qu'il détermine , dévoile les affections tristes de l'âme ; qui enfin joue le principal rôle dans le maintien de la chaleur animale. Les systèmes nerveux et musculaire ont une grande influence sur le système sanguin ; mais celui-ci en a également sur les premiers. La force nerveuse est-elle engourdie , l'action des muscles languit , celle du cœur et des artères se ralentit; d'un autre côté , si le cours du sang est interrompu dans quelque partie , le sentiment et le mouvement y sont aussitôt suspendus. L'on voit combien il est important de connaître les propriétés du système d'irrigation.

154. Personne n'élève de doutes sur l'irritabilité du cœur ; mais tous les physiologistes ne sont pas d'accord relativement à l'influence des nerfs sur les mouvements de cet organe. Haller avoue que des nerfs sont répandus dans la substance du cœur, et qu'ils contribuent beaucoup à ses mouvements ; que si l'on irrite les nerfs de la huitième paire, ou le cerveau, ou la moelle épinière, les mouvements du cœur sont troublés ; qu'ils deviennent plus faibles si l'on fait une ligature à ces nerfs. Après cela, cet auteur, en contradic-

tion avec lui-même, prétend qu'il existe une autre cause motrice. Ce qui le conduit à penser ainsi, ce sont les mouvements que présente le cœur après avoir été extrait de la poitrine d'un animal récemment immolé ; et comme le cœur perd son irritabilité en se séchant, il croit que son principe moteur réside dans le fluide qui imprègne la fibre musculaire. Mais les muscles excités pendant long-temps perdent leur irritabilité, quoiqu'ils ne soient pas dans un état de sécheresse. De ce que le cœur arraché de la poitrine d'un animal persiste quelque temps dans ses mouvements, il ne s'ensuit pas qu'ils soient indépendants des nerfs. On peut seulement conclure qu'ils ne sont pas subordonnés directement à l'action du cerveau, ou des autres parties du système nerveux avec lesquelles il n'existe plus de communication. C'en serait assez pour réfuter l'opinion de Legallois qui a prétendu que le mouvement du cœur dépendait de la moelle épinière. Je crois devoir toutefois discuter avec plus de détails la théorie de ce physiologiste. La moelle épinière ayant été coupée sur un lapin entre l'os occipital et la première vertèbre cervicale, la respiration fut suspendue : après vingt minutes, on suppléa à cette fonction par l'insufflation de l'air. Les carotides, qui présentèrent un peu de sang noir dans les premiers moments de l'expérience, se remplirent d'une plus grande quantité de sang rouge dès qu'on eut employé la respiration artificielle ; le sang s'écoula par une plaie du pied. Après deux ou trois minutes, l'animal fut décapité, on entretint une respiration artificielle : le sang sortit également par une plaie faite au pied. Les mouvements du cœur étaient assez forts. La verge de fer fut introduite dans le canal vertébral : les mouvements du cœur diminuèrent aussitôt, puis cessèrent tout-à-fait ; la respiration artificielle devint inutile. Si, avec la verge introduite entre l'os occipital et la première vertèbre cervicale , on détruit toute la moelle, sans décapiter l'animal , les mouvements du cœur sont à peine sensibles ; quatre minutes après, les carotides présentent un peu de sang noir. Malgré la respiration artificielle , l'action du cœur ne se rétablit pas ; il ne s'écoule point de sang d'une plaie faite au pied. Si l'on détruit la portion cervicale de la moelle, le mouvement du cœur est extrêmement diminué ; l'air insufflé dans les poumons n'empêche pas les mouvements du cœur de s'arrêter ; une plaie de la cuisse ne fournit qu'un peu de sang noir. Lorsqu'on introduit la verge entre la dernière vertèbre dorsale et la première lombaire, le mouvement du cœur se ralentit ; quinze minutes après il ne sort pas de sang d'une plaie faite au pied; si l'on insuffle de l'air dans les poumons, le sang s'écoule de la plaie; détruit-on la moelle lombaire, le sang jaillit des vaisseaux de la cuisse amputée, et les mouvements du cœur sont encore forts. Legallois conclut de ces expériences que la lésion entière ou partielle de la moelle épinière arrête la circulation du sang, d'autant plus promptement que la portion de moelle détruite est plus près du cœur. Mais le mouvement du cœur persiste encore, quoique très peu de temps, après la destruction de toute la moelle épinière. L'expérimentateur, pour se tirer de cette diffi-culté, dit que ce mouvement provient non d'une véritable contraction du cœur, mais de l'irrita-bilité de cet organe. Cette explication n'est pas heureuse, et ajoute même à l'embarras de l'au-teur. On ne conçoit pas quelle différence il peut y avoir entre les mouvements déterminés par la contraction du cœur et ceux que produit son irritabilité. Car la contraction n'est que l'effet qui résulte de l'irritabilité lorsque l'action des stimulants met en jeu cette propriété. Deux con-ditions sont nécessaires, afin qu'un organe quel-conque se contracte : 1° contractilité; 2° stimu-lus convenable. Le sang doit être oxygéné par la respiration, pour qu'il puisse exciter le cœur. L'organe pourrait être contractile, et cependant ne pas se contracter, par défaut d'un sang oxy-géné : ainsi Legallois, dans ses expériences, établissait une respiration artificielle pour déterminer l'influence de la moelle épinière sur la contractilité du cœur. Les expériences de Legallois viennent d'être répétées par Wilson, qui a obtenu des résultats tout différents. Il donna, vers l'occiput, un coup violent à un lapin : la respiration fut aussitôt suspendue, le mouvement du cœur et la circulation du sang persistèrent. Ayant enlevé une partie du crâne sur un autre lapin, il appliqua de l'opium sur le cerveau, pour préserver, autant que possible, l'animal de la douleur que devait lui causer l'opération; le canal vertébral fut ouvert entre la dernière vertèbre cervicale et la première dorsale; il entretint une respiration artificielle, puis il détruisit la moelle épinière au moyen d'une verge de fer : néanmoins, les mouvements du cœur persistèrent. Dans une autre expérience, le même physiologiste coupa les nerfs de cet organe ; un coup fut porté à l'occiput de l'animal ; la respiration fut entretenue artificiellement : on remarquait des pulsations dans les carotides près de la section des nerfs. La portion cervicale de la moelle fut détruite ; les carotides offraient encore des pulsations. Toute la moelle épinière fut détruite sur un autre lapin : les carotides battaient après l'opération, et donnèrent du sang par l'ouverture qui leur fut pratiquée, en même temps qu'on entretenait une respiration artificielle. Un lapin auquel on porta un coup violent à l'occiput perdit le sentiment sans que le mouvement fût altéré, la respiration avait lieu ; toute la moelle épinière fut détruite au moyen d'une verge de fer rougie au feu, la respiration cessa aussitôt ; trois minutes après l'artère fémorale mise à découvert offrit des battements assez forts, le sang sortit par une plaie qui fut faite au vaisseau, mais noir et en petite quantité. Une respiration artificielle ayant été entretenue, le sang redevint aussitôt rouge, et jaillit avec plus d'abondance. Le cerveau et la moelle épinière d'une grenouille furent mis à nu, la poitrine fut ouverte, le cœur battait avec force, on blessa le cerveau et la moelle ; le cœur continua de se mouvoir, même après que l'animal eut été décapité. Cependant si, avant la décapitation, on irritait la moelle épinière ou le cerveau, les mouvements du cœur augmentaient. Wilson conclut de là que l'action du cœur n'a son principe ni dans le cerveau ni dans la moelle épinière : qu'elle est cependant excitée par l'irritation de ces organes. On concevra facilement ce fait, si l'on se rappelle ce que j'ai dit précédemment relativement au système nerveux dont chaque partie jouit d'une force qui lui est propre, et peut agir pendant quelque temps encore après avoir été séparée de toutes les autres. Néanmoins ces diverses parties ont entre elles une liaison étroite et conspirent au même but : elles s'influencent réciproquement par leur action , elles contribuent toutes en quelque chose à l'action du système entier; ce qui fait que, dans l'état de continuité, les unes ajoutent à la puissance des autres , et en reçoivent à leur tour un même degré d'influence. En conséquence les stimulus portés sur le cerveau et la moelle épinière doivent modifier les mouvements du cœur; et cet organe, extrait de la poitrine, peut continuer quelque temps ses mouvements en vertu de la force dont sont doués les nerfs répandus dans son tissu. Mais, après un certain temps, cette force est épuisée et les mouvements cessent. Si le cœur conserve ses rapports avec la moelle épinière, il en tirera une somme de forces qui lui donnera la faculté de persister plus long-temps dans ses mouvements; et ceux-ci auront une durée plus grande si la communication avec le cerveau est conservée. Cependant il peut arriver un phénomène tout-à-fait opposé, dans le cas où l'action du *sensorium commune* est détruite; ainsi l'on a remarqué que l'on préservait plus long-temps des poissons de la putréfaction , si on leur comprimait le cerveau. Tommasini explique très bien ce fait. La sensation consomme la force nerveuse : en suspendant l'action du *sensorium commune*, on fait cesser la cause qui donne lieu à la dépense de cette force, qui, par conséquent, durera plus long-temps. Il est inutile de réfuter les arguments de Beherends qui ne reconnaît pas de nerfs dans le cœur, depuis que Scarpa a démontré la grande quantité de nerfs qui pénètrent cet organe. D'ailleurs le trouble qu'occasionent les affections de l'âme dans les mouvements du cœur n'est-il pas une preuve suffisante de l'existence de ces nerfs ? De plus, ce que j'ai dit précédemment du système musculaire vient à l'appui de cette opinion, que l'irritabilité du cœur dérive des nerfs.

155. Il existe beaucoup de dissidence au sujet des artères ; la plupart des physiologistes pensent que leur membrane moyenne est de nature musculaire. Bichat, au contraire, considère ces vaisseaux comme des conduits inertes et privés de toute espèce d'irritabilité (1). Il est cependant forcé d'accorder de la contractilité aux vaisseaux capillaires. On ne peut en effet admettre que le sang pénètre jusqu'aux dernières ramifications vasculaires par la seule impulsion qu'il reçoit du cœur. Voici les raisons sur lesquelles ce physio-

---

(1) On peut admettre de la contractilité dans les vaisseaux capillaires, sans être conduit à en accorder aux gros troncs.

logiste appuie son opinion. Les muscles sont plus résistants que les artères ; les anévrismes se montrent avec des caractères tout différents dans le cœur et dans les artères. Dans le premier cas, il y a développement anormal des fibres musculaires, dans le second il y a rupture de la membrane celluleuse. Les fibres musculaires prennent par la dessiccation une couleur rouge foncé, les artères une couleur rouge jaunâtre. Les muscles desséchés deviennent minces et durs ; les artères diminuent à peine de densité et deviennent fragiles. Au moyen de la macération les muscles se ramollissent et finissent par se réduire en une sorte de bouillie ; les artères se macèrent et se décomposent plus difficilement. L'ébullition détermine aussi dans ces deux tissus des changements différents. En outre, quelques auteurs prétendent que l'action des stimulants ne peut pas déterminer dans les artères de contractions prononcées, telles qu'on en observe dans les muscles ; que l'irritation ne les fait point diminuer de longueur ; que dans les animaux à sang froid elles n'offrent aucun mouvement ; que l'on ne découvre aucun mouvement dans la partie inférieure d'une artère comprimée par une ligature ; qu'une artère extraite du corps ne se contracte nullement ; que l'opium agit sur les muscles et non sur les artères ; qu'enfin le tissu musculaire est souvent le siége de l'inflammation, tandis que le tissu artériel n'en est presque jamais affecté.

156. Je n'aurai pas grande peine à refuter ces raisons; les artères sont composées d'autres membranes que la musculeuse, il n'est donc pas étonnant qu'elles offrent des caractères différents par la distension, le feu, les acides, les alcalis, la macération, l'ébullition et la putréfaction. Lassone et Girard ont observé que la membrane moyenne des artères éprouvait les mêmes affections que les muscles, qu'elle était ferme et solide chez les individus robustes, qu'elle était évidemment lâche, au contraire, chez les scorbutiques; les artères ainsi que le cœur sont également affectés de dégénérescence osseuse, et sujets aux anévrismes. Tommasini prétend que les anévrismes de ces deux organes sont de même nature. Si l'on y remarque d'ailleurs quelque différence, elle provient de la quantité plus considérable de tissu cellulaire qui existe dans les artères, et de la présence des autres membranes, plutôt que de la différence de nature du tissu musculaire et de la membrane moyenne des artères. Ces vaisseaux, excités par le sang, se contractent fortement, mais non de la même manière que les muscles. Les autres stimulants produisent le même effet. Zimmermann, Verschuir, Bosch, Bikker, ont vu une contraction très marquée des artères sous l'influence

de divers stimulants ; l'électricité, les acides y déterminent une contraction qui ne diffère pas du mouvement péristaltique des intestins ; le doigt introduit dans une artère y est comprimé assez fort. Comme les fibres musculeuses des artères sont circulaires, ces vaisseaux doivent se resserrer et non pas se raccourcir. Dans les animaux à sang froid, ce fluide, après l'extraction du cœur, est poussé dans les artères, ce qui démontre leur contractilité. C'est à tort que Bichat prétend que l'opium agit sur les muscles et non sur les artères. Dans quelque endroit qu'on applique cette substance, l'action des artères, la chaleur animale et les sécrétions sont augmentées. Si l'opium paraît quelquefois produire un effet opposé, c'est que le mouvement du cœur a été ralenti ainsi que celui des artères, et que l'action du système sanguin est diminuée, parceque l'incitation du cerveau est spécialement augmentée ; de sorte que par suite de cette espèce d'opposition qui règne entre les diverses parties du corps, l'action du cœur et des artères se trouve diminuée. De plus, on observe souvent des battements des artères plus fréquents, sans que ceux du cœur soient en rien accélérés. Nasius parle d'un homme qui, étant mort à la suite d'une syncope, offrit quatre heures après des pulsations manifestes dans les artères, quoique les mouvements du cœur fussent entièrement éteints. Hoffmann a remarqué que le pouls n'avait souvent plus lieu dans les membres paralysés, malgré l'intégrité des mouvements du cœur. Le sang continue son cours dans les artères, quoique le cœur soit ossifié; de même le sang est poussé avec une égale vitesse dans ses vaisseaux au-delà de la tumeur anévrismale, qui doit nécessairement diminuer l'impulsion qu'il reçoit de la contraction du cœur. Il y a des vers, tels que la sangsue et le lombric terrestre, qui n'ont pas de cœur, et dont les artères douées manifestement de motilité font circuler le sang. Les poissons sont pourvus d'un cœur; mais chez ces animaux les artères pulmonaires seules lui sont annexées, toutes les autres en sont séparées. Elles présentent cependant de continuelles oscillations. Cela seul, et sans aucune autre raison, suffirait pour faire penser que la nature a donné également la faculté d'agir aux artères de l'homme. Bichat ne nie pas que les artères capillaires soient douées d'irritabilité. Pourquoi dès lors refuser cette propriété aux branches plus considérables? Quant à l'inflammation que ce physiologiste regarde comme fréquente dans les muscles et nullement dans les artères, Frank rapporte avoir vu très fréquemment la surface interne des artères enflammée, et d'après les auteurs récents, la synoque est une inflammation des vaisseaux ; du reste la pie-mère , la plèvre , le péritoine, ne sont pas de nature musculaire , et sont cependant affectés souvent d'inflammation. On ne peut donc pas dire que les tissus musculaires sont plus sujets que les autres aux phlegmasies. C'est pourquoi je conclurai que les artères sont musculaires, contractiles et actives.

[La nature de la membrane moyenne des artères n'est pas aussi évidemment musculaire que l'affirme M. Martini ; les preuves qu'il donne ne semblent pas concluantes. On ne peut comparer les anévrismes du cœur et des artères , soit pour en tirer des caractères de distinction , soit pour en tirer des caractères d'analogie sur la structure des deux tissus. De ce que le cœur et les artères s'ossifient, cela ne prouve pas l'identité de ces tissus ; car les fibres musculaires, les fibres ligamenteuses, etc. , quoique de nature différente, s'ossifient aussi ; et, de plus, la plupart des ossifications du cœur et des artères se rapportent à la membrane commune qui revêt leurs cavités , etc. On pense assez généralement que la membrane moyenne des artères est formée d'un tissu particulier, très ferme, très élastique, participant des caractères des fibres musculaires et ligamenteuses. Quant à son irritabilité, elle a été admise et rejetée par un grand nombre d'auteurs qui ont affirmé ou nié les faits sur lesquels on prétendait l'établir. Les faits que cite M. Martini sont certainement susceptibles d'être contestés. Dans le cas qu'il indique, et où , quatre heures après une syncope suivie de mort, les artères offrirent des pulsations, quoique les mouvements du cœur fussent arrêtés, comment a-t-on pu s'assurer que les mouvements de cet organe fussent éteints, la poitrine n'étant pas ouverte? Or, ces mouvements pouvaient avoir lieu sans qu'on les sentît à l'extérieur. Le cœur n'est jamais ossifié, du moins que je sache, de manière à ne pouvoir donner aucune impulsion au sang. L'observation prouve tous les jours qu'une tumeur anévrismale qui diminue ou oblitère une artère a de l'influence sur le cours du sang. De ce que l'on remarque la même vitesse du sang au-delà de la tumeur, on ne peut pas conclure que ce liquide est mû par la contraction de l'artère. L'action des artères, chez les animaux qui manquent de cœur, ne prouve pas l'action de ces vaisseaux dans les animaux plus élevés. Sans refuser toute irritabilité aux gros troncs artériels, on pense assez communément que leur contraction vitale entre pour très peu dans la cause d'impulsion du sang, si même elle y a quelque part. Je reviendrai sur ce point au chapitre qui traite du mécanisme de la circulation.]

157. Les veines voisines du cœur offrent manifestement des fibres musculaires, et sont le siége d'une contractilité prononcée ; mais les autres veines ne sont pas douées de cette irritabilité qu'on observe dans les artères. Toutefois ces premiers vaisseaux ne paraissent pas dénués de toute contractilité. Doit-on se refuser à admettre des

fibres musculaires dès qu'elles ne sont pas très apparentes? et doit-on considérer ces fibres comme les seules qui soient douées de contractilité? Ne terminerait-on pas toute discussion, si l'on regardait comme musculaires non pas seulement les fibres disposées parallèlement, rouges et se contractant très fortement, mais encore toutes celles qui présentent une oscillation quelconque ; ou, si on l'aime mieux, si l'on reconnaissait la contractilité dans différents genres de fibres.

158. Les artères se terminent en vaisseaux capillaires ; ceux-ci donnent naissance aux veines. Vieussens les a le premier signalés, et leur a donné le nom de vaisseaux neuro-lymphatiques. D'après Boërhaave, les vaisseaux décroissent insensiblement de diamètre. Mais les injections ont démontré que ceux qui sont situés entre des anastomoses peu éloignées sont cylindriques. Dans l'état naturel ils ne sont pas apparents ; ils rougissent par l'effet de l'inflammation. Quelques auteurs pensaient que, dans l'état physiologique, ils ne contenaient pas de sang, mais bien un fluide transparent. Je me rangerai de l'avis des physiologistes modernes, qui croient que ces vaisseaux sont parcourus par du sang, mais que celui-ci ne renferme qu'une très petite quantité de globules rouges, qui par cette raison se dérobent à

la vue. Bichat, comme je l'ai dit, accorde la faculté contractile à ces vaisseaux dont il forme un système particulier. Certainement leurs mouvements ne peuvent être saisis par la vue, mais leurs fonctions démontrent l'existence de ces mouvements. Le cœur ne paraissant avoir aucune influence sur les vaisseaux capillaires, il faut donc qu'ils jouissent d'une contractilité spéciale. Passons maintenant au système lymphatique.

CHAPITRE XVIII.

DU SYSTÈME LYMPHATIQUE.

159. Les vaisseaux lymphatiques répandus dans toutes les parties du corps portent dans le sang la matière nutritive préparée par l'appareil digestif; reprennent les humeurs qui, après avoir servi aux usages auxquels elles étaient destinées, doivent être rejetées au dehors; absorbent l'humidité de l'atmosphère, l'eau des bains, les médicaments appliqués à l'extérieur; enfin, remplissent d'autres fonctions dont la haute importance a appelé l'attention et les recherches des physiologistes.

160. Les vaisseaux lymphatiques sont compo-

sés de deux tuniques, dont aucune n'est musculaire. Il est vrai qu'on a découvert des fibres charnues dans le canal thorachique de grands animaux, mais jusqu'ici rien de pareil n'a été observé chez l'homme. Cependant ces vaisseaux sont pourvus d'une contractilité énergique: en effet, si l'on ouvre l'abdomen d'un agneau trois heures après lui avoir fait prendre du lait, on trouve les vaisseaux lymphatiques du mésentère remplis d'un liquide blanchâtre, qu'ils font manifestement avancer par leur contraction. On avait cru que les lymphatiques absorbaient uniquement comme les tubes capillaires, qui font monter les liquides dans leur cavité, et les y soutiennent à une certaine hauteur; mais cette opinion est d'une fausseté évidente, si l'on réfléchit que l'action de ces vaisseaux est tantôt accrue et tantôt diminuée suivant le genre d'excitation qui s'exerce sur eux. Il n'est pas invraisemblable que l'absorption commence par une action semblable à celle des tubes capillaires, mais c'est assurément une force vitale qui favorise le cours des liquides absorbés dans les vaisseaux lymphatiques, et qui les dirige vers les lieux où ils doivent se rendre. Magendie a soutenu tout récemment que l'absorption avait lieu aussi par les veines; c'est ce que j'examinerai ailleurs.

[Outre les vaisseaux précités, le système lympha-tique renferme encore un autre ordre d'organes des-tinés à imprimer à la lymphe une modification qui nous est encore inconnue : ce sont les ganglions, appelés aussi *glandes lymphatiques* on *conglobées*. Ces gan-glions, qui reçoivent les vaisseaux lymphatiques, et qui en émettent de nouveaux, sont multipliés dans l'économie : on trouve les plus volumineux dans le mésentère, puis dans les régions cervicale, axillaire, inguinale, poplitée, etc.]

CHAPITRE XIX.

DU SYSTÈME CELLULAIRE.

161. Le système cellulaire forme la base prin-cipale de toutes nos parties. Tantôt lâche et rem-pli de graisse, il comble les vides, sert à l'élé-gance de formes, fournit aux viscères une sorte de coussin, empêche les frottements, et favorise la communication entre les différentes parties ; tantôt serré, il s'étend en forme de membranes qui enveloppent, soutiennent et protègent les divers organes. Ce n'est pas une opinion sans fondement que celle qui considère le tissu cel-lulaire comme formant la fibre primitive, qui

prend telle ou telle forme suivant les principes qu'elle saisit et qu'elle s'approprie.

162. Mais si le système cellulaire occupe le premier rang dans la structure du corps, il ne paraît jouir que de propriétés vitales très obscures; il n'est donc pas étonnant que les physiologistes ne s'accordent pas sur celles qu'on doit lui reconnaître. Le plus grand nombre regardent le tissu cellulaire comme contractile. Tommasini, au contraire, y place le siége de la turgescence vitale : il fait observer qu'il se laisse dilater par la chaleur et crisper par le froid ; que le froid n'est point un excitant, mais bien l'absence d'un excitant ; et que d'autres excitants provoquent constamment le gonflement de ce tissu. Je partage l'avis de ce célèbre physiologiste.

CHAPITRE XX.

DES FONCTIONS.

163. Toutes les parties de la machine vivante ont une vie qui leur est propre. La vie générale consiste dans la réunion de ces vies particulières qu'on appelle fonctions. Une fonction est donc l'acte ou la tâche exécutée par chaque partie de l'individu.

164. On avait coutume de ranger les fonctions dans quatre classes, savoir : les fonctions animales, vitales, naturelles et génitales. Les fonctions animales sont celles qui établissent les rapports entre l'âme et le corps et les choses environnantes. On nomme vitales celles qui sont tellement nécessaires à la vie, que leur abolition amène immédiatement la mort. Les fonctions naturelles peuvent être suspendues pendant quelque temps sans nuire à l'exercice de la vie ; elles appartiennent spécialement à la nutrition. Enfin, les fonctions génitales sont celles qui servent à la propagation de l'espèce. Cette division n'a pas paru satisfaisante aux modernes ; en effet, les fonctions vitales sont unies à celles qu'on appelle naturelles par des liens si étroits, qu'il est impossible de les séparer.

165. D'autres, d'après la nature des divers phénomènes qui accompagnent les fonctions, les divisent en physiques, mécaniques, chimiques, organiques et inorganiques. Mais de ce que, dans l'exercice de presque toutes les fonctions, on voit se manifester divers ordres de phénomènes, il résulte que la même fonction appartient à plusieurs classes ; au reste, j'ai prouvé ailleurs que les phénomènes de la vie sont en opposition avec les lois de la physique, de la mécanique et de la chimie. Quant à ce qu'on

entend par fonctions inorganiques, je ne saurais le comprendre, attendu qu'il n'y a rien d'inorganique dans les corps vivants.

166. Dumas admet quatre classes de fonctions qu'il appelle fonctions de composition ou de constitution, fonctions d'agrégation et fonctions de communication générale ou spéciale. Les premières conservent les principes de la matière qui constitue le corps ou sa composition. Les autres maintiennent dans un degré convenable la cohésion des solides et la fluidité des liquides. Les fonctions de la troisième classe établissent les rapports entre l'homme et les choses extérieures. Enfin, celles de la quatrième classe servent aux rapports des hommes entre eux et à la reproduction de l'espèce. La première classe se partage en trois ordres. Au premier se rapportent les fonctions qui concourent à la digestion des aliments et à leur conversion en un fluide nutritif. Des fonctions d'un autre ordre élaborent et perfectionnent ce liquide, qui, porté dans les vaisseaux sanguins et soumis à l'action des organes destinés à sécréter, à éliminer de nouveaux produits, s'animalise de plus en plus. Enfin, le troisième ordre des fonctions a pour objet la nutrition. Dumas pense que deux causes contribuent à maintenir dans une juste proportion la cohésion et la fluidité des parties, savoir, la circula-

tion du sang et la chaleur vitale. La seconde
classe renferme deux ordres qui ont rapport l'un
au sentiment et l'autre au mouvement volontaire. La dernière classe est également partagée
en deux ordres, dont le premier embrasse les
fonctions qui servent à la conservation de l'espèce,
tandis qu'au second se rapportent la parole , les
passions , la volonté.

167. Bichat a proposé une division des fonctions qui paraît plus exacte. Il établit d'abord
deux grandes classes , fonctions de l'individu et
fonctions de l'espèce. La première se partage en
deux ordres, suivant que les fonctions appartiennent à la vie animale ou à la vie organique;
les unes s'appellent fonctions animales , et les
autres fonctions assimilatrices ou de nutrition.
La seconde classe renferme trois ordres, selon
que les fonctions se rapportent à l'homme, à la
femme, ou qu'elles exigent le concours des deux
sexes.

168. Richerand ne diffère de Bichat qu'en ce
qu'il décrit d'abord les fonctions assimilatrices ,
puis les fonctions animales. Cette méthode paraît
plus régulière.

169. Gallini divise les fonctions d'après leurs
rapports plus ou moins éloignés avec le système
végétatif ou le système sensitif, ou bien selon
qu'elles réclament le concours de l'un et de

l'autre; mais toutes les fonctions doivent rentrer dans la dernière classe.

170. Partageant l'avis de Richerand, nous diviserons les fonctions en nutritives, en animales et en génitales. Nous allons les passer brièvement en revue. Des saveurs non moins agréables que variées nous engagent à prendre des aliments; la faim sait nous y contraindre; la soif nous invite et nous oblige même à faire usage des boissons. Les dents sont destinées à broyer les substances alimentaires que la salive humecte et réduit en pâte; la préparation que ces substances subissent dans la bouche est appelée mastication. Portées par la langue dans l'arrière-bouche, elles traversent le pharynx, et, après avoir parcouru l'œsophage, parviennent dans l'estomac. C'est ce passage des aliments de la bouche à l'estomac qui a reçu le nom de déglutition. Arrivée dans ce viscère, la pâte alimentaire y séjourne quelque temps; là, par les forces de l'organe et l'action du suc gastrique, elle est convertie en une sorte de bouillie qu'on a nommée chyme. On a donné à cette fonction la dénomination de digestion stomacale : nous proposerons de la remplacer par celle de chymose. Le chyme est poussé par les contractions de l'estomac dans le duodénum, où les forces de l'intestin et l'action de la bile et du suc pancréatique le séparent en deux

parties : l'une est nutritive, c'est le chyle ; et l'autre excrémentitielle. La séparation du chyle d'avec les matières excrémentitielles ne s'opère pas complètement dans le duodénum : cette fonction se continue dans le jéjunum, dans l'iléon et même encore dans les gros intestins ; elle se nomme chylification ou chylose. Le chyle est absorbé par les vaisseaux lymphatiques du mésentère (hors le temps de la digestion, l'action de ces vaisseaux s'exerce sur d'autres liquides) ; il est porté par eux dans le canal thorachique et dans la veine sous-clavière gauche, où vient se rendre également la lymphe apportée par d'autres vaisseaux du même genre, dont quelques uns aboutissent à la veine sous-clavière droite. Le chyle versé dans la circulation est bientôt transformé en sang ; c'est ce qui constitue la sanguification ou l'hématose, fonction à laquelle concourent aussi le cœur, les vaisseaux sanguins et les poumons. Le sang est envoyé par le cœur à travers les artères dans toutes les parties du corps, d'où il est rapporté au cœur par le moyen des veines. Cette fonction a reçu le nom de circulation. On distingue deux circulations, dont l'une, *petite*, s'opère par les vaisseaux pulmonaires ; l'autre, *grande*, a pour agents l'aorte et les veines caves. L'entrée et la sortie alternatives de l'air dans les poumons forment la respiration, qui se compose de l'inspiration et de l'expiration. La respiration produit dans le sang et dans l'air des modifications dont l'inspiration et l'expiration sont les instruments. L'air expiré, traversant le larynx. donne naissance à la voix ; la voix articulée constitue la parole. Les organes sécréteurs reçoivent le sang, dont ils séparent diverses humeurs. Enfin le complément des fonctions organiques c'est la nutrition, fonction par laquelle le sang s'assimile à nos parties. A la circonférence du corps sont placés des organes qui, sous l'empire des stimulants convenables, produisent les sensations ; on les nomme organes externes des sens ; ils sont au nombre de cinq : l'œil est l'organe de la vision ; l'oreille celui de l'audition; la membrane de Schneider perçoit les odeurs, la langue les saveurs ; le tact réside dans la peau. Il y a de plus une sorte de sens répandu par tout le corps ; il ne se rapporte à aucun objet spécial, mais il produit le plaisir et la douleur. D'autres nerfs transmettent aux muscles l'influence de la volonté. Enfin les fonctions génitales servent à la propagation de l'espèce. A l'époque où chaque sexe devient apte à la génération, il présente des changements notables : c'est chez l'homme la sécrétion de la semence, chez la femme un écoulement de sang par les parties sexuelles, écoulement auquel son retour chaque mois a valu le

nom de flux menstruel ou cataménial. Un voile
impénétrable couvre l'œuvre de la génération ; la
femme en porte le produit dans son sein pendant
neuf mois, après lesquels elle le met au jour :
alors commence la sécrétion laiteuse destinée à
fournir au nouveau-né un aliment en rapport
avec sa faiblesse. L'enfant grandit, protégé par
les soins de ses parents, jusqu'au temps où il
peut lui-même pourvoir à ses besoins.

CHAPITRE XXI.

DE LA SYMPATHIE, DE LA SYNERGIE, DE L'ANTAGONISME.

171. Les actes multipliés qui s'observent dans
la machine animale sont unis par un accord
parfait ; or ils ont un triple mode de réunion,
savoir, la sympathie, la synergie, et l'antagonisme.

172. On nomme sympathie ou *consensus* cet
accord de nos parties, en vertu duquel, lorsqu'une d'elles est affectée, toutes les parties sympathisantes participent à la modification qu'elle
éprouve.

173. Les sympathies se distinguent en générales et en particulières, en actives et en passives.

La sympathie générale lie entre elles toutes les parties du corps; celle qui s'observe plus spécialement entre certaines parties a reçu le nom de particulière. Si l'estomac est chargé de saburre, et qu'en conséquence il survienne une douleur de tête, la sympathie du premier organe est active, celle de la tête est passive. Mais cette division n'est pas satisfaisante: en effet, dans toute sympathie il y a une partie active, c'est-à-dire primitivement affectée, et une passive; aussi ne l'avons-nous proposée que parcequ'elle est consacrée par l'usage.

174. Les physiologistes sont partagés d'opinion sur la cause des sympathies : les uns pensent qu'elles existent entre les parties qui concourent à la même fonction ; d'autres les rapportent à la continuité des membranes et aux anastomoses vasculaires ; quelques uns les expliquent par les communications du tissu cellulaire, d'autres considèrent le système nerveux comme leur agent unique; il en est enfin qui regardent plusieurs systèmes comme capables de transmettre les sympathies.

175. Mais on observe souvent des liaisons sympathiques entre des parties dépourvues de toute communication vasculaire ou membraneuse. D'ailleurs si les sympathies dépendent de ces deux causes ou du tissu cellulaire, pourquoi existent-

elles entre des parties éloignées, tandis qu'elles
ne se manifestent point entre des organes voisins et même contigus? Quand des vers irritent les intestins, il y a de la démangeaison aux
narines ; pourquoi la membrane de Schneider
est-elle affectée plutôt que l'estomac? Pour les
parties qui ont quelque rapport de fonctions , il
faut encore un intermédiaire pour établir la relation sympathique ; or, le système nerveux paraît établir entre toutes les parties du corps une
communication, soit directe , soit indirecte , qui
suffit à elle seule pour expliquer toutes les sympathies : tel est le sentiment de Whytt et de
Scarpa , avec cette différence qu'ils font dériver
les sympathies, le premier du cerveau, et le second des ganglions. Mais comme souvent on
observe des phénomènes sympathiques sans aucune affection du cerveau , il est évident qu'on
ne peut pas les faire dériver de cet organe, au
moins d'une manière exclusive. On peut envisager le cerveau sous un double point de vue,
savoir, comme le siége du *sensorium commune*,
et comme la partie principale du système nerveux, ou bien en quelque sorte comme un grand
ganglion. Considéré de cette dernière manière,
le cerveau paraît jouer un rôle très important
dans la production des effets sympathiques; c'est
ce qui nous fait embrasser l'opinion du profes-

seur de Pavie. Mais, dira-t-on, souvent des parties sympathisent entre elles quoique les nerfs qui s'y rendent aient une origine différente, tandis qu'il n'existe aucun rapport sympathique entre des organes qui reçoivent leurs nerfs des troncs les plus voisins. La réponse est facile. Les diverses parties du système nerveux reçoivent et transmettent des impressions de différent genre. Les organes des sens externes ne sont pas tous influencés par des stimulants de la même espèce. La lumière, qui affecte l'œil, est sans action sur l'oreille ; la langue, qui perçoit les saveurs, est insensible au stimulus des molécules odorantes. Ces faits expliquent très bien pourquoi les sympathies ne sont transmises que par certains nerfs.

176. On nomme synergie ou association le concours de plusieurs parties à l'accomplissement d'une même fonction : ainsi le foie et l'estomac sont des organes synergiques, parcequ'ils concourent au même but, la digestion.

177. La synergie peut à juste titre être considérée comme une espèce de sympathie ; elle paraît en différer cependant jusqu'à un certain point, en ce que les parties sympathisantes sont affectées en même temps, quoiqu'elles ne concourent pas à l'accomplissement de la même fonction ; en ce qu'il peut y avoir entre deux or-

ganes synergie sans qu'il y ait de liaison sympathique; enfin parceque, dans les sympathies, certaines parties paraissent actives et d'autres passives, tandis que toutes les parties synergiques sont dans un état d'activité : au reste la synergie est, comme la sympathie, soumise à l'empire du système nerveux.

178. C'est une loi de l'économie animale que quand l'action vitale est augmentée dans une partie elle diminue dans les autres : pendant l'acte de la digestion, le cerveau est dans l'inertie; pendant une violente contention d'esprit, les sens externes sont obtus. Cette alternative d'action et de repos des organes a reçu le nom d'opposition et souvent celui d'antagonisme.

179. Une connaissance exacte des sympathies, des synergies et de l'antagonisme est, pour la médecine pratique, d'une nécessité indispensable. Dans la plupart des maladies, et peut-être dans toutes, l'affection primitive n'est pas générale, mais elle n'a son siége que dans un système, dans un appareil ou dans un organe; les autres parties ne sont lésées que secondairement : si l'on remédie à l'affection primitive, on fait disparaître en même temps tous les effets secondaires; au contraire, tant que l'art ne dirige pas ses moyens de guérison vers la partie primitivement affectée, tous ses efforts restent infructueux.

L'estomac est-il rempli de saburre, on éprouve une violente douleur de tête. Le seul moyen de guérir promptement cette maladie est celui qui enlève la cause irritante. On ne saurait activer le jeu d'un organe quelconque sans activer en même temps celui des organes synergiques. Enfin, il ne faut jamais stimuler en même temps deux parties entre lesquelles il existe de l'antagonisme; ainsi il ne convient pas de chercher à provoquer simultanément la sueur et la sécrétion de l'urine.

CHAPITRE XXII.

DE LA SANTÉ, DE LA MOBILITÉ ET DE L'ÉNERGIE.

180. La santé résulte de l'exercice libre et facile de toutes les fonctions. Pour qu'elle existe, il n'est pas nécessaire que toutes les fonctions s'exécutent, il suffit qu'elles puissent s'exécuter. Vous restez immobile, mais pour cela vous n'êtes pas malade, puisqu'il est en votre pouvoir de faire des mouvements.

181. Des physiologistes distingués enseignent que l'état de santé comprend un espace assez étendu et qu'on peut diviser en plusieurs de-

grés. Ils disent que la santé a des différences chez l'homme et chez la femme ; chez l'enfant, l'adulte ou le vieillard ; chez l'athlète et chez l'homme délicat. On ne saurait douter que la santé ne soit plus ou moins facilement dérangée : un vent léger peut faire naître une maladie grave chez une femme de la ville, tandis que le soldat endurci aux fatigues de la guerre brave sans danger les intempéries de l'atmosphère. Je n'irai pas nier un fait aussi évident, mais je pense qu'il est plus exact de considérer la santé comme identique chez tous les sujets, et d'admettre les différences dans la vigueur individuelle. Si la santé consiste dans le libre exercice de tous les actes de la vie, il est évident que cet état doit être le même pour tous : en effet, les fonctions peuvent s'exécuter librement ou non ; il n'y a pas d'intermédiaire. Brown prétend qu'il existe entre la santé et la maladie un état douteux, qu'il nomme opportunité ; mais il est clair que l'opportunité de Brown doit être regardée comme le commencement de la maladie. Supposons un homme, une femme, un enfant, un adulte, un vieillard, exerçant convenablement les fonctions qui leur sont propres, ils jouissent tous également de la santé : cependant ils n'opposent pas tous une égale résistance aux causes morbifiques, ils ne développent pas tous la même somme de forces ; mais toute la différence est dans la vigueur, et non dans la santé de chacun. Tous les âges ont leur mesure de forces et leur degré d'incitabilité ; tous exigent pour conserver leur santé des conditions différentes : si ces limites sont franchies, il survient, non pas une augmentation de vigueur, mais une maladie. La vigueur naturelle d'un adulte serait, chez un enfant, un état morbide. Il y a aussi des bornes prescrites à l'incitation, bornes qu'on ne saurait dépasser, même à la fleur de l'âge, sans trouver au-delà la maladie. Il faut ajouter que ce n'est pas seulement la constitution faible qui est le plus exposée ; il faut ajouter que la constitution la plus vigoureuse n'est pas moins sujette aux maladies que la constitution faible. C'est ainsi qu'on doit expliquer Hippocrate lorsqu'il dit que le plus haut degré de la santé, c'est-à-dire de la force, est perfide. Au reste, la discussion roule plutôt, à ce qu'il semble, sur les mots que sur la chose elle-même; mais il faut, autant que possible, avoir un langage exact.

182. On distingue dans la fibre vivante deux conditions, la mobilité et l'énergie : la première, qui est répandue dans toute l'économie, s'appelle aussi *réceptivité*. La fibre mobile est celle qui ressent vivement l'impression des stimulants, et qui se fatigue promptement ; la fibre énergique,

au contraire, est faiblement affectée par les stimulants, mais supporte leur action d'une manière plus durable. Ces deux conditions sont presque toujours en raison inverse : plus il y a de mobilité, moins il y a d'énergie, et réciproquement.

183. Brown établit que la fibre mobile est celle qui possède le plus haut degré d'incitabilité ; en conséquence, plus cette propriété est développée, moins l'excitant a besoin d'être puissant. En ce point le système de Brown me paraît exiger quelques modifications : ce médecin, en considérant l'incitabilité comme passive, pense que tous les degrés d'excitation se rapportent aux divers degrés de *stimulus;* mais lorsqu'on observe avec un peu d'attention les phénomènes de l'économie animale, on s'aperçoit que la force dépend moins de l'énergie du *stimulus* que de l'état de la fibre organique. Je trouve plus admissible la théorie donnée par le professeur Canaveri, mon maître, qui, considérant la vitalité comme active, enseigne que la mobilité résulte de sa diminution, et l'énergie ou la force, de son accroissement.

184. Il faut savoir cependant que l'état de maladie change les lois qui régissent, ainsi que nous l'avons dit, la mobilité et l'énergie. Dans les parties enflammées, en même temps

que l'excitation est augmentée, l'énergie et la mobilité présentent un accroissement remarquable.

CHAPITRE XXIII.

DE L'HABITUDE.

185. L'habitude, qui modifie si puissamment l'économie animale qu'elle finit par constituer, suivant l'expression vulgaire, une seconde nature, doit être maintenant étudiée. C'est, suivant Hoffmann, une certaine disposition des parties à reproduire les mouvements qu'elles ont fréquemment exécutés. Quoique cette définition manque d'exactitude, attendu qu'elle exprime seulement un des effets de l'habitude, cependant, comme cet effet est le plus important, nous adopterons le sentiment d'Hoffmann.

186. Les effets que l'habitude produit chez l'homme peuvent facilement être rapportés à trois séries : elle émousse l'incitabilité, facilite les mouvements, aiguise et perfectionne le jugement. J'ai dit d'abord qu'elle émoussait l'incitabilité : une sonde introduite dans l'urètre excite d'abord des douleurs atroces, qui disparaissent presque complètement lorsque le canal est accoutumé à

son contact. Chez l'enfant, l'excrétion de l'urine
et des matières fécales a lieu presque à chaque
instant ; peu à peu l'habitude modère ces besoins
naturels. Les plus intrépides buveurs, au commencement de leur carrière, étaient incommodés
par une quantité de vin un peu considérable. Les
Turcs, par l'usage habituel de l'opium, parviennent à prendre sans danger des doses énormes
de ce médicament. Tel est souvent l'effet de l'habitude, que des choses qui d'abord nuisaient
finissent par être agréables et même utiles. L'estomac n'est plus excité par une nourriture à laquelle il est accoutumé, il désire en changer.
Les faits prouvent que l'habitude émousse l'incitabilité, soit organique, soit sensitive ou animale. On observe cependant des faits contradic-
toires ; par exemple, ceux qui usent abondamment du vin s'accoutument peu à peu à prendre
des doses très considérables de cette liqueur, et
en viennent au point de ne plus pouvoir même
supporter l'eau. Cet effet, qui paraissait embarrasser les physiologistes, a été parfaitement expliqué par Tommasini de la manière suivante : les
stimulants émoussent peu à peu l'incitabilité, et
finissent par exciter l'inflammation ; alors non
seulement l'incitabilité reparaît, mais encore
elle éprouve un accroissement considérable. Nous
avons dit ailleurs que la maladie soustrait les or-

ganes à l'empire de l'habitude, et que l'inflammation développe la sensibilité dans des parties qui en sont ordinairement dépourvues. Mais, dira-t-on, il n'existe aucun signe d'inflammation; j'en conviens, mais certes il se développe des phénomènes très voisins de ceux qui appartiennent à cette affection. Or la similitude des effets démontre l'analogie des conditions.

187. La fréquente répétition des mêmes mouvements produit l'agilité. Il est d'abord difficile de régler ses mouvements sur la mesure d'un orchestre ; chez les danseurs, ces mouvements, par suite de l'habitude, deviennent si faciles qu'ils les exécutent, pour ainsi dire, sans s'en douter.

188. Enfin l'habitude aiguise et perfectionne le mouvement ; ce qui le prouve, ce sont les individus qui, privés d'un sens, se dédommagent de cette perte par un long et soigneux exercice de ceux qui leur restent. Nous lisons en effet que des aveugles étaient parvenus à apprendre la sculpture, et même à distinguer, par le secours du toucher, les différentes couleurs. On me fera peut-être cette objection : les sens externes sont la source des idées, la sensibilité s'émousse par l'habitude ; comment donc se fait-il que la diminution de la sensibilité aiguise le jugement, qui n'est autre chose que la comparaison des perceptions ? C'est cependant une vérité démon-

tréc , que les buveurs d'eau sont promptement incommodés par le vin, et s'enivrent facilement ; au contraire, les grands buveurs, qui ressentent moins l'action de cette liqueur , parviennent à y distinguer des variétés de saveur qui échappent aux autres. Voici l'explication : le jugement est la comparaison des perceptions ; plus cette comparaison s'est fréquemment répétée, plus elle doit devenir facile ; la perfection du jugement consiste donc dans une comparaison plus facile des perceptions , et n'est pas en raison de l'énergie des sensations.

189. Nous avons dit que l'habitude facilitait le mouvement et qu'elle aiguisait le jugement. S'il était permis d'établir quelque comparaison entre les mouvements des muscles et ceux qui s'exercent dans le cerveau pour que la perception des sensations ait lieu , on trouverait une grande analogie entre les mouvements musculaires et les idées. L'exercice fréquent des muscles amène la célérité des mouvements ; de même, par suite de l'exercice répété de l'intelligence, les idées se succèdent facilement et se présentent avec promptitude. Aussi lorsque j'entends un poëte improvisant des vers , il me semble voir les fibres de son cerveau agitées de mouvements rapides et réguliers , tels que ceux qu'exercent les membres chez un danseur habile.

190. On doit tenir un grand compte des habitudes, soit que l'on recherche la nature d'une maladie, soit qu'on veuille prescrire des médicaments. Les maladies invétérées semblent résister à tout traitement en vertu de l'habitude : plus les organes ont été affectés de maladies, plus ils deviennent accessibles aux causes morbifiques; ce qui est surtout évident pour l'inflammation. Quelques maladies, lorsqu'elles se sont reproduites plusieurs fois, affectent des retours périodiques ; les maladies nerveuses en offrent de fréquents exemples. Quant à ce qui concerne l'administration des médicaments, il convient d'augmenter peu à peu les doses, et de remplacer de temps en temps une substance par une autre. En effet la fibre accoutumée à l'impression d'un agent quelconque y devient insensible, tandis qu'elle est excitée par d'autres agents, fussent-ils même moins énergiques que le premier.

CHAPITRE XXIV.

DES SEXES.

191. A l'article des fonctions génitales, nous examinerons avec soin les attributions spéciales

de chaque sexe ; maintenant nous nous bornerons à les comparer rapidement. D'abord les parties sexuelles présentent une grande différence sous le rapport de leur conformation anatomique: chez l'homme on trouve des organes qui préparent la semence et qui la portent au dehors ; chez la femme on en remarque dont les uns , d'après Spallanzani , contiennent les rudiments et en quelque sorte la première ébauche d'un nouvel individu, lui fournissent un asile et de la nourriture pendant neuf mois, et les autres lui offrent en arrivant au monde un aliment accommodé à sa faiblesse. Mais sans parler de la différence de structure des organes génitaux , toutes les autres parties du corps laissent voir des caractères distinctifs. Chez la femme , la taille est moins élevée, le système osseux moins solide, les hanches sont plus saillantes; les os du pubis, moins étroitement unis, se dirigent obliquement en dehors ; le bassin a plus d'ampleur, les cuisses sont plus écartées et les flancs plus développés; les clavicules offrent moins de courbure, la poitrine moins de capacité comme aussi moins de convexité à sa partie antérieure; le sternum a moins de longueur. Toutes les parties de la femme sont plus minces , plus délicates ; elles ont moins de volume que chez l'homme. Partout on voit une grande prédominance du tissu cellulaire ; c'est à lui que sont dues et la souplesse et l'élégance des formes.

192. L'homme a plus d'énergie, la femme plus de mobilité. De là vient que chez la femme les sensations sont très vives, mais passagères, les idées fécondes et changeantes, l'imagination bouillante; c'est pour cela qu'elles se distinguent souvent dans les arts qui demandent une grande force d'imagination : l'amour de l'infortunée Sapho vit encore dans ses poésies, et ses chants harmonieux ont rendu impérissable le souvenir d'une flamme impuissante et funeste.

CHAPITRE XXV.

DES AGES.

193. Les âges sont des périodes de la vie qui se distinguent entre elles par des changements notables et spontanés. J'ai dit des changements notables, car l'homme est soumis à des mutations continuelles, mais qui, à des époques déterminées, deviennent beaucoup plus remarquables; ce sont elles qui posent les limites des différents âges. J'ai ajouté que ces changements devaient être spontanés : en effet, la maladie en produit de très

importants, mais qui ne viennent pas, spontanément, et qui ne servent pas à établir la succession
des âges. On sait de plus que souvent les maladies
amènent une vieillesse précoce ; mais celui qui
relève d'une maladie grave , bien qu'il soit d'une
extrême faiblesse, ne saurait pour cela être considéré comme un vieillard.

194. On a proposé différentes divisions des
âges; quelques auteurs n'en admettent que deux,
l'un d'accroissement ou jeunesse , et l'autre de
décroissement ou vieillesse. Aristote a placé entre
ces deux âges l'âge de consistance ou de force ,
comme il l'appelle. La plupart des physiologistes , comparant la vie de l'homme à l'année ,
ont admis quatre âges , savoir, l'enfance, l'a-
dolescence, la jeunesse, et la vieillesse ; d'autres
ont encore plus multiplié les divisions; quelques
uns en ont porté le nombre jusqu'à dix. Cependant la division des âges la plus généralement
adoptée en admet sept, qui sont la première et
la seconde enfance, l'adolescence, la jeunesse,
l'âge viril, la vieillesse, et la décrépitude. La puberté paraît devoir être considérée plutôt comme
le commencement de l'adolescence que comme
un âge distinct.

195. Examinons maintenant les changements
qui se manifestent chez l'homme dans le cours
des différents âges de la vie. L'homme, en nais-

sant, respire ; il pousse des cris plaintifs, comme s'il prévoyait les maux qui le menacent ; il cherche le sein maternel, et, guidé par l'instinct, y puise le lait qui doit le nourrir ; bientôt il reconnaît sa mère, et sourit à ses caresses. Vers la fin du septième mois les dents commencent à paraître ; les incisives inférieures se montrent les premières, puis les supérieures, puis enfin les canines dans le même ordre. Au bout de l'année l'enfant fait ses premiers pas, et l'on voit paraître les dents molaires. A la seconde année, les forces s'affermissent ; la démarche est plus libre ; quelques mots, encore mal articulés, se font entendre. Insensiblement le corps se fortifie et l'intelligence se développe. La seconde enfance commence avec la septième année ; les dents de la seconde pousse succèdent aux dents de lait ; les facultés intellectuelles deviennent de plus en plus évidentes : c'est l'époque des premières études ; alors la mémoire est active, mais le raisonnement est encore très faible ; les jeux et les choses futiles occupent tous les instants. Vers l'âge de quatorze ans se manifestent chez l'homme les phénomènes de la puberté ; les organes génitaux semblent sortir du sommeil, la voix devient grave et forte ; la barbe paraît ; la vigueur s'accroît ; la raison a plus d'énergie, quoiqu'elle ne résiste pas toujours aux passions qui cherchent à l'aveugler et à la vaincre. Cet âge décide du sort du reste de la vie. Si le jeune homme suit le chemin de la vertu, il marchera droit à la gloire, et sera un citoyen vraiment utile à la patrie; si, au contraire, il se laisse souiller par le vice, il sera malheureux lui-même, et sera un des fléaux de son pays. La jeunesse commence vers l'âge de vingt-cinq ans; dans cette période de la vie paraissent les dents qu'on appelle de sagesse; alors le corps a terminé tout son accroissement, le jugement est dans sa plus grande activité. Les passions nées à la puberté ne cessent pas d'exercer leur empire. Au cinquième septennaire arrive l'âge viril: alors on acquiert de l'embonpoint, les forces ont atteint leur plus haut point de développement; les passions commencent à se refroidir, pour faire place à l'ambition, qui s'empare de l'âme. Le douzième lustre amène la vieillesse, cet âge trop vanté par Cicéron, qui paraît, en cette circonstance, s'être trop abandonné à la vivacité de son esprit. C'est alors que le front est sillonné par les rides, que la tête blanchit et se dépouille de cheveux; le pouls se ralentit, les dents tombent. L'homme, alors délivré du joug des passions, et rendu prudent par les périls de sa vie passée, réprime par de sages conseils l'ardeur de la bouillante jeunesse. Enfin, lorsqu'on parvient à un âge plus avancé, l'ouïe et la vue s'affaiblissent, puis se perdent entièrement ; la mémoire se perd ; l'intelligence s'engourdit ; les membres tremblent ; le dos se courbe, et le flambeau de la vie, dont la flamme pâlit de jour en jour, finit par s'éteindre. La vie n'a pas de durée déterminée : un petit nombre d'hommes dépassent quatre-vingts ans ; on en compte à peine quelques uns qui commencent un second siècle.

196. Chez la femme on observe quelques différences dans les phénomènes qui appartiennent aux âges : la puberté est un peu plus précoce ; elle se manifeste vers la douzième année : alors les mamelles se développent ; le flux menstruel s'établit ; la voix devient plus harmonieuse, les formes plus gracieuses, et les charmes de la beauté subjuguent les individus de l'autre sexe. Le flux périodique cesse vers quarante-cinq ans. L'époque de son apparition et celle de sa terminaison sont les deux périodes les plus dangereuses de la vie pour les femmes : lorsqu'elles dépassent heureusement l'âge critique, elles peuvent se promettre une vie longue et exempte d'infirmités.

197. Le climat, ainsi que nous le dirons plus bas, amène quelques différences dans la manière dont se succèdent les diverses périodes de la vie.

198. D'après la description des âges il est évi-

dent que la mobilité est le partage de la première et de la seconde enfance; que l'énergie est le propre de l'adolescence, de la jeunesse et de l'âge viril; enfin que ces deux propriétés décroissent de plus en plus dans la vieillesse et la décrépitude. Quelquefois cependant la dernière période de la vie présente une extrême mobilité. La cause n'en est pas suffisamment connue, et l'on peut supposer que c'est un état maladif.

CHAPITRE XXVI.

DU TEMPÉRAMENT, DE LA CONSTITUTION, DE L'HABITUDE DU CORPS.

199. On désigne par le nom de tempérament les principales variétés de facultés physiques et morales qui s'observent dans l'espèce humaine. Chaque homme a son mode et sa mesure particulière de sensibilité et d'action : cependant nous ne prétendons pas établir autant de tempéraments que d'individus; mais comme un grand nombre de sujets présentent des ressemblances remarquables, nous avons formé des classes auxquelles se rapportent les conditions physiques et morales entre lesquelles il existe quelque analogie.

200. Galien admet dans le corps humain quatre humeurs, savoir: le sang, la bile, la pituite, et la trabile. La prédominance de chacune de ces humeurs établit un tempérament; en conséquence il en reconnaît quatre, qui sont le sanguin, le bilieux, le mélancolique, et le phlegmatique ou pituiteux. Bien que la doctrine des quatre humeurs soit tombée dans l'oubli, on a conservé leurs noms aux tempéraments.

201. Haller l'a fait dériver du degré variable de la sensibilité et de l'irritabilité. Il serait plus exact de substituer les noms de mobilité et d'énergie; mais ces différentes conditions paraissent être plutôt l'effet que la cause des tempéraments.

202. Les modernes enseignent, avec plus de raison, que les tempéraments naissent de la prédominance d'un système ou d'un appareil: si le système sanguin prédomine, il donne naissance au tempérament sanguin; si c'est l'appareil gastro-hépatique, on aura un tempérament bilieux; l'inertie de cet appareil constitue le tempérament mélancolique; enfin les systèmes lymphatique et cellulaire très développés produisent le tempérament pituiteux.

203. A ces quatre tempéraments, Cabanis en a ajouté deux autres, savoir, le nerveux et le musculaire; le premier, caractérisé par une extrême mobilité, et le second par une grande énergie.

Cependant ces conditions de l'économie ne nous semblent pas devoir être confondues avec les tempéraments, parcequ'elles sont suceptibles de s'associer avec plusieurs des tempéraments précédemment admis : ainsi, par exemple, parmi les sujets doués d'un tempérament sanguin, les uns ont plus de mobilité, les autres plus de vigueur. C'est pour cela qu'il paraît plus convenable de les isoler des tempéraments, et de les désigner par le nom de *constitutions*.

204. Ambri porte à huit le nombre des tempéraments, dont quatre naissent de l'augmentation et quatre de la diminution de l'incitabilité. A la première série se rapportent l'irritable, le sensible, le vif, le sympathique ; la seconde comprend l'inirritable, l'insensible, le lent, et le versatile. L'incitabilité augmentée produit le tempérament irritable ; le tempérament sensible est le résultat d'une sensibilité exaltée, comme l'insensible provient d'une sensibilité engourdie. Selon que la volonté est prompte ou lente, le tempérament est dit vif ou lent ; on nomme sympathique celui dont le propre est un rapport très rapide entre les sensations et les mouvements ; enfin la condition opposée constitue le tempérament versatile.

205. D'autres auteurs ont imposé des noms nouveaux aux tempéraments admis par Galien.

Ils ont appelé le tempérament sanguin *incitable hypersthénique ;* le bilieux, *inincitable hypersthénique ;* le mélancolique est pour eux l'*incitable hyposthénique,* et le phlegmatique l'*inincitable hyposthénique.*

206. Si l'on examine sévèrement les différentes divisions des tempéraments proposées par les physiologistes, on trouvera que celle de Galien doit être préférée, pourvu qu'on prenne pour base les différents états des solides, et non plus des humeurs imaginaires. Ambri paraît avoir été trop loin lorsqu'il isole des conditions qui ont coutume de se trouver réunies. Ainsi le tempérament irritable est le plus souvent et vif et sympathique. Pour ce qui concerne les noms donnés par les modernes aux tempéraments de Galien, ils semblent mal appliqués. Rien, en effet, dans le corps vivant n'est incitable ; et l'hypersthénie et l'hyposthénie constituent des états morbides, et non point des tempéraments. Cependant si, négligeant la signification rigoureuse des mots, on veut entendre par inincitable, peu incitable, et par hypersthénie et hyposthénie un tempérament enclin aux maladies accompagnées d'incitation augmentée ou de faiblesse, ces dénominations ne seront pas inadmissibles.

207. Il faut maintenant donner les caractères propres à faire distinguer les tempéraments

les uns des autres. Chez les sujets doués d'un tempérament sanguin, la peau est molle, la chaleur douce ; les veines sont apparentes ; le visage est coloré ; les cheveux sont blonds ou châtains ; la digestion est facile, le pouls plein, fréquent ; le caractère gai, inconstant, et porté au plaisir ; l'imagination est vive et l'esprit d'une grande activité. Les hommes d'un tempérament bilieux ont une organisation vigoureuse, des muscles fortement prononcés, la peau brune, les veines sous-cutanées peu développées, les cheveux noirs ; leurs artères sont très apparentes ; ils ont le ventre paresseux, la transpiration cutanée peu abondante, la perception prompte, la mémoire fidèle ; ils sont prudents jusqu'à la finesse, constants jusqu'à l'opiniâtreté, enclins à la colère, et esclaves de l'ambition ; leur esprit est assez fécond. Les mélancoliques ont la peau sèche, la chaleur peu développée, la digestion difficile ; leur caractère est enclin à la méditation et à la tristesse, leur imagination bouillante, leur esprit fertile et porté au commerce des muses. Enfin, dans les sujets d'un tempérament phlegmatique, autrement dit lymphatique, l'habitude du corps offre l'aspect du relâchement, la face est pâle, la chaleur médiocre, le pouls est lent et faible ; toutes les fonctions s'exécutent avec une sorte de paresse.

Ils ont le caractère indolent et l'esprit comme engourdi.

208. L'âge, les maladies, font éprouver aux tempéraments des modifications très notables, et même les font dégénérer les uns dans les autres; ainsi l'individu voit le tempérament sanguin de sa jeunesse se transformer en bilieux dans l'âge adulte. Si les forces de la vie éprouvent une diminution notable, il se fait un nouveau changement, et le tempérament mélancolique succède aux deux premiers.

209. C'est dans le sexe masculin qu'on peut observer les divers tempéraments; chez la femme au contraire on n'en trouve guère qu'un seul, c'est le tempérament sanguin. Cela explique pourquoi les hommes ont tant de différence dans leurs goûts, tandis que les femmes semblent n'avoir qu'une pensée, qu'un but, celui d'acquérir, par les charmes de la beauté et de la vertu, l'amour et les égards de notre sexe.

210. L'idiosyncrasie a beaucoup de rapport avec le tempérament; c'est une condition de l'incitabilité, telle qu'un individu est affecté par certains agents d'une tout autre manière que les autres. Il est des personnes qui ne peuvent pas supporter le lait; d'autres ont pour le fromage une aversion invincible. Puisque des sujets doués du même tempérament ont des idiosyn-

crasies différentes, il faut évidemment distinguer ces deux états de l'économie.

211. Nous avons vu plus haut qu'il fallait séparer les constitutions des tempéraments ; il faut en isoler aussi ce qu'on appelle habitude du corps. Indiquons en peu de mots en quoi ces conditions diffèrent entre elles. Le tempérament naît de la prédominance d'un système ou d'un appareil. La constitution, au contraire, paraît dépendre de la mesure de forces vitales dont tout le corps est pourvu. On en compte deux espèces. Dans l'une les forces vitales sont en proportion convenable, dans l'autre elles sont en défaut. La première s'appelle constitution athlétique ou robuste, la seconde se nomme constitution faible. Celle-ci a pour apanage l'énergie, celle-là s'accompagne d'une plus grande mobilité. L'expression d'habitude du corps ne se prend pas toujours dans le même sens : tantôt en effet elle désigne l'état extérieur du corps, comme lorsqu'on dit habitude du corps chargée d'embonpoint, ou amaigrie. Le plus souvent c'est l'état du corps considéré dans la forme et le volume de ses diverses parties. D'après ce dernier sens, il y a plusieurs sortes d'habitudes du corps ; on en remarque deux principales, l'habitude apoplectique, et l'habitude phthisique. Dans la première, la tête a beaucoup de volume, le cou peu de lon-

gueur, les épaules sont larges ; dans la seconde, le cou est très long , le sternum enfoncé , les membres sont grêles. Ces deux habitudes du corps ont reçu leur nom des maladies auxquelles elles prédisposent.

CHAPITRE XXVII.

DE L'INSTINCT.

212. On désigne sous le nom d'instinct ce principe, ce mobile intérieur et secret qui porte les animaux à exécuter certains actes qu'ils n'ont point appris par leur propre expérience, et qui ne leur ont pas été enseignés.

213. L'instinct a été l'objet de longues discussions : les uns le nient, les autres lui accordent trop ; d'autres, plus sages, tiennent un juste milieu, et, sans le nier, n'exagèrent pas sa puissance. Parmi les opposants, Darwin est un des plus notables ; il fonde son opinion sur ce que les animaux sont susceptibles de recevoir de l'éducation et d'acquérir de l'expérience. Kircher assure que les jeunes rossignols qui ont été couvés par d'autres oiseaux ne chantent que quand ils ont demeuré quelque temps avec d'au-

tres rossignols. Johnston rapporte que les rossignols d'Écosse ont des accords moins harmonieux que ceux d'Italie. Gmelin assure avoir
vu en Sibérie des renards vivre sans crainte
au milieu des hommes. Bougainville raconte
qu'en arrivant dans une île encore inhabitée, il
avait vu des animaux s'approcher de lui et de
ses compagnons. Aristote a jadis écrit que les
hirondelles pendant l'hiver passent dans les contrées chaudes, pourvu qu'elles n'en soient pas
trop éloignées, ou qu'au moins elles se cachent
pour se défendre des injures de l'air. Les oiseaux
domestiques qui trouvent en toute saison une
nourriture abondante pondent l'hiver comme
l'été. Les animaux auxquels nous fournissons
des aliments journaliers ne restent pas réunis
après l'accouplement pour élever leur petits. La
construction des nids n'est pas uniforme pour
tous les oiseaux ; ils varient dans chaque pays
pour la forme comme pour la matière. On rapporte que les abeilles transportées dans les îles
de l'Orient n'ont plus exécuté leurs travaux ac-
coutumés, quoique cependant elles ne manquas-
sent pas de miel. Ces preuves, et beaucoup d'autres encore, ont été accumulées par le chantre
des amours des plantes, pour nier la puissance
de l'instinct.

214. D'abord il est permis d'examiner si les

faits rapportés plus haut ont été bien observés. Il est difficile de croire que des animaux n'ont pu, sans une éducation préalable, faire entendre la voix qui leur est propre. Nous ne nierons pas que les animaux ne puissent, au moyen de l'éducation et de l'expérience, perfectionner jusqu'à un certain point leurs facultés natives. Quelle personne n'a pas admiré ces chiens et ces chevaux qui, instruits par l'homme, font des actes qui semblent demander un certain degré de raisonnement? Au reste tant de faits évidents prouvent l'instinct, qu'il serait désormais absurde de le vouloir nier. Plusieurs animaux déposent leurs œufs dans des lieux propres à les faire éclore, et les abandonnent ; on voit le petit sortant de sa coquille, sans guide, exécuter les actes propres à son espèce. L'hippopotame s'ouvre les veines ; l'ibis se donne des clistères avec son bec ; les moutons tourmentés par des vers vont lécher les pierres couvertes des sels déposés par l'urine. Dans l'Inde, au rapport de Kempfer, on croit que l'ichneumon se préserve du venin des serpents à sonnettes au moyen de la racine appelée ophiorrhyze. La belette sait se garantir du venin de l'aspic ; le sanglier, lorsqu'il est blessé, se guérit avec du lierre. Au printemps on voit les ours, pour réveiller leurs forces engourdies, se purger avec de l'arum. Stedmann a vu en Amérique des

singes broyer avec leurs dents des feuilles astringentes, et les appliquer sur leurs blessures
pour arrêter l'hémorrhagie. Les chiens, lorsqu'ils
se sentent l'estomac surchargé, se font vomir en
mangeant du chiendent. Il est inutile de multiplier les exemples. Qui a enseigné aux animaux
à chercher la mamelle de leur mère, à en sucer
le lait, et à distinguer des herbes nuisibles les
herbes salutaires? Comment expliquer pourquoi
les animaux de la même espèce ont, dans tous
les pays, les mêmes goûts, se livrent aux mêmes
actes? Pourquoi, de tout temps et dans toutes
les contrées, le rossignol charme-t-il les airs par
les mêmes accords? Avouons donc qu'on ne saurait nier l'instinct.

215. On demandera sans doute d'où vient l'instinct : est-ce de l'organisation du cerveau, ou de
l'ensemble du système nerveux? est-ce du rapport
mutuel des systèmes, des appareils, des organes?
aurait-il la même origine que les tempéraments?
La nature, en donnant à l'instinct des animaux des
formes infiniment variées, nous commande l'admiration, mais elle couvre d'un voile mystérieux
la cause de ce prodige. Il est évident que l'organisation des animaux offre des différences suivant
les espèces; nous apercevons quelque liaison entre
l'organisation physique et l'instinct, mais nous
ignorons complètement comment elle existe.

216. L'instinct aurait-il été refusé à l'homme ? Non sans doute, il l'a reçu de la nature ; mais il l'a tellement affaibli qu'il est presque perdu. On a trouvé dans les forêts des hommes sauvages qui, guidés par le seul instinct, distinguaient les aliments salutaires, et faisaient divers objets que les hommes réunis en société font seulement d'une manière plus parfaite. Au reste ce qui rend l'homme de beaucoup supérieur aux animaux, c'est qu'ils sont gouvernés par l'instinct, tandis qu'il est dirigé par la raison. C'est par elle qu'il règne en maître sur les animaux de la terre, qu'il fend les flots avec intrépidité, qu'il cherche par un vol hardi à s'élever dans l'air, qu'il compte les astres, qu'il enchaîne la foudre, enfin qu'il peut porter ses hommages jusqu'au trône éclatant de la divinité.

CHAPITRE XXVIII.

DES AFFECTIONS DE L'AME, ET DES PENCHANTS.

217. Il est plus facile de sentir que de définir ce qu'on doit entendre par affections de l'âme. Les sensations agissent sur l'âme ; cependant elles ne

sont pas mises au nombre de ses affections. Dans ces affections, l'âme n'a pas seulement la conscience de l'impression qu'elle reçoit comme dans les sensations; elle est violemment ébranlée et poussée vers une détermination.

218. Les affections de l'âme peuvent être rapportées à trois classes, les appétits, les sentiments, et les passions. Les appétits sont des affections de l'âme, qui, nées d'un certain état du corps ou d'un besoin, nous portent à exécuter les actes propres à satisfaire ce besoin : ainsi la faim et la soif sont des appétits. Les sentiments sont des affections de l'âme, le plus souvent passagères, dans lesquelles elle parait être plutôt passive qu'active : telles sont par exemple l'espérance la joie, la crainte, la tristesse. Enfin les passions sont des affections qui font éprouver à l'âme des secousses violentes et multipliées, comme le font l'amour et l'ambition. Quoique plusieurs auteurs aient réuni les sentiments et les passions, nous avons jugé convenable de les séparer, à cause de la grande différence qui existe entre elles. Qui peut confondre la joie avec l'amour, et la crainte avec l'ambition? Celui que tourmente l'amour ou l'ambition éprouve à la fois tous les sentiments: tantôt il espère, tantôt il craint; il est alternativement dans la joie et dans la tristesse; bien plus, souvent, dans le même moment, les sentiments

les plus opposés se réunissent d'une manière en quelque sorte mystérieuse dans son âme.

219. Les appétits, ainsi que nous l'avons dit, naissent d'un état particulier des organes, et sont l'expression des besoins. Ainsi la faim et la soif sont déterminées par une certaine condition de l'estomac, du gosier, et peut-être de tout le système nerveux, qui nous avertit du besoin des aliments et des boissons. Il faut pour cela qu'il s'établisse un rapport entre le *sensorium commune* et les organes intérieurs. C'est par cette raison que le savant Cabanis les avait considérés comme organes des sens qu'il nommait *instinctifs*.

220. Il faut maintenant exposer l'opinion de Bichat et de Gall sur le siége des passions. Le premier les rapporte à la vie organique ; il fait observer que les passions varient suivant les différents états des organes qui servent à la vie intérieure, et qu'elles troublent les fonctions de la vie organique. Il ajoute qu'une sorte d'instinct nous pousse, lorsque nous avons besoin d'exprimer quelque chose de relatif aux fonctions de l'intelligence, à porter la main à la tête, et à la placer au contraire sur le cœur lorsque nous voulons peindre un sentiment affectueux. Gall, de son côté, prétend que chaque passion a son siége dans un organe particulier du cerveau, or-

ganes qu'il prétend avoir découverts par l'examen d'un très grand nombre de têtes.

221. Ces opinions ne sauraient être les nôtres. En effet, si tous les actes dont l'âme a la conscience appartiennent à la vie animale, comment ne point rapporter à cette vie les passions, qui non seulement affectent l'âme, mais peuvent même la bouleverser? Nous convenons sans peine que l'état des organes de la vie intérieure peut diriger l'âme vers telle ou telle passion; mais ce ne sera pas une raison pour les soustraire à l'empire de la vie animale. On est, au contraire, porté à croire que le cœur, le foie et les autres viscères ne servent pas exclusivement à la vie organique, mais qu'ils ont, comme nous venons de le dire, une étroite liaison avec le cerveau, et peuvent être justement regardés comme des organes de sensations. L'affection du foie excite des pensées tristes; lorsque ce viscère est guéri, l'âme reprend sa sérénité primitive. Il résulte de ces faits que les passions ne dépendent pas seulement de l'état du cerveau, mais de celui de toute l'économie : ajoutons à cela que les passions qui se manifestent à l'époque de la puberté dépendent bien évidemment du développement des organes génitaux. D'ailleurs, on ne saurait contester que l'état des organes ne soit souvent que secondaire : ainsi l'on voit des

conseils impudiques amener une puberté prématurée.

222. Quant aux sentiments, on voit bien que
tel ou tel état physique dispose aux uns ou aux
autres; mais il n'est pas également facile d'as-
signer à chacun d'eux un siége et une cause.
On sait bien que la santé parfaite dispose aux
sentiments excitants, et que les sentiments pénibles se lient au mauvais état des fonctions;
mais ce qui est encore ignoré, c'est la différence
matérielle qui existe dans l'économie entre
l'espérance et la joie, entre la crainte et le
chagrin.

223. Ce qui précède prouve clairement qu'il
y a un grand rapport entre les tempéraments et
les affections de l'âme, que ces affections peuvent être modifiées non seulement par des conseils sages et capables d'inspirer la vertu, mais
qu'elles peuvent être tempérées et dirigées par
un régime physique bien calculé; qu'enfin, lorsqu'on les laisse s'enraciner, elles deviennent
invincibles, en mettant les organes dans une disposition vicieuse : c'est ainsi que, chez les ivro-
gnes, les excès de boisson deviennent presque
un besoin.

224. Il convient maintenant de présenter ce
tableau des sentiments et des passions; car il
semble inutile de parler des appétits, puisqu'ils

n'ont pas d'effets apparents , et que leur but est de nous engager, de nous forcer même à pourvoir aux besoins de la vie. Qui pourrait vous dire avec certitude si vous avez faim ou soif? Dans la joie le front est serein , les yeux respirent le plaisir, les joues sont rosées, le sourire est sur les lèvres, le cœur bat avec liberté. L'espérance a beaucoup de rapport avec la joie ; seulement les yeux brillants , les joues enflammées et le pouls plus fréquent, révèlent l'ardeur des vœux et l'anxiété de l'âme. Le portrait de la colère est peint par Sénèque avec les plus vives couleurs. Dans cette passion les yeux sont étincelants , gonflés , les joues rouges et brûlantes, les dents grincent, la bouche se remplit d'écume , le cou se gonfle , les carotides battent avec violence , le regard est menaçant , la voix forte et saccadée. Dans la crainte , la face est triste , les yeux sont languissants , la lèvre inférieure est tremblante , la voix manque, les forces sont brisées, le cœur palpite et la syncope survient. La terreur est une crainte subite et violente ; elle a des effets semblables , mais plus prononcés. Dans le chagrin , les yeux sont fixes et languissants, les traits abattus, la voix est entrecoupée par des soupirs, le sommeil se perd , le caractère devient irascible et morose. Lorsque les affections de l'âme ont une longue durée, elles produisent dans les muscles de la face une expression particulière, soit passagère, soit même habituelle, qui fait reconnaître à la vue seulement l'état intérieur de l'âme. Lavater s'est occupé avec un grand succès de l'art de reconnaître les affections de l'âme d'après l'habitude extérieure du corps, et surtout par l'inspection de la face. Le médecin peut tirer de l'état de la face, et principalement de celui des yeux, de grandes lumières pour le diagnostic et le pronostic des maladies.

225. Il y a trois passions principales, et qui donnent naissance à toutes les autres : ce sont l'amour, l'ambition et l'avarice. L'envie doit être considérée plutôt comme un effet des passions, attendu qu'elle s'allie avec toutes. L'amant envie son rival, l'ambitieux l'homme en faveur, et l'avare celui qui est plus riche que lui. L'amour s'attache aux personnes, l'ambition aux honneurs, et l'avarice aux richesses. L'amour paternel, l'amour filial, les attachements de famille, sont des affections douces et qui ne suscitent presque jamais de trouble dans l'âme. L'amitié est un sentiment plus vif, mais sans avoir rien d'inégal ni de violent ; mais l'amour d'un sexe pour l'autre est une passion violente et indomptable. C'est cet amour qu'on accuse de tyrannie. Celui qui brûle de ses feux n'a plus de repos ; ses yeux étincellent, il se surprend sou-

vent à répandre des larmes involontaires, il rougit et pâlit tour à tour; la voix lui manque, il pousse de profonds soupirs; son cœur est agité de mouvements tumultueux; l'insomnie accroît encore son tourment; il ne pense à rien, ne désire rien, que l'objet de son amour. Virgile, dans l'épisode de Didon, nous a présenté le tableau plein de vérité de cet amour, dont Ovide et Sapho ont eux-mêmes offert des modèles. Les traits de l'ambition ne sont pas moins caractéristiques : ceux qu'elle tourmente ont les yeux fixes, le regard menaçant, la démarche grave, la voix hautaine, le caractère inquiet, irascible. La maigreur, la malpropreté, les joues creuses et livides, les yeux baissés et timides, le caractère soupçonneux, décèlent l'avarice. Quant à l'envie, elle prend le caractère des passions auxquelles elle s'allie : elle enflamme l'amant; elle dévore l'ambitieux comme un feu caché, et partant plus cruel; elle torture l'avare.

226. Ajoutons maintenant quelque chose relativement aux différentes dispositions de l'esprit. C'est une chose vraiment admirable que les variétés sans nombre offertes par l'esprit humain, considéré dans chaque individu sous le rapport de ses facultés et de ses penchants : les uns excellent dans la poésie, les autres dans l'éloquence; ceux-ci réussissent dans la peinture,

ceux-là font faire chaque jour de nouveaux progrès à la mécanique ; chacun enfin obtient de la célébrité dans des arts différents. La source de cette étonnante variété dans les esprits est encore mystérieuse ; cependant on peut faire quelques remarques à ce sujet. Toutes les sciences, tous les arts, semblent pouvoir se rapporter à deux classes : les uns ont besoin du secours de l'érudition , les autres exigent une imagination ardente. L'histoire se rapporte à la première classe, et la poésie à la seconde. Supposons le cerveau formé d'un égal nombre d'organes fibreux : ces fibres, si elles sont douées d'une grande énergie , auront dans leurs mouvements plus de force que de rapidité ; si, au contraire, elles jouissent d'une grande mobilité, leurs mouvements seront accélérés , mais peu forts et peu durables. C'est ainsi que, chez les sujets d'une constitution athlétique , les mouvements musculaires sont énergiques , soutenus, mais peu rapides ; tandis qu'au contraire , chez les individus très mobiles, les mouvements sont très accélérés , mais faibles , et bientôt suivis de fatigue. D'après cette hypothèse , l'énergie du cerveau sera un état favorable à la mémoire , et sa mobilité développera l'imagination. Mais pourquoi donc tous les poëtes ne réussissent-ils pas également dans tous les genres de poésie ? Pourquoi celui qui s'est fait une grande réputation dans le genre lyrique reste-t-il inférieur dans la satyre et dans le poëme épique ? On ne saurait penser, comme le soutient Helvétius, que l'esprit, par l'exercice et une attention soutenue, puisse être adapté pour ainsi dire à toute espèce d'instruction. L'expérience démontre évidemment le contraire : celui qui est peu favorisé des muses ne doit ni chausser le cothurne, ni prendre la lyre ; il n'en tirerait que des sons discordants. Admirons les secrets de la nature, et ne faisons pas, pour les dévoiler, des efforts qui resteront toujours vains. Gall a placé dans le cerveau autant d'organes qu'il y a de dispositions naturelles ; mais cette doctrine n'a rien qui puisse ou persuader ou convaincre (1).

227. Il faut remarquer que l'homme, à part les qualités sublimes qui l'élèvent au-dessus des animaux, leur est encore de beaucoup supérieur par la variété infinie de ses dispositions naturelles. Les animaux de la même espèce, ainsi que nous l'avons dit ailleurs, ont tous les mêmes appétits et les mêmes facultés ; il semble que ce

---

(1) Ne pourrait-on pas reprocher à M. Martini un jugement un peu exclusif ? Sans doute on ne saurait adopter toutes les idées de M. Gall ; mais ses belles recherches sur le cerveau et ses fonctions lui assureront toujours une place éminente parmi les observateurs de la nature.

soit le même animal multiplié. Ils agissent guidés par l'instinct seul; ils ne se perfectionnent point par l'âge, et l'éducation qu'ils reçoivent de l'homme est renfermée dans des limites assez étroites. Au contraire, autant il y a d'hommes, autant on observe de penchants, de dispositions différentes; l'esprit humain, abandonné à lui, marche d'un pas tardif; il est même disposé à la paresse. Mais s'il est soigneusement cultivé, il éclaire ce qui est déjà connu, découvre ce qui ne l'est pas encore; par la force de l'éloquence, il dispose des esprits à son gré, célèbre les belles actions, sert sa patrie par sa sagesse et sa prudence, et ambitionne l'immortalité.

CHAPITRE XXIX.

DES VARIÉTÉS DE L'ESPÈCE HUMAINE.

228. L'homme, suivant les régions qu'il habite, présente des différences remarquables, et telles qu'on s'est demandé si l'on ne devait pas admettre plusieurs espèces dans le genre humain. Comme cette discussion nous paraît tout-à-fait oiseuse, nous ne l'entamerons pas; nous nous bornerons à apprécier l'influence des cli-

mats sur l'homme. D'après Kant, il y a quatre variétés dans l'espèce humaine : l'européenne, la septentrionale, la négresse, et l'indienne. Exleben en admet six : la tartare, la laponne, l'asiatique, l'africaine, la mexicaine, et l'européenne. Suivant Camper, il y en a cinq, savoir : l'européenne, l'asiatique, l'africaine, la mexicaine, et l'océanique ou celle de la Nouvelle-Hollande. Blumenbach en reconnaît également cinq : ce sont la caucasique, la mongole, l'éthiopienne, la malaise, et l'américaine. Lacépède en indique quatre, et il les nomme arabe-européenne, mongole, africaine, et hyperboréenne. Nous avons cru devoir adopter la division de Buffon, qui compte quatre variétés : l'arabe-européenne, la mongole, la négresse, et l'hyperboréenne. La première comprend les Européens, les Égyptiens, les Arabes et les Syriens : elle a pour caractère la face ovale, le nez long, le crâne saillant, la chevelure longue et la peau blanche. A la seconde se rapportent les Chinois, les Tartares, les Indiens, les Tunquinois, les Japonais, les Siamois : ces nations ont le front aplati, le crâne peu saillant, les yeux tournés en dehors, les joues grosses et la face large. Les nègres, qui habitent l'espace compris entre l'équateur et les tropiques, ont la peau noire, les cheveux crépus comme de la laine, le nez épaté, les lèvres très grosses. La race hyperboréenne peuple les régions voisines du pôle; elle se compose des Lapons, des Ostyaks, des Samoïèdes, des Groënlandais. qui ont une petite stature, la face écrasée, et l'intelligence comme engourdie.

229. Les Albinos de l'Afrique, les Crétins qui habitent les Pyrénées et le val d'Aoste, doivent être considérés comme des êtres vicieusement conformés, et non point comme des variétés de l'espèce humaine.

230. Ce n'est pas seulement sous le rapport de la stature, de la forme et de la couleur que les hommes des divers pays diffèrent entre eux; ils ont encore d'autres caractères distinctifs. Ceux qui habitent les climats chauds ont en partage une grande mobilité et une imagination ardente. Dans les climats froids, au contraire, l'incitabilité est peu développée et l'esprit est pesant. C'est aux habitants des zones tempérées qu'ont été départies avec plus de libéralité les facultés physiques et morales. Cependant l'homme, par son industrie, peut se préserver du froid le plus rigoureux, et éluder ses effets; et l'on compte un grand nombre d'habitants des pays froids qui se sont immortalisés par leur courage ou par leurs talents.

231. L'influence du climat sur le physique et sur le moral est puissante et incontestable;

mais il y a beaucoup de choses qui impriment à l'homme des modifications non moins importantes. La religion, les lois, les mœurs, contribuent puissamment à rendre les peuples faibles ou robustes, humains ou féroces. Les Grecs, amis des fictions, ont supposé que Prométhée, ayant dérobé le feu du ciel, s'en servit pour animer les hommes encore errants et sauvages, et leur apprit à vivre en société; et qu'Orphée parvint à attendrir et à émouvoir par ses accords touchants leurs cœurs endurcis et comparés à des rochers. Les siècles suivants confirmèrent la vérité cachée sous ce voile allégorique. L'Europe, pendant près de douze siècles, avait été profondément ensevelie dans les ténèbres épaisses d'une honteuse ignorance. Les esprits étaient dans la torpeur, et les mœurs d'une rudesse repoussante. Charlemagne parut enfin, et les sciences et les arts reprirent leur éclat; alors l'amour de la gloire embrasa les cœurs, les mœurs s'adoucirent, une législation excellente fut créée, et la religion, l'aidant de sa divine influence, rappela les peuples à la civilisation, à l'honneur et à la félicité.

232. L'influence des climats sur l'homme a été l'objet des recherches de Montesquieu et de Fontenelle; mais ils avaient été précédés dans cette carrière par Hippocrate, qui, dans son *Traité de l'air, des eaux et des lieux*, a fourni la plus bril-

lante lumière aux siècles qui l'ont suivi. Quant à ce qui concerne la couleur de la peau chez les hommes des différentes contrées, il est évident qu'elle a son siége dans le réseau de Malpighi. Chez les nègres, en effet, l'épiderme ni la peau ne participent à la couleur noire, et les cicatrices sont blanches. Les physiologistes considèrent la lumière comme cause de la différence de couleur; ce qu'il y a de certain, c'est qu'elle est de moins en moins foncée à mesure qu'on s'éloigne de l'équateur. Cette question a été traitée convenablement par Botta dans son estimable *Histoire de la guerre d'Amérique*, et par Julien. La couleur brune que prennent les personnes qui voyagent dans les pays couverts de neige, prouve que la coloration de la peau tient bien moins à la chaleur qu'à l'action de la lumière. D'ailleurs, il reste encore à constater les changements que la lumière produit dans l'économie animale. Les modernes pensent qu'elle sépare le carbone de l'oxygène, et il est prouvé qu'elle soustrait l'oxygène aux corps; cependant il reste encore beaucoup d'obscurité sur ce point. Pourquoi le changement de climat ne détruit-il pas la couleur noire? pourquoi se transmet-elle à plusieurs générations? Je dirai, en passant, que cet effet appartient peut-être aux rayons qu'Herschell a distingués des rayons lumineux, et qu'il a nommés, à raison de leur action, *désoxygé-nants.*

CHAPITRE XXX.

DE LA MORT.

233. La mort est une loi inflexible et inévitable. Tout ce qui vit doit mourir. Les plantes qui parent la terre par leurs couleurs diversifiées, qui embaument l'air de leurs parfums, ou présentent au voyageur fatigué un ombrage agréable et frais, finissent par se flétrir et par mourir desséchées. Les animaux qui parcourent les forêts ou les airs, ceux qui se jouent dans l'onde, périssent également. L'homme lui-même n'est pas exempt de ce commun tribut. La mort atteint celui qui la fuit; elle n'épargne pas la jeunesse : en vain on chercherait à s'en garantir par un triple airain, elle saurait encore vous faire tomber dans ses piéges. Nous avons jusqu'ici contemplé l'homme se livrant à des actes multipliés qui le rendent le maître du monde, suivons-le maintenant jusqu'au terme de la vie, et voyons les phénomènes dont la mort est précédée, accompagnée ou suivie.

234. On divise la mort en naturelle ou spontanée, et en accidentelle. La première est la suite des progrès de l'âge ; elle ne vient pas tout d'un coup, mais elle arrive insensiblement, et éteint par degrés le flambeau de la vie. En décrivant les phénomènes de l'âge avancé, nous avons passé en revue ceux qui annoncent la mort naturelle. Le chancelier Bacon a donné le tableau de la mort accidentelle ou consécutive à une maladie. La poitrine est agitée par des sanglots, le cœur palpite, la syncope survient ; l'anxiété est extrême, le malade semble chercher à saisir des corpuscules dans l'air ; les dents se serrent, la voix est étouffée, la lèvre inférieure gonflée, la face pâle, la mémoire confuse, la parole embarrassée ; il survient une sueur froide, le corps se raidit, le nez s'effile, les yeux se cavent, les joues s'enfoncent, la langue se contracte et se roule sur elle-même, les membres se refroidissent ; quelques gouttes de sang coulent des narines, le malade pousse un cri aigu, la mâchoire inférieure tombe sur la poitrine, il s'écoule quelques larmes, la bouche se remplit d'écume ; enfin, la circulation et la respiration s'arrêtent pour toujours.

235. Les signes de la mort réelle sont l'absence du pouls, de la respiration, de la sensibilité et du mouvement ; un froid glacial ; une grande

raideur, ou au contraire un relâchement complet des articulations; le relâchement des sphincters, la chute spontanée de la mâchoire inférieure. Le sang ne s'écoule point d'une veine incisée; les yeux deviennent ternes, et enfin la putréfaction s'empare du cadavre. Ces signes cependant ne sont point infaillibles; souvent, en effet, dans la mort apparente, il y a suspension du pouls, des mouvements respiratoires, du sentiment et du mouvement; le corps peut même être froid et raide. La putréfaction est le signe le plus certain de la mort; mais il n'est pas toujours facile de reconnaître la putréfaction quand elle n'est que commençante. Souvent, en effet, des individus encore vivants exhalent une odeur cadavéreuse. On ne peut donc prononcer à coup sûr que la mort est réelle que quand à la fétidité du corps se joignent d'autres signes évidents de putréfaction.

236. Bichat admet que la mort peut avoir lieu de trois manières, suivant que l'action du cerveau, du cœur ou des poumons vient à cesser la première. Les phénomènes précurseurs de la mort offrent quelque différence, suivant qu'elle dépend de l'une ou l'autre de ces causes. S'il y a compression du cerveau, apoplexie ou quelque autre lésion grave, on observe l'assoupissement, la respiration difficile et stertoreuse, l'abolition

du sentiment et du mouvement ; les paupières
sont ou fermées ou entr'ouvertes , les pupilles dilatées , les yeux immobiles ; la bouche
se dévie , la face est pâle ; souvent avant la mort
le cœur bat avec force et le pouls est très fréquent. L'action du cœur peut être anéantie par
une grande perte de sang , ou par une affection
nerveuse. D'abord la peau devient pâle et froide,
la respiration difficile et entrecoupée ; les oreilles
tintent, les yeux s'obscurcissent; une sueur froide
baigne tout le corps, les lèvres deviennent livides ; le pouls d'abord se ralentit , puis finit par
devenir insensible. Les mêmes effets s'observent
dans la syncope nerveuse ; seulement ils se manifestent plus rapidement et interceptent toute
action vitale. La respiration peut être interrompue
par diverses causes ; les unes troublent l'accomplissement des phénomènes mécaniques , et les
autres celui des phénomènes chimiques de cette
fonction. Dans la mort produite par un obstacle
à l'entrée de l'air dans les poumons , il se manifeste des mouvements convulsifs , la sensibilité
et le mouvement se perdent, la face est livide et
gonflée ; la langue est tour à tour poussée hors
de la bouche et retirée dans cette cavité, quelquefois elle est serrée par les dents ; la bouche
est remplie d'écume ; les yeux sont ouverts, saillants, et gorgés de sang. Si l'on manque d'air res-

pirable, la mort survient plus rapidement ; quelquefois elle est accompagnée de mouvements convulsifs.

237. Dès que le corps est privé de la vie, il tend à la putréfaction. D'abord les téguments prennent une couleur livide ; plus tard les autres parties subissent la décomposition : des émanations fétides s'en élèvent ; il s'y développe différents gaz, et notamment l'ammoniaque, le gaz hydrogène sulfuré ou phosphoré, le gaz acide carbonique. Insensiblement toutes les parties se dissolvent, l'odeur fétide disparaît, et, de tout le corps, il ne reste qu'un peu de cendre. Après une mort violente, la putréfaction est plus lente ; les maladies hyposthéniques, au contraire, la rendent plus rapide. Les principes qui entraient dans la composition du corps humain rentrent dans le domaine des corps inorganiques et dans le cercle éternel des combinaisons naturelles, tandis que l'âme, abandonnant le corps qu'elle avait habité pendant la vie, s'envole dans le séjour de l'immortalité.

238. L'aspect de la mort est terrible pour ceux qui, abandonnés aux plaisirs des sens, laissent leur esprit s'engourdir dans la paresse, ou qui, souillés par toute espèce de crime, sont le fléau de leur pays. Ceux qui, au contraire, ont consacré leur vie à la pratique des vertus religieuses et ci-

viles, attendent la mort sans effroi; ils la considèrent comme un port assuré après la tempête, comme la fin de leurs maux, le commencement de leur bonheur, et l'aurore d'une vie d'immortalité. C'est donc une bien grande vérité que celle qu'expriment ces vers :

« La mort, pour les âmes vertueuses, est la fin
» d'une prison obscure; elle n'est une peine que
» pour ceux qui ont placé toutes leurs affections
» dans la fange. »

SECONDE PARTIE.

DES FONCTIONS.

ORDRE PREMIER.

DES FONCTIONS NUTRITIVES.

CHAPITRE PREMIER.

DE LA FAIM ET DE LA SOIF.

259. Jusqu'à présent nous avons étudié les forces du corps humain, leur manière d'être dans les divers systèmes, leurs rapports réciproques, les différences que produisent le sexe, le tempérament, l'âge et le climat; maintenant nous allons examiner chaque fonction en particulier. Nous commencerons par celles qui ont pour objet la réparation des pertes journalières, et qu'on appelle nutritives ou assimilatrices; et comme la faim et la soif nous avertissent du

besoin de réparer ces pertes, c'est d'elles que nous devons nous occuper d'abord, pour plus de régularité.

240. Le désir des aliments solides s'appelle faim ; quelques modernes veulent que ce soit un sens, et non point une sensation ; et ils établissent pour différence qu'une sensation est toujours le résultat de l'impression d'un agent sur l'un des organes des sens, tandis que le sens se produit indépendamment de cette impression. Mais, soit qu'un corps quelconque affecte les parties sentantes, soit qu'elles n'éprouvent aucune impression, toujours est-il vrai qu'il survient dans le système nerveux un changement qui se propage jusqu'au cerveau. Qui pourrait nier la sensation produite par le froid ? Assurément l'absence du calorique produit dans les nerfs une modification particulière, ou du moins les fait sortir de l'état où le calorique les avait mis ; il y a donc un changement. Quant à ce qui concerne la faim, il me semble qu'il est assez vraisemblable de la faire naître, avec quelques physiologistes, ou de l'action des sucs gastriques, ou d'une sorte de tiraillement de l'estomac. Si l'on admet cette théorie, la faim devra être rangée parmi les sensations. Il n'est donc pas nécessaire d'établir la différence entre le sens et la sensation. D'autres auteurs admettent, avec plus de

raison, un sens commun à toutes les parties, sens obscur, confus, et ne retraçant l'image d'aucun objet ; c'est ce que nous avons appelé *coënesthesis*. C'est à l'impression produite sur ce sens particulier qu'ils attribuent la faim, qu'ils comptent au nombre des sensations.

241. Les anciens divisaient la faim en animale et en naturelle. Ils appelaient faim animale celle qu'une abstinence un peu prolongée nous fait éprouver dans l'épigastre ; la faim naturelle, au contraire, était, d'après eux, ce sentiment de faiblesse générale que nous éprouvons lorsque la nutrition n'est pas en rapport avec les pertes journalières. Quelques phénomènes pathologiques semblent appuyer cette division de la faim. Morton rapporte qu'un enfant maigrissait d'une manière très rapide quoiqu'il prît une énorme quantité de nourriture ; il ne tarda pas à succomber, et l'ouverture du cadavre fit reconnaître une rupture du canal thorachique. Cabrol dit avoir vu mourir dans le marasme un homme d'une voracité extrême ; on trouva chez lui le canal intestinal extrêmement court. Les sujets affectés de squirrhes du pylore ou de carreau désirent sans cesse des aliments ; et ceux qui sont tourmentés par une faim morbide ne peuvent se rassasier, quelque quantité d'aliments qu'ils consomment. Ces faits paraissent établir qu'on peut,

malgré la réplétion de l'estomac, éprouver l'espèce de faim que les anciens appelaient *naturelle*.

242. Nous ne cherchons pas à nier ces faits, qui sont prouvés par l'observation journalière; mais ils ne nous semblent pas être une raison suffisante pour distinguer la faim en animale et en naturelle, car ces dénominations sont vicieuses. Dans la faim, l'âme est toujours affectée; donc la faim est toujours animale. Les phénomènes morbides précités prouvent seulement qu'elle dépend moins de l'état de l'estomac que de celui de toute l'économie. Il eût été plus convenable de diviser la faim en naturelle et en morbide : on aurait appelé naturelle celle qui eût été en harmonie avec les lois de la santé, et morbide celle qui leur eût été contraire. D'après cette distinction, qui ne paraît pas inadmissible, les exemples que nous avons vu rapporter à la faim naturelle appartiendraient plutôt à la faim morbide.

243. La faim modérée n'a rien de pénible; mais si l'on ne pourvoit pas aux besoins de l'économie, il en résulte les plus graves accidents: l'estomac se resserre, le foie et la rate reçoivent une plus grande quantité de sang; il survient des nausées, des vomissements, des convulsions, des douleurs violentes à l'épigastre; le corps mai-

grit rapidement par l'absorption de la graisse ; le sang prend de l'âcreté, le lait rancit, l'urine contracte une fétidité insupportable ; des hémorrhagies, des syncopes se manifestent; bientôt l'intelligence se trouble ; il y a d'abord de la tristesse, à laquelle succède bientôt le délire et la fureur. Les corps des sujets morts de faim sont quelquefois lumineux, et présentent une grande proportion de phosphore : c'est ce qui a fait penser à Richerand que le phosphore était le produit du plus haut degré de l'animalisation. L'affreux empire de la faim est bien prouvé par l'exemple de ces malheureuses mères qui, au siége de Jérusalem, en vinrent à un tel point de misère, qu'étouffant le cri de la nature, elles dévorèrent les chairs palpitantes de leurs propres enfants.

244. L'abstinence est d'autant plus difficile à supporter qu'on est plus jeune. La cause de cette disposition est facile à saisir : c'est que, dans le premier âge de la vie, le corps, indépendamment des pertes qu'il a à réparer, doit encore prendre de l'accroissement. C'est pourquoi le Dante, lorsqu'il a décrit, dans des vers propres à faire couler les larmes du cœur le plus insensible, ce malheureux père errant désespéré au milieu des cadavres de ses enfants, n'a pas eu en vue seulement de rendre plus touchante la

mort atroce de l'infortuné Ugolin, mais surtout de faire voir qu'il n'ignorait pas cette loi de la nature, en vertu de laquelle les enfants devaient périr les premiers. Je ne puis m'empêcher ici de soustraire le Dante aux reproches qui lui ont été adressés par un auteur moderne. Il observe que personne n'a été témoin de cet événement tragique, et que par conséquent le poëte avait emprunté sa description à l'aphorisme d'Hippocrate. Je pense que le critique n'a pas lu avec attention le poëme dont il s'agit, sans quoi il eût évité une erreur si grossière. Le Dante, en effet, ne dit nulle part que lui ou quelque autre ait été témoin des souffrances d'Ugolin ; il se borne à introduire ce personnage déplorant les persécutions dont Roger l'a rendu l'objet. Au reste, le critique ne saurait ignorer que les poëtes sont inspirés par un dieu à qui tout est facile, et qu'ils n'ont pas besoin pour voir de la même lumière que le vulgaire. Mais revenons à notre sujet.

245. On lit dans les auteurs des exemples d'abstinence très prolongée. On prétend que les Arabes peuvent, quand la nécessité l'exige, supporter un jeûne de quatre jours. On raconte la même chose des Tartares. Héraclide rapporte qu'une femme resta pendant quarante jours dans un état de mort apparente, et vécut pendant

tout ce temps sans rien prendre. Une jeune demoiselle noble vécut seulement avec du suc de limon, parcequ'elle rougissait de demander l'aumône. Une autre, citée par Lawer, vécut quatre mois sans boire ni manger; deux autres, au rapport de Taylor et Jenhfels, vécurent plus d'un an; celle dont parle Schreger, plus de trois ans; et une jeune fille de Brunswick, pendant quatre ans de la même manière. Nous trouvons dans Haller beaucoup d'autres exemples d'abstinence prolongée; mais il est bon de faire observer que ces longs jeûnes n'ont jamais été supportés par des individus en santé. Ceux dont on les raconte étaient tous affectés de mélancolie, de cachexie ou de quelque autre maladie. D'ailleurs il est permis de croire que ces histoires ont été fort exagérées, surtout lorsqu'il s'agit d'individus qui simulaient une longue abstinence pour en imposer au vulgaire.

246. La soif est le désir des boissons. La soif, dans l'état sain, se fait sentir lorsque nos humeurs, et particulièrement le sang, manquent de la proportion convenable de parties aqueuses. Dans l'état de maladie, au contraire, on est souvent tourmenté par la soif, quoique les humeurs aqueuses surabondent. Comme la faim, la soif a son siége spécial dans une partie du corps, quoiqu'elle dépende d'un état général de l'économie;

l'estomac est le siége principal de la faim, la soif
a le sien dans la gorge. De là vient le sentiment
pénible de sécheresse dans cette partie, qui accompagne la soif. Cependant, sous l'influence de
certains excitants, une soif ardente consume le
malade, bien que le gosier soit dans un état d'humidité.

247. La soif parait être encore plus impérieuse
que la faim, et donner naissance à des accidents
plus graves. La soif qui n'est point satisfaite
produit des douleurs violentes à l'estomac, des
convulsions, et un délire furieux. Les anciens
n'ont pas pu imaginer une peine plus rigoureuse,
lorsqu'ils ont décrit Tantale dévoré par une soif
ardente, et enchaîné au milieu d'une eau qu'il
ne saurait atteindre.

248. Quelques animaux peuvent se passer de
boire fort long-temps ; ce sont surtout les cha-
meaux et les dromadaires : mais ils sont pourvus
d'un réservoir situé dans l'abdomen, dans lequel
ils peuvent conserver de l'eau. Les hommes qui
font usage d'une nourriture végétale ont moins
besoin de boisson : on a vu des individus s'en
passer pendant plusieurs jours, et même pendant
six mois. Haller rapporte qu'une femme suédoise,
nommée Esther, vécut près de six années sans
boire. Mais tous ces exemples se rapportent à un
état contre nature ; et il n'en est pas moins vrai

qu'une personne en santé ne saurait passer un jour sans prendre de boisson, ou du moins quelque aliment liquide.

249. La cause prochaine de la faim et de la soif a jusqu'à présent exercé l'esprit des physiologistes, et n'est pas encore connue. Les uns pensent que la faim est due aux frottements qu'exercent l'une contre l'autre les parois de l'estomac dans l'état de vacuité ; les autres l'ont fait naître de la compression exercée sur les nerfs par les fibres musculaires qui cessaient d'être soutenues. Ceux-ci font observer que l'estomac vide est comprimé par le foie et la rate, qui sont alors gorgés de sang. Ceux-là accusent le mouvement péristaltique, ou la contraction du diaphragme et des muscles abdominaux. Quelques uns, enfin, croient que le suc gastrique acquiert une certaine âcreté, et qu'il irrite la membrane de l'estomac ; ou bien, en supposant qu'il n'éprouve aucune altération, qu'il tourne sur elle son action dissolvante, ne pouvant plus l'exercer sur la pâte alimentaire.

250. Il est facile de démontrer combien toutes ces théories sont éloignées de la vérité. Lorsque l'estomac est vide, la sécrétion du suc gastrique est ralentie, et il n'y a pas de cause qui puisse solliciter dans l'organe des contractions plus énergiques. Les obstructions du foie et de

la rate diminuent presque constamment la faim ;
de plus, l'ingestion de l'eau, bien qu'elle empêche
le frottement des parois, qu'elle s'oppose à la
compression exercée par le foie et la rate, et
qu'elle délaie le suc gastrique, n'apaise la faim
que pour un temps très court. Au reste, il suffit
de remarquer combien l'habitude et l'imagination
ont d'influence sur la production de la faim, pour
voir crouler de suite toutes ces hypothèses. On
n'a pas été plus heureux dans la recherche de la
cause prochaine de la soif : on a supposé qu'elle
résidait dans une âcreté tantôt acide, tantôt alcaline des humeurs. On ne saurait nier que la
soif prolongée n'amène dans les humeurs une altération de composition ; mais c'est là un effet
plutôt qu'une cause. Quand on supposerait que
les humeurs privées de leurs parties aqueuses
produisent la soif, il resterait encore à rechercher quelle modification de l'économie est le résultat de cette circonstance. Ce que nous avons
dit plus haut de l'habitude et de l'imagination,
et du pouvoir qu'elles ont de modifier diversement les sensations, prouve évidemment qu'il
faut en placer la cause dans un état particulier
du système nerveux.

251. Richerand et Dumas, sentant la fausseté des hypothèses précitées, en ont proposé
une qui semble plus voisine de la vérité. Le pre-

mier considère la faim comme une affection nerveuse ayant son siége principal et primitif dans l'estomac, et s'étendant par sympathie à tout le système nerveux. Prochaska adopte l'opinion de Richerand ; il pense que les nerfs de l'estomac jouissent d'une sensibilité particulière, en vertu de laquelle ils sont affectés par l'âcreté que l'abstinence fait naître dans les humeurs. Ce dernier physiologiste paraît avoir les mêmes idées sur la soif, qu'il regarde également comme une affection nerveuse résidant principalement et primitivement dans la gorge, et s'étendant par relation sympathique au reste du système nerveux. Cette doctrine découle naturellement des lois de l'économie animale. Nous avons remarqué plus haut que la faim et la soif dépendaient principalement de l'état de l'estomac et du pharynx, mais qu'elles sont modifiées par celui du système nerveux en général.

252. Dumas n'admet pas ces explications ; et plusieurs objets réclament ici notre attention. Il nous reste, en effet, à rechercher quel est l'état du système nerveux d'où naissent la faim et la soif. Voici de quelle manière Dumas cherche à le déterminer : le système nerveux est uni par d'étroits liens avec le système sanguin et le système lymphatique ; il se pourrait donc que cet état du système nerveux, qui détermine la

faim et la soif dépendît à son tour de l'état des deux autres systèmes. Cet auteur, appuyé sur des observations et des expériences, soutient qu'on doit placer la cause prochaine de la faim dans l'asthénie du système lymphatique, et celle de la soif dans l'hypersthénie du système sanguin.

253. Examinons en détail les preuves fournies par ce célèbre physiologiste. Un chien put supporter une abstinence de huit jours, au moyen de petites doses d'opium qu'on lui administrait par intervalles; lorsque l'animal, par ses hurlements et son agitation, témoignait la faim dont il était tourmenté, on lui présentait de l'opium, et ce narcotique apaisait cette sensation pénible. On fit prendre à un autre chien un mélange d'opium et de camphre; peu à peu la faim diminua, et finit par s'éteindre au point que l'animal repoussait les aliments. On donna à d'autres animaux, tourmentés par la faim, de l'huile, des décoctions émollientes, de l'eau tiède; ces relâchants émoussaient pour un instant cette sensation, qui ne tardait pas à reparaître avec plus de violence. Si aux relâchants on substituait des liqueurs fermentées, des excitants, l'abstinence pouvait être plus long-temps supportée. Le sublimé corrosif parut produire un effet bien plus évident : quatre chiens de la même taille, par ce moyen, restèrent quatre jours sans manger;

les trois premiers furent tués à diverses époques ;
le quatrième mourut de faim. Dans celui qui fut
tué le premier, l'estomac était rétréci, les viscères étaient dérangés de leur situation ordinaire ;
une boisson qui avait été donnée à l'animal peu
de temps avant sa mort avait été complètement
absorbée. Chez le second, il y avait eu absorption d'une certaine quantité de mucus, et de
suc gastrique. Chez le troisième, en outre, le
suc pancréatique, le mucus intestinal et la sérosité du péritoine avaient complètement disparu. Chez le quatrième, on trouva quelques ulcé-
rations à la face interne de l'estomac : les vaisseaux absorbants étaient ouverts et conservèrent
leur faculté absorbante long-temps après la mort.
De ces faits, Dumas conclut que la cause de la
faim doit être placée dans l'action absorbante
des vaisseaux lymphatiques qui, après avoir
épuisé tous les sucs nutritifs, s'exerce sur le
tissu propre des organes, et fait, pour absorber,
d'inutiles efforts, dont l'effet, ressenti par tout
le système nerveux, excite la faim. Il pense que
la cause de la soif est absolument opposée, et
qu'elle réside dans le système sanguin. On a vu
qu'il attribuait la faim à l'atonie du système lymphatique ; pour la soif, il la fait dépendre de l'hypersthénie des vaisseaux sanguins. Voici les mo-
tifs qu'il allègue : l'opium, qui apaise la faim,

rend la soif plus vive ; le vin et les liqueurs fermentées ont un effet analogue ; l'eau et les relâchants, que nous avons dit rendre la faim plus
pressante, apaisent la soif, qui cesse plus promptement encore si on ajoute à l'eau du nitrate de
potasse ; de petites saignées, répétées par intervalles, calment également cette sensation. Or le
nitrate de potasse a un effet débilitant ; celui des
saignées l'est plus évidemment encore. Puisque
les stimulants provoquent et augmentent la soif,
et que les débilitants la dissipent ou la diminuent,
on doit être conduit à conclure que sa cause prochaine est l'hypersthénie du système sanguin.

254. Ces preuves, bien qu'elles soient très
imposantes, ne suffisent pas pour convaincre.
En effet, si les efforts inutiles que font les vaisseaux lymphatiques pour absorber étaient la
cause prochaine de la faim, l'ingestion de l'eau
pure suffirait pour l'apaiser : mais il n'en est
pas ainsi. L'opium engourdit la sensibilité, et
une large dose de ce médicament apaise la faim
et la soif. Les narcotiques n'agissent pas sur le
système lymphatique, mais bien sur le système
nerveux ; et ils n'affectent pas plus le système
lymphatique que le système sanguin : il n'y a
donc pas de raison pour placer la cause prochaine de la faim plutôt dans le premier que dans
le second de ces systèmes, et l'absorption plus

active paraît être plutôt la conséquence que le principe de la faim. En effet, lorsqu'il y a défaut de matériaux constituants, le principe vital cherche à saisir tout ce qu'il rencontre, au moyen des vaisseaux lymphatiques : le produit de cette absorption est porté à l'instant dans le torrent de la circulation, pour réparer les pertes du fluide destiné à l'entretien de la vie. En conséquence, le système circulatoire joue, dans cette circonstance, le rôle le plus important. On pourrait examiner si le sublimé corrosif jouit des mêmes propriétés que l'opium ; tout porte à penser le contraire. Il est vrai que le mercure doux, médicament fort usité, produit des effets dans l'inflammation du foie ; on ne peut croire que le sublimé corrosif ait la même vertu : cette substance, prise à contre-temps, agit en irritant, et détermine un état maladif qui peut apaiser la faim. C'est ainsi qu'agissent l'opium, le vin et les autres stimulants, lorsqu'ils diminuent la faim, encore ne produisent-ils pas constamment ce résultat. Supposez une anorexie dépendante de l'atonie de l'estomac ; dans ce cas, l'opium, le vin et les autres stimulants, loin de diminuer la faim, la feront naître. On ne peut douter que la faim et la soif ne soient quelquefois le produit d'une vive excitation du système sanguin ; mais certainement cela ne s'observe pas d'une manière constante. La soif accompagne fréquemment les affections hyposthéniques ; dans ce cas, le vin et les stimulants l'apaiseront, tandis que les boissons nitrées l'augmenteront, en aggravant l'état d'incitation qui entretient la soif (1).

255. Après avoir pesé tout ce qui précède, nous conclurons que la faim et la soif ont leur siége principal, l'une dans l'estomac, et l'autre dans le pharynx ; qu'elles dépendent de l'état du système nerveux tout entier ; que la condition qui produit la faim est, le plus souvent, le défaut de substance nécessaire au soutien de l'économie ; que celle d'où résulte la soif est, dans la plupart des cas, le défaut de parties aqueuses dans nos humeurs et surtout dans le sang, mais qu'elle peut aussi dépendre d'autres causes assez nombreuses, les unes stimulantes, les autres débilitantes, d'autres irritantes ; qu'enfin l'habitude et l'imagination exercent une grande influence sur la production de ces phénomènes.

____

(1) Les affections hyposthéniques dont parle ici l'auteur sont bien vaguement désignées. S'il entend par là les fièvres graves, il aurait contre lui l'expérience, qui montre les malades brûlés par une soif ardente, et demandant un verre d'eau pure au lieu des boissons excitantes dont on les abreuve trop souvent encore.

CHAPITRE II.

DES ALIMENTS ET DES BOISSONS.

256. On appelle aliments des substances qui, élaborées par les organes digestifs, réparent les pertes continuelles de notre économie.

257. Il existe plusieurs classifications des aliments : on les a divisés en eupeptes et en dyspeptes, en polychyles et oligochyles, en euchymes et cacochymes. On appelle eupeptes ceux qui sont facilement digérés ; le mot dyspepte a la signification contraire. Les aliments ont reçu le nom de polychyles et d'oligochyles, suivant qu'ils sont plus ou moins pourvus de parties nutritives. Ceux qui fournissent aux organes des matériaux de la meilleure qualité, et propres à faire un chyle parfait, sont appelés euchymes ; le nom de cacochymes s'applique à ceux qui sont dans des circonstances opposées. Mais on ne doit pas trop s'arrêter à ces divisions : en effet, les aliments qui sont, pour un individu, eupeptes, polychyles et euchymes, ont pour un autre des qualités tout opposées. On doit avoir égard plutôt à l'état de ceux qui font usage des aliments qu'à la nature

même de ces aliments. Au reste, nous convenons qu'il en est de certains qui sont essentiellement mauvais, et qui nuisent à tout le monde.

258. La division la plus usitée des aliments est celle qui les partage en aliments solides et en boissons, et qui établit divers ordres, suivant qu'ils sont tirés des différents règnes de la nature. Les aliments proprement dits sont solides, et pour la plupart de structure fibreuse; ils ont besoin d'être mâchés. Les boissons, au contraire, sont liquides; les unes sont nourrissantes, les autres ne le sont pas. A la première division se rapportent le lait, le bouillon, le vin; la seconde comprend l'alcohol et d'autres liquides. On ne sait pas encore précisément dans laquelle de ces deux classes on doit placer l'eau: elle est nutritive si l'on considère que les poissons, ainsi que s'en est assuré Rondelet, peuvent vivre long-temps dans l'eau pure. Quoi qu'il en soit, on doit avouer qu'on a trop restreint la signification du mot aliment. En effet, si l'on doit désigner ainsi toute substance capable de réparer nos pertes, pourquoi refuserions-nous la propriété nutritive à des matières contenant des principes qui entrent dans notre économie? Il ne paraît donc pas bien prouvé que le règne minéral ne fournisse aucun aliment, excepté toutefois l'eau et le sel marin, comme le veulent quelques uns. Il serait plus

exact de penser que toutes les substances minérales fournissent quelques matériaux à la nutrition. Il semble plus convenable d'adopter l'opinion de Magendie, qui divise les aliments en deux classes, suivant qu'ils sont nutritifs par eux-mêmes, ou qu'ils ont besoin d'être associés à quelques autres.

259. On a proposé encore d'autres divisions des aliments. Hippocrate, dans ses écrits sur le régime, paraît les avoir classés suivant qu'ils étaient plus ou moins nourrissants. En conséquence, il traite d'abord des graines céréales, des légumes et des semences émulsives ; il s'occupe ensuite des quadrupèdes, des oiseaux et des poissons, et finit par traiter des herbes et des fruits : cette division fut adoptée par Galien. Les Arabes distinguèrent les aliments en froids et en chauds, en secs et en humides. Stalh et Lorry ont eu égard à leur composition chimique. Les modernes ont suivi la même direction ; mais, guidés par les principes de la chimie pneumatique, ils ont procédé avec plus d'exactitude. Magendie établit neuf classes d'aliments : ce sont les farineux, les mucilagineux, les sucrés, les acidules ; les substances grasses, caséeuses, gélatineuses, albumineuses et fibrineuses. Aux farineux se rapportent le froment, l'orge, l'avoine, le riz, la pomme de terre, le salep, le sagou, la

châtaigne, les diverses espèces de haricots, et les lentilles. Dans la classe des mucilagineux on place les différents légumes, et notamment la carotte, la poirée, l'asperge, les épinards, les diverses espèces de choux, la laitue cultivée, l'endive, et autres plantes semblables. On range parmi les aliments sucrés les diverses espèces de sucre et les fruits doux; et parmi les acidules, un très grand nombre de fruits, auxquels on doit joindre les citrons, les limons, les cerises aigres, les groseilles blanches et le cassis. Les aliments huileux ou gras comprennent les amandes amères et douces, les avelines, les noix, et le beurre. La classe des aliments caséeux se borne au lait et au fromage; celle des gélatineux, aux jus tirés des diverses parties des animaux ; celle des aliments albumineux contient, entre autres choses, la cervelle et les nerfs; enfin, la chair musculaire et le sang composent la classe des aliments fibrineux.

260. Quelques physiologistes ont pensé, sans aucune preuve, que certains aliments réparaient les solides, tandis que quelques autres renouvelaient les humeurs : or les solides et les liquides sont formés d'éléments tout-à-fait identiques, et le sang contient tous les matériaux nécessaires aux sécrétions et à la nutrition.

261. On doit distinguer dans les aliments deux parties: l'une est nutritive, l'autre ne l'est

pas. On doit observer que des substances qui ne sauraient servir à la nourriture de l'homme sont nourrissantes pour les animaux : cette disposition atteste la prévoyance de la nature. En effet, s'il n'y avait pour tous les animaux qu'une seule et même matière nutritive, elle serait bientôt épuisée ; au contraire, chaque animal ayant sa nourriture propre n'en manque jamais : de plus, une partie des animaux paraissent destinés à servir de pâture aux autres.

262. Hippocrate a dit que l'aliment était tout à la fois unique et multiple. Magendie avoue que ce passage lui paraît obscur : quant à moi, il ne me semble présenter aucune difficulté, et tous les auteurs l'ont interprété de la même manière. Hippocrate a voulu dire que l'acte de la digestion décomposait les aliments, en séparait les matières inertes, et formait du résidu un chyle toujours identique, malgré les différences apparentes ou intimes des substances dont il était le produit. C'est un fait des mieux établis que, quand on prend une quantité suffisante d'aliments, et que les forces vitales sont en bon état, le chyle est parfaitement identique. Mais ces deux conditions sont importantes à considérer : si, en effet, la quantité de matière nutritive est insuffisante, les vaisseaux chylifères peuvent absorber des matières qu'ils rejetteraient dans des

circonstances opposées : il est également croyable
que des changements survenus dans la mesure
de l'incitation peuvent troubler la chylose, et altérer ses produits. Je ne propose d'ailleurs cette
opinion que sous la forme du doute, attendu
qu'elle n'est pas encore démontrée.

263. On a cherché s'il n'existait pas dans les
aliments une matière immédiate qui possédât
seule, et d'une manière constante, la propriété
nutritive. Les avis sont partagés à ce sujet : les
uns ont attribué cette propriété à l'amidon, les
autres au mucilage, d'autres enfin à l'huile.
Dumas regarde comme le principe essentiellement nutritif le corps muqueux qui est fort répandu dans les règnes animal et végétal. Mais,
comme on employait dans différents sens l'expression de corps muqueux avant le temps où
Bostock lui a assigné une signification fixe et pré-
cise, il est difficile de savoir dans quelle acception elle a été prise par ce célèbre physiologiste.
Il s'est trouvé des personnes qui, voyant presque
toutes les substances animales et végétales se
changer en acide oxalique, ont considéré cet
acide comme la base de la matière nutritive ;
d'autres envisagent comme telle une combinaison d'oxygène, d'hydrogène et de carbone.

264. Mais si nous réfléchissons qu'il n'existe
aucune matière immédiate commune à tous les

corps, qu'il n'existe aucune substance qui soit
nutritive de sa nature, nous penserons que la faculté de nourrir existe probablement dans les
matériaux immédiats des corps. Quant à ceux qui
enseignent que la matière nutritive se compose
d'hydrogène et de carbone, ou d'azote, ils n'établissent rien de satisfaisant. En effet, tous les
principes immédiats des corps contiennent les
trois premiers éléments, et l'azote se trouve dans
toutes les substances animales et dans quelques
matières végétales. Ces faits, d'ailleurs, ne con-
tredisent nullement l'opinion que nous avons
émise ailleurs, savoir que l'aliment est à la fois
unique et multiple. Nous avons dit, en effet, que
la digestion avait pour but de tirer des différents
corps les mêmes éléments, et de les séparer des
principes auxquels ils sont unis pour les faire
entrer dans de nouvelles combinaisons. Expli-
quons notre idée : les aliments contiennent des
principes divers ; sous l'influence de la digestion
et de la chylification, ceux qui sont propres à la
nutrition se combinent de manière à former un
chyle toujours identique.

265. Les animaux ont une espèce déterminée
d'aliments, ou du moins sont bornés à un petit
nombre : les uns sont carnivores, les autres her-
bivores ; et ils ne se nourrissent pas indistinctement de toutes les substances du règne animal

ou végétal. Mais la nature s'est montrée plus libérale envers l'homme : en effet, il n'est aucune espèce de plante ou d'animal qui n'ait servi de nourriture à quelque peuple. On a agité la question, bien oiseuse assurément, de savoir si l'homme, d'après le vœu de la nature, doit se nourrir de substances animales. Ceux qui soutiennent la négative font observer que la nourriture animale n'est pas nécessaire, qu'elle est nuisible à la santé, qu'elle rend l'homme féroce, que les peuples anthropophages sont barbares, que les bouchers sont généralement cruels ; c'est pourquoi ils donnent de grands éloges à Pythagore, qui, dans la vue d'inspirer à ses disciples la douceur et la docilité, leur interdit sévèrement l'usage de la viande. Ils ne sauraient croire que cette défense du philosophe de Crotone fût fondée sur la croyance de la métempsychose, puisqu'il a défendu également plusieurs substances tirées du règne végétal. Cette question est cependant facile à résoudre : il ne s'agit pas de démontrer que la nourriture animale soit absolument indispensable à l'entretien de la vie, mais il est certain qu'elle est généralement utile et quelquefois nécessaire. La viande répare les forces des sujets amaigris ; elle fournit un aliment convenable à la vieillesse. Si l'abus de la viande est nuisible, il n'en est pas de même de l'usage modéré. D'ailleurs, ce n'est pas seulement la nourriture animale dont l'abus est suivi de mauvais effets ; il en est de même du vin, des aromates, et d'autres substances fournies par le règne végétal. Il est absolument imaginaire que l'usage de la viande rende les hommes féroces. J'avoue que les peuples anthropophages sont barbares, mais ils ne sont pas barbares parcequ'ils sont anthropophages ; au contraire, ils sont anthropophages parcequ'ils sont barbares. Au reste, je ne saurais admettre qu'on m'oppose l'exemple des peuples qui se nourrissent de chair humaine: nous ne cherchons pas, en effet, s'il est permis de se nourrir de chair humaine, mais si la chair des animaux peut servir à la nourriture de l'homme. Il ne faut pas non plus exagérer la férocité des nations, ni la faire dériver, lorsqu'elle existe, de l'usage de la viande; il serait plus juste de l'attribuer à une éducation vicieuse. Faisons encore une concession : admettons que l'habitude d'égorger les animaux et de verser le sang puisse endurcir le cœur; on ne saurait assurément attribuer ce résultat à l'usage d'une nourriture animale. Ne voyons-nous pas des peuples qui, malgré un usage abondant de viande, se distinguent par les mœurs les plus douces? D'ailleurs, le goût de tous les peuples pour cette nourriture, et même la structure du corps humain, prouvent que l'homme a été destiné par la nature à tirer ses aliments du règne animal comme du règne végétal. En effet, si nous examinons l'appareil digestif, tant chez l'homme que chez les animaux carnivores et frugivores, nous verrons que, chez le premier, il offre une structure qui tient des uns et des autres : comme les carnivores, il a les deux mâchoires garnies de dents, l'estomac de la même forme, le cœcum court et étroit ; enfin des organes digestifs pourvus d'une grande énergie. L'ampleur et la longueur des intestins établissent de l'analogie entre l'homme et les animaux frugivores. On a élevé encore une autre question qui se lie immédiatement avec la précédente ; c'est de savoir lequel, du régime végétal ou du régime animal, est préférable pour le maintien de la santé. La réponse est facile : comme les pertes sont proportionnées aux différentes circonstances de la vie et aux divers états d'incitation, il est évident que ces deux régimes doivent être préférés suivant les cas particuliers. C'est aux auteurs d'hygiène qu'il appartient d'enseigner quel régime convient à chaque individu. Nous dirons, en passant, que la nourriture animale convient aux personnes avancées en âge, et à celles qui ont l'estomac faible. Au contraire, les aliments tirés du règne végétal doivent être recommandés à ceux qui sont dans la fleur de l'âge, et doués d'un bon estomac.

266. D'après Haller, les premiers hommes se sont nourris de végétaux, et c'est seulement après plusieurs siècles que l'usage de la viande s'est introduit. Voici les preuves qu'il donne à l'appui de son opinion : les premiers hommes dont l'histoire soit arrivée jusqu'à nous ont habité le cœur de l'Asie, contrée fertile, où les fruits naissent sans culture ; on ne connaissait point encore l'usage des métaux pour cultiver la terre ; on n'avait pas encore soumis les animaux. La fable, qui souvent renferme des vérités cachées sous le voile de l'allégorie, apprend qu'Hyperborée, fils de Mars, et Prométhée devinrent des objets de haine pour leurs concitoyens, parcequ'ils osèrent les premiers égorger le bœuf, utile à l'homme, dont il sillonne les guérets, et la douce brebis, qui lui donne sa laine pour vêtement et son lait pour nourriture. Il est à croire que, parmi les aliments tirés du règne animal, les poissons ont été les premiers dont on ait fait usage. En effet, les animaux qui témoignent leur douleur par des cris ont dû long-temps détourner de les mettre à mort l'homme dont le cœur n'était pas encore endurci par les passions. Les poissons, au contraire, sont muets, et n'ont jamais pu le fléchir par leurs plaintes. Un grand nombre de peuples sont ichtyophages ; et l'usage de la viande ne date que du déluge, époque

à laquelle les arbres fruitiers, dont l'accroissement est tardif, ne fournirent plus une nourriture suffisante : mais tout cela ne peut être présenté que sous forme de doutes; car, en lisant Homère, nous verrons les héros dépecer un mouton, une chèvre grasse ou un porc, en mettre les chairs à la broche, les assaisonner avec le sel sacré, les servir eux-mêmes, et se livrer à la joie avec leurs compagnons. Nous voyons aussi que l'art de la chasse remonte à l'antiquité la plus reculée; et il est probable qu'on se nourrissait de la chair des animaux tués ainsi. Il n'est pas déraisonnable de penser que, dans les premiers temps, les hommes ne mangèrent point la chair des animaux domestiques, et qu'ils se bornèrent à faire usage de leur lait. Mais, de peur de nous égarer dans les hypothèses, bornons-nous à dire que l'usage de la viande remonte à l'antiquité la plus reculée, et qu'il est commun à tous les peuples.

267. On fait subir aux aliments diverses préparations pour les rendre plus agréables au goût et plus faciles à digérer. Nos aïeux servaient les aliments sans apprêt; l'art culinaire était alors inconnu, et chacun était son propre cuisinier. Achille, ce foudre de guerre, ne dédaignait pas d'embrocher et de faire rôtir lui-même les viandes destinées à ses repas. Peu à peu le luxe des assai-

sonnements s'est introduit : on ne trouva plus
suffisant de faire griller les viandes entourées de
graisse et de les saupoudrer de sel ; il fallut que
l'Océan gémît sous le poids de vaisseaux chargés
d'un nombre infini d'aromates, et qu'on allât
arracher aux terres à peine découvertes des tri-
buts nouveaux pour charmer des palais difficiles
et toujours insatiables. Nous ne voulons pas con-
damner absolument l'usage des assaisonnements;
la Providence nous les a donnés pour nous en
servir : c'est l'abus seul que nous blâmons. Le
meilleur assaisonnement est l'exercice dirigé
dans la vue du bien public. Vous, voluptueux,
que j'entends sans cesse vous plaindre de votre
mauvais appétit, c'est à votre détriment que tour-
nent les mets fournis par la terre, l'onde et les
airs, et l'art des cuisiniers, qui s'épuisent à imaginer de nouveaux assaisonnements. Votre corps
énervé est accablé par la quantité et la variété
des aliments : le laboureur endurci au travail
n'est point jaloux dans sa chaumière du sort qui
vous rend si orgueilleux ; brûlé par le soleil,
couvert de sueur et de poussière, il revient des
champs qu'il a sillonnés, il partage avec sa vertueuse épouse, avec une famille brillante de
santé, un repas fruit de ses travaux, et trouve un
goût exquis au pain dur et grossier, et à l'eau
pure qui jaillit d'un rocher, sans envier les mets

exquis des Lucullus et des Apicius, ni les vins qui ont traversé l'immensité des mers. Mais revenons à notre sujet. On connaît plusieurs manières de préparer les aliments ; le rôtissage est très ancien, ainsi qu'on le voit dans Homère ; c'est aussi une pratique fort ancienne que de faire bouillir les aliments, une foule de monuments l'attestent. Les viandes se mangent presque toujours cuites ; quant aux végétaux, on les fait bouillir ou mariner.

268. On a coutume d'ajouter aux substances alimentaires des condiments : on nomme ainsi tout ce qui est destiné à donner aux mets une saveur agréable. Les condiments ne sont pas essentiellement nutritifs, quoiqu'on ne puisse pas leur refuser la qualité nutritive ; plusieurs la possèdent, et on ne saurait refuser de la reconnaître dans le sucre, le fromage, et d'autres substances du même genre. On divise les condiments en salins, doux, acides, gras et aromatiques. Le sel dont on fait le plus fréquemment usage est l'hydro-chlorate de soude. Aux condiments doux se rapportent le sucre et le miel. Parmi les acides on range le vinaigre, le suc de citron, de limon et le verjus. L'huile, le beurre et la graisse appartiennent à la classe des condiments gras ; enfin celle des aromatiques renferme un grand nombre de végétaux, tels que

la sauge, le persil, le romarin, le thym, le serpolet, le basilic, la marjolaine et le safran ; les semences de carvi, de fenouil, d'anis ; la muscade, la cannelle, le girofle, le poivre noir et blanc, le gingembre, et d'autres végétaux de même genre. Passons maintenant aux boissons.

269. La nature a répandu avec profusion celle qui nous est le plus salutaire. En effet, nous voyons à chaque pas l'eau jaillir des fentes des rochers. Les anciens avaient coutume, avant de bâtir une ville, de constater la bonne qualité des eaux ; si nous consultons l'histoire, nous voyons toujours les villes s'élever dans le voisinage des fleuves. L'eau de fontaine est considérée comme la plus salubre de toutes ; mais on emploie plus souvent l'eau de puits, qui n'a point de mauvaises qualités lorsqu'elle ne renferme point de substances étrangères et qu'elle est fréquemment tirée. On regarde l'eau comme salubre lorsqu'elle est limpide, insipide, inodore, légère, fraîche pendant l'été, et ne laissant rien déposer par l'ébullition.

270. Le vin ne sert pas seulement à étancher la soif, mais encore à relever les forces. Son usage remonte à l'antiquité la plus reculée : les livres saints en attribuent la découverte à Noé ; la Grèce croit être redevable de ce bienfait à Bacchus. Au reste, les peuples auxquels le vin est inconnu

ont cherché des boissons propres à réparer leurs forces abattues et à charmer leurs soucis. Les habitants du Kamtschatka, région voisine du pôle, préparent une liqueur enivrante, par le mélange de la farine avec les tiges de la berce. Maintenant encore les Baskirs cherchent à flatter leur goût par une boisson composée de lait et de fromage. Quant au vin, il nous offre non seulement une boisson convenable dans l'état de santé, mais encore une ressource précieuse pour prévenir et guérir les maladies.

271. Dans les contrées impropres à la culture de la vigne, on a imaginé une liqueur qui rivalise avec le vin : je veux parler de la bière. Des savants pensent que cette boisson fut découverte en Égypte, d'où son usage se répandit au loin. Elle est moins enivrante que le vin.

272. D'après l'Écriture sainte, l'usage du cidre est fort ancien. L'Évangile, en effet, en parlant de saint Jean-Baptiste, dit qu'il ne boira ni vin ni cidre. Cette boisson est une sorte de bière (1) : cette dernière s'obtient par la fermentation des

____

(1) Le cidre a plus d'analogie avec le vin, parcequ'il est comme lui le résultat de la fermentation du suc d'un fruit seulement exprimé. La bière, au contraire, offre une préparation bien plus compliquée : la germination de l'orge, sa torréfaction, sa décoction, et le mélange de diverses substances.

céréales; et le cidre par celle de certains fruits, et notamment des poires : il est à peine connu chez nous. Les liqueurs fermentées fournissent de l'alcohol à la distillation. On se sert encore, pour boisson, de l'eau acidulée avec le vinaigre ou d'autres acides végétaux.

273. La quantité des aliments et des boissons ne saurait être déterminée. Proculus et Maximinus en consommaient vingt livres en un seul repas. Au contraire, Cornaro poussa très loin sa carrière en se bornant à vingt-six onces de pain, d'œufs et de purée. Il est prudent de consulter ses forces, et de ne s'écarter jamais des lois de la tempérance. La même règle doit s'observer pour les boissons en général. L'eau doit être exceptée ; si elle est pure et légère, on peut sans inconvénient en boire en abondance. Quant au vin , il est des personnes qui peuvent en prendre, sans tomber dans l'ivresse, de très grandes quantités ; d'autres au contraire sont étourdies par la moindre dose. Au reste, l'habitude exerce ici une grande influence ; elle établit des différences infinies dans la quantité d'aliments et de boissons que chaque personne peut prendre.

CHAPITRE III.

DE LA MASTICATION.

274. Les animaux portent leur bouche vers leur nourriture, qu'ils saisissent avec leurs mâchoires; un petit nombre, à l'exemple de l'homme, la prennent avec les extrémités antérieures. L'homme, au moyen de ses mains, porte les aliments à sa bouche. Il y a beaucoup d'aliments volumineux et consistants qu'il serait impossible d'avaler, ou qui, parvenus dans l'estomac, ne sauraient être digérés; il est donc nécessaire qu'ils soient brisés et ramollis dans la bouche. Plusieurs parties renfermées dans cette cavité concourent à broyer et à réduire en une pâte propre à la digestion les substances alimentaires.

275. Chez l'homme et chez un très grand nombre d'animaux, la mâchoire supérieure est immobile : disposition nécessaire pour prévenir l'ébranlement du cerveau. La mâchoire inférieure, au contraire, est susceptible de se mouvoir en différents sens, savoir en haut, en bas, et sur les côtés; sa mobilité est encore favorisée par le peu de profondeur de la cavité articulaire et l'in-

terposition d'un fibro-cartilage, et par un grand
nombre de muscles. Le crotaphite la porte en
haut et en arrière ; le masséter, en haut et en
avant ; le ptérygoïdien interne, en dedans ; le
ptérygoïdien externe, en avant et en dehors,
mouvement auquel concourent un peu les zygo-
matiques. La contraction simultanée de tous ces
muscles rapproche la mâchoire supérieure de l'inférieure ; ils sont très forts chez les quadrupèdes,
plus faibles chez l'homme, bien que cependant
ils soient capables d'efforts assez énergiques. Les
lions entament le fer avec leurs dents ; les souris
rongent les métaux. On a vu des hommes soulever avec les dents un poids de trois cents livres.
Haller assure avoir, dans sa jeunesse, brisé avec
ses dents des noyaux assez durs pour résister à
une pression de trois cents livres. Une force semblable était nécessaire pour que la mâchoire inférieure, qui représente un levier du second genre,
pût exécuter des mouvements assez puissants.
La nature n'a point employé le levier du troisième
genre, qui exige beaucoup moins de force, afin
de ne pas donner à nos parties un volume qui
aurait été jusqu'à la difformité. Un grand nombre
de muscles concourent à l'abaissement de la mâchoire inférieure et à l'ouverture de la bouche :
ce sont les digastrique, mylo-hyoïdien, génio-
hyoïdien, sterno-hyoïdien, coraco-hyoïdien, gé-

nio-glosse, et très large du cou. Les dents sont plantées d'une manière solide sur les bords de l'une et de l'autre mâchoire : presque tous les animaux en sont pourvus ; chez l'homme, elles sont nombreuses, très dures et de forme variée. Cette différence dans la force des dents était commandée par les divers degrés de consistance des aliments. Les dents incisives ont une seule racine et une couronne cunéiforme : elles sont destinées uniquement à couper les substances molles et peu résistantes. Les dents canines (1) n'ont de même qu'une seule racine, mais elle est plus longue et plus solide ; elles se terminent en forme de cône : leur usage est de dépecer, de déchirer les corps plus cohérents. Enfin, les dents molaires ont des racines multiples ; une couronne à quatre faces, surmontée d'aspérités solides : elles ont pour but de briser les os, d'écraser les corps durs, et de les broyer au moyen des mouvements latéraux qu'elles exécutent.

276. Les aliments coupés, déchirés, broyés par les dents, sont imprégnés par la salive, liquide dont les sources multipliées attestent l'utilité et l'importance : elle est sécrétée par les glandes parotides maxillaires et sublinguales, qui

---

(1) On a proposé, avec raison, de donner à ces dents le nom de *laniaires*, qui exprime mieux leur usage.

la versent dans la bouche, chacune par un canal
particulier, au moment où elle est nécessaire.
Par une disposition prévoyante de la nature, la
mastication ne peut avoir lieu sans que les glandes salivaires ne soient comprimées et ne versent
dans la bouche le liquide qu'elles sécrètent. La
glande maxillaire est comprimée par les muscles
digastrique et mylo-hyoïdien ; la parotide, par le
masséter et le peaucier ; la sublinguale, par le
génio-glosse. Mais la cause principale de cette
sécrétion c'est l'impression faite sur la bouche
par les aliments, impression qui se propage jusqu'aux glandes le long des canaux salivaires. On
ne saurait déterminer exactement la quantité de
la salive : Nuck l'évalue à douze, et Nicolas à six
onces dans les vingt-quatre heures. Beaucoup
de circonstances peuvent l'augmenter, la diminuer, et même modifier le liquide salivaire. Les
préparations mercurielles en augmentent la sécrétion, et en altèrent la composition. Ce fluide
non seulement sert à ramollir les aliments, il
leur fait encore éprouver une sorte de digestion. C'est ce que prouve évidemment l'histoire
rapportée par Boerhaave : ce médecin célèbre
fut appelé près d'un homme tombé dans le marasme ; et, ayant examiné attentivement toutes
les causes qui avaient pu produire la maladie,
il resta persuadé qu'elle était due à l'habitude de

cracher trop souvent la salive. Il prescrivit donc au malade d'avaler ce liquide , et la guérison fut le prix de son obéissance. Des physiologistes distingués prétendent que la salive doit cette propriété à l'oxygène, qu'elle absorbe très avidement. En accordant quelque chose à cette explication, nous dirons qu'on lui a peut-être donné trop d'importance. En effet , la salive avalée au moment même de son excrétion , et n'ayant pas pu absorber d'oxygène, sert à la digestion stomacale. Outre ces usages, la salive favorise la déglutition.

277. L'aliment broyé par les dents , imprégné par la salive , est promené dans la cavité buccale par la langue, les joues et les lèvres, qui le poussent sous les arcades dentaires. Le muscle élévateur de la lèvre supérieure porte cette lèvre en haut et en dehors, et l'applique sur la narine, qu'elle bouche ; l'élévateur de l'aile du nez et de la lèvre supérieure élève cette lèvre, et ouvre la bouche ; l'élévateur propre de la lèvre supérieure élève aussi cette lèvre, et la porte en dehors. Le grand zygomatique tire en haut, et vers le côté, la commissure des lèvres ; le petit zygomatique concourt à la même action que le supérieur, mais il ne meut que la lèvre supérieure. L'élévateur commun des lèvres rapproche ces parties, et ferme la bouche : le triangulaire les écarte ,

et ouvre cette cavité ; le carré, d'après sa fonction , est appelé abaisseur de la lèvre inférieure. L'élévateur du menton élève la lèvre inférieure. Le buccinateur resserre les joues, et chasse les matières qui y sont contenues. L'orbiculaire ferme la bouche. La langue, tantôt aplatie, reçoit les aliments, et les porte dans les endroits convenables ; tantôt contractée, elle parcourt avec sa pointe les anfractuosités de la bouche pour y recueillir les particules d'aliments ; elle opère la succion, en s'appliquant aux dents et en se portant alternativement en arrière ; enfin elle conduit dans le pharynx les liquides et le bol alimentaire. Les muscles de la langue sont nombreux ; ceux qui la portent en arrière, en abaissant l'os hyoïde, sont les sterno-hyoïdiens, sterno-thyroïdiens, coraco-hyoïdiens, et hyo-thyroïdiens : elle est portée en haut par les stylo-glosses, stylo-hyoïdiens, mylo-hyoïdiens, et génio-hyoïdiens ; les kérato-glosses et génio-glosses servent à l'étendre, et les stylo-glosses à la creuser en forme de gouttière.

CHAPITRE IV.

DE LA DÉGLUTITION.

278. La langue, élevée par les muscles stylo-glosses, s'applique au palais, et pousse vers le gosier le bol alimentaire ; les mêmes muscles, aidés des stylo-hyoïdiens et des digastriques, la tirent en arrière ; l'épiglotte est poussée dans le même sens. Pendant ce temps, les muscles moteurs du larynx concourent à la même action. Les muscles digastriques, génio-hyoïdiens, génio-glosses, stylo-hyoïdiens, stylo-glosses et stylo-pharyngiens, portent le larynx en haut et en avant, afin d'abaisser l'épiglotte et de former une espèce de pont qui, en couvrant la glotte, empêche les aliments de pénétrer dans cette ouverture. D'autres muscles encore concourent à la déglutition : les muscles ptérigoïdiens internes élèvent le voile du palais, les ptérigoïdiens externes le tendent transversalement ; les pharyngo-staphylins, les glosso-staphylins, le portent en bas. Les aliments, après avoir dépassé l'isthme du gosier, arrivent dans le pharynx, qui est mû par plusieurs muscles. Il est dilaté et porté en

haut par les muscles stylo-pharyngiens, thyro-palatins, et salpingo-pharyngiens. Trois muscles constricteurs, agissant l'un après l'autre, concourent à le resserrer. Ses mouvements sont encore favorisés par les muscles abaisseurs du pharynx. Les coraco-hyoïdiens, sterno-hyoïdiens et sterno-thyroïdiens, en tirant le larynx en bas et en arrière, pressent le pharynx, poussent en bas le bol alimentaire, et le font pénétrer dans l'œsophage. La déglutition est favorisée par le mucus que sécrètent des glandes nombreuses, et disséminées dans le gosier et dans l'œsophage. Les principales sont les tonsilles, qui, situées entre les muscles glosso-palatins et pharyngo-palatins, fournissent en abondance un liquide propre à lubrifier les surfaces. La salive, ainsi que nous l'avons dit plus haut, concourt à la déglutition. Magendie fait remarquer avec beaucoup de raison que cette fonction ne saurait s'exécuter sans humidité ; en effet, si les aliments étaient tout-à-fait secs, ils épuiseraient la salive et le mucus, et ne pourraient être avalés qu'avec peine, si les boissons ne venaient suppléer au défaut de ces humeurs.

279. Nous avons dit que l'épiglotte, pendant le passage des aliments, formait une espèce de pont. Les physiologistes l'avaient considéré comme destiné à empêcher les aliments de pénétrer dans

le larynx pendant la déglutition. Mais Magendie a démontré, par des expériences, que la destruction de l'épiglotte n'était pas un obstacle à la déglutition ; il pense que la glotte est alors fermée par les muscles ary-aryténoïdiens, qui empêchent les aliments de pénétrer en aucune manière dans les voies aériennes. Je ne nierai point que la trachée-artère soit douée d'un mode d'incitabilité tel qu'elle repousse toute espèce de stimulant autre que l'air : j'accorderai encore qu'après la destruction de l'épiglotte, le canal aérien, tourmenté par un excitant avec lequel il n'est pas en rapport, sollicite, de la part des muscles qui garnissent son orifice, des contractions énergiques ; mais il ne s'ensuit pas de là que, quand l'épiglotte existe, les choses se passent ainsi, puisque l'abaissement de ce cartilage empêche les aliments d'aller irriter le canal aérien.

280. Aussitôt que le bol alimentaire arrive à l'œsophage, il y développe un mouvement péristaltique, au moyen duquel il est porté dans l'estomac. La pesanteur paraît être pour peu de chose dans ce phénomène ; en effet, on voit des danseurs de corde avaler ayant la tête en bas. Le passage des aliments du gosier à l'estomac n'est pas très rapide. Magendie a observé qu'il avait duré quelquefois jusqu'à trois minutes, et que, dans d'autres cas, le bol alimentaire restait assez

long-temps arrêté dans l'œsophage, canal dont les mouvements sont soustraits à l'empire de la volonté.

281. La déglutition des liquides s'exécute plus difficilement. Pour qu'elle ait lieu, il faut que les lèvres soient rapprochées et serrées ; que la tête soit inclinée en arrière ; que la langue s'applique aux dents incisives et au palais, puis qu'elle soit retirée vers le pharynx. Toute lésion de l'appareil de la déglutition trouble ou empêche totalement celle des liquides ; souvent même une cause morbide la rend tout-à-fait impossible, lorsque celle des solides s'exécute encore.

CHAPITRE V.

DE LA CHYMOSE, OU DIGESTION STOMACALE.

282. Les aliments parviennent à l'estomac ; alors l'orifice supérieur du viscère se resserre à un tel point que, chez l'homme sain, les vapeurs même ne peuvent s'en échapper. On ne peut pas dissimuler que Magendie ne considère ce fait comme douteux ; il pense que le mouvement vermiculaire de l'œsophage empêche les aliments

de remonter dans sa cavité. Il rapporte, comme preuve à l'appui de son opinion, des expériences faites sur les animaux. Après avoir, chez un chien, ouvert les parois abdominales, et mis l'estomac à découvert, il comprima ce viscère rempli d'aliments pour les faire refluer dans l'œsophage. Tant que la contraction persistait, ses efforts étaient vains ; mais, lorsqu'elle venait à cesser, les aliments passaient presque spontanément dans l'œsophage. Le pylore s'oppose à ce que les substances alimentaires ne passent trop vite dans les intestins. Chez les animaux vivants, que l'estomac soit plein ou vide, le pylore se présente constamment fermé par la contraction des fibres circulaires qui le ceignent en forme d'anneau. Il laisse passer les aliments digérés, s'oppose à la sortie de ceux qui ne le sont pas. Mais les corps réfractaires à l'action des organes digestifs, tels sont les petits os, les pièces de monnaie, sont d'abord repoussés par le pylore ; mais peu à peu il s'accoutume à leur contact, et finit, au bout de quelques jours, par leur permettre de passer dans le duodénum. Ainsi les aliments séjournent pendant quelque temps dans l'estomac, et s'y convertissent peu à peu en une sorte de bouillie qu'on appelle *chyme*.

283. Magendie a fait, pour découvrir la manière dont s'opère la chymose, des expériences

dont voici les résultats : le chyme est de différente nature, suivant le genre des aliments. Les substances animales sont celles dont la digestion est la plus facile et la plus parfaite. Il est des substances végétales qui sont évacuées presque sans avoir subi aucune altération. Le chyme s'élabore principalement dans la portion pylorique de l'estomac, et de la surface au centre de la masse alimentaire. Quelle que soit la nature des substances ingérées, le chyme a une odeur et une saveur acides ; il rougit la teinture de tournesol; il ne contient que peu ou point de gaz. Le chyme s'accumule peu du côté du pylore, mais la portion pylorique de l'estomac par des contractions le pousse vers son extrémité cardiaque. Les aliments se digèrent d'autant plus facilement qu'ils ont été mieux broyés. On doit cependant avoir égard et à la nature des substances alimentaires, et aux forces de l'estomac. Le temps nécessaire pour la digestion est d'environ quatre heures.

284. On a émis diverses opinions sur la modification que les aliments éprouvaient dans l'estomac. Hippocrate et Platon ont enseigné qu'ils subissaient une coction déterminée par la violente chaleur de l'estomac. Érasistrate pense qu'ils sont pétris par les contractions énergiques de ce viscère. Plistonicus, disciple de Praxagore, a fait con-

sister la digestion dans une putréfaction des aliments; Van Helmont et Sylvius l'ont attribuée à
la fermentation. Les médecins mathématiciens, au
premier rang desquels se placent Hecquet et Pit-
cairn, ont calculé la force de pression de l'estomac;
mais ils l'ont sans doute exagérée en l'évaluant à
quatre fois celle du cœur. D'autres, avec Haller,
ont soutenu l'opinion de la macération. Drack
veut que l'air avalé avec les aliments soit l'agent
de la digestion. Stahl croit que c'est la salive.
Quant à Spallanzani, il ne voit dans cette opération qu'une dissolution des aliments dans le suc
gastrique. Cette humeur est exhalée par les vaisseaux qui rampent dans l'épaisseur des membranes de l'estomac; on ne peut presque jamais
se le procurer pur, il est le plus souvent mêlé de
substances alimentaires. Récemment Montègre en
a nié ouvertement l'existence. Il pense que le
liquide contenu dans l'estomac n'est autre chose
que de la salive mêlée d'un peu de bile qui a re-
flué du duodénum. Mais la salive combinée avec
la bile, en quelque proportion que ce soit, ne fera
jamais un liquide semblable au suc gastrique
décrit par les auteurs; aussi l'opinion de Montègre a-t-elle encore besoin de preuves. En effet,
Réaumur, Spallanzani, Jurine, Carminati,
Boggia, ont démontré par tant d'expériences sur
les animaux la présence et jusqu'à un certain

point la nature du suc gastrique, que c'est se ha-
sarder beaucoup de la révoquer en doute. Dumas
ne nie point les propriétés dissolvantes du suc
gastrique, mais il blâme Spallanzani, de n'avoir
tenu aucun compte des propriétés vitales. Il a fait
plusieurs expériences pour combattre l'opinion
du professeur de Pavie. Il fit avaler à un chien
qui était à jeun depuis douze heures de petites
éponges auxquelles un fil était attaché, les ayant
retirées au bout de cinq heures, il obtint en les
exprimant deux onces de suc gastrique. Le lendemain il donna à l'animal, qu'il avait fait jeûner
pendant un temps égal, des éponges imbibées
d'une solution d'opium; ce narcotique produisit
des vertiges, des cris plaintifs, des sueurs, des
palpitations, du tremblement, de l'assoupissement; les éponges, retirées au bout de cinq heures, donnèrent à peine quelques gouttes de suc
gastrique. Dumas conclut de là que l'opium affaiblit le système nerveux et diminue la sécrétion du suc gastrique. Peu de jours après il fit
des expériences opposées : il fit prendre à un animal une petite dose d'ammoniaque, et lui fit
avaler en même temps des éponges, qui, retirées
au bout de cinq heures, fournirent trois onces de
suc gastrique. Il conclut de ce fait que l'ammoniaque excite le système nerveux et active la sécrétion du suc gastrique. Dans d'autres expé-

riences, il a vu cette sécrétion diminuée par les acides et l'alcohol, et augmentée par le tartrate antimonié de potasse et le sublimé corrosif; elle est ralentie par tout ce qui produit de la douleur, et supprimée brusquement par la ligature ou la section des nerfs de la huitième paire. De tous ces faits il lui semble résulter que les forces vitales doivent contribuer pour la plus grande partie à l'accomplissement de la digestion.

285. Nous avons à examiner maintenant d'autres opinions, et d'abord celle de savoir si la digestion peut être confondue avec une cuisson physique, indépendamment de ce que la température animale n'est pas assez élevée pour opérer la cuisson des aliments, le chyme n'a aucune ressemblance avec les substances soumises à l'action du feu. Il faut avertir ici que les auteurs de médecine désignent souvent la digestion par le mot de *concoctio*. Sans disputer sur la valeur des mots, nous voulons seulement empêcher de confondre la modification que l'estomac fait subir aux aliments avec celle que le feu leur imprime dans des vases inertes. La fermentation peut avoir lieu à une température assez basse, et pendant cette opération il se dégage des fluides élastiques. Dans l'estomac la chaleur est plus considérable qu'il ne faut pour produire ce dégagement, et cependant il n'a pas lieu hors le cas de

maladie ; d'ailleurs le chyle ne ressemble en rien aux produits de la fermentation. Les aliments séjournent trop peu dans l'estomac pour s'y putréfier ; de plus, il ne se manifeste ni ammoniaque ni aucun autre produit de la putréfaction, à laquelle s'oppose le suc gastrique, ainsi que l'a prouvé Spallanzani ; enfin les aliments putrides provoquent le vomissement : en conséquence, la digestion des aliments ne consiste pas dans la putréfaction. Les parois de l'estomac ne sont pas pourvues d'une force suffisante pour broyer les aliments, et les substances broyées ne changent point de nature ; il en est de même de celles qui sont soumises à la macération : le chyme, au contraire, est tout-à-fait différent des substances ingérées. C'est par ces observations que Spallanzani a été conduit à faire dériver la digestion de l'action du suc gastrique. C'est en effet ce qui semble positivement démontré ; car des aliments enfermés dans de petits tubes percés de trous sont digérés lorsqu'ils sont introduits dans l'estomac, et ceux qu'on fait macérer dans le suc gastrique pris sur un animal vivant au moyen d'éponges, ainsi que l'a fait Dumas, sont bientôt convertis en une bouillie très analogue au chyme. Mais l'illustre observateur paraît avoir été trop loin. En effet, on ne saurait sans erreur comparer rigoureusement l'estomac à un réservoir destiné uniquement à sécréter le suc gastrique et à contenir les aliments dans sa cavité pendant quelque temps. S'il en était ainsi, dans quel but la nature aurait-elle pourvu cet organe de plusieurs plans de fibres musculaires? Pourquoi aurait-elle donné au système nerveux une si grande influence sur lui? Il est donc évident que les forces vitales jouent le principal rôle dans la digestion des aliments. Cependant toutes les preuves fournies par Dumas ne sont pas également admissibles. D'abord je ne vois pas pourquoi il attribue à l'opium la propriété de diminuer la sécrétion du suc gastrique parcequ'il affaiblit l'action du système nerveux. La propriété stimulante de ce médicament est mise hors de doute par l'analogie de ses effets avec ceux du vin, par l'usage fréquent qu'en font les Turcs pour relever leurs forces, enfin par son utilité dans les maladies qui sont entretenues par la faiblesse. Nous accordons que l'opium peut troubler la digestion et diminuer la sécrétion du suc gastrique, mais il ne s'ensuit pas de là que l'opium ait pour effet naturel de briser les forces du système nerveux et de diminuer les sécrétions. En effet, pour que les fonctions s'exécutent convenablement, il faut une excitation modérée; tout ce qui change cet état, soit en plus, soit en moins, trouble souvent leur exercice. En conséquence, si l'opium arrête la sécrétion du suc gastrique, s'il paraît suspendre l'influx nerveux, ces effets tiennent à ce qu'il est trop excitant. Assurément, si l'estomac est dans un état de faiblesse, l'opium, en relevant les forces, activera la sécrétion du suc gastrique, et facilitera la digestion. L'opium dirige son action sur le cerveau ; mais, comme nous l'avons vu, une loi de l'économie animale veut que, quand les forces vitales sont augmentées dans une partie, elles restent inactives et comme engourdies dans les autres ; donc, lorsque l'action du cerveau est excitée, il faut nécessairement que l'estomac soit dans le repos. Dumas ajoute que l'ammoniaque augmente la sécrétion du suc gastrique ; que le tartrate de potasse antimonié et le sublimé corrosif font le même effet ; qu'au contraire les acides, l'alcohol, et toutes les irritations douloureuses, diminuaient cette sécrétion. Mais on voit, d'après les remarques précédentes, ce qu'on doit penser de ces opinions. Il n'est rien qui soit essentiellement propre à augmenter ou à diminuer la sécrétion du suc gastrique ; cette fonction peut être troublée ou suspendue par excès ou par défaut d'excitation. C'est pourquoi, suivant les divers états des forces vitales, la même substance ou des substances diverses peuvent produire le même effet. D'ailleurs je ne saurais accorder à Dumas que l'opium et l'ammoniaque, les acides et l'alcohol, ont les mêmes propriétés. L'opium et l'ammoniaque sont deux stimulants, bien que le premier exerce son action d'une manière spéciale sur le cerveau, tandis que l'autre étend la sienne à toute l'économie. Les acides, au moins les acides végétaux, sont débilitants ; telle est au moins l'opinion des anciens, opinion consacrée par l'expérience et l'observation. Au contraire, l'alcohol est un excitant énergique. D'ailleurs les preuves fournies par Dumas ne sont pas suffisantes pour détruire l'opinion de Spallanzani ; en effet, si nous admettons que le système nerveux reçoit une impression différente de la part des différentes substances ingérées, impression capable d'activer ou de diminuer la sécrétion du suc gastrique ; que la digestion peut en être accélérée ou retardée, il est évident que la transformation dépend du suc gastrique, et que les autres circonstances n'ont pour but que la préparation de cette liqueur dissolvante. Mais il est clair aussi qu'on doit beaucoup accorder aux forces vitales, puisqu'on voit les affections de l'âme troubler subitement la digestion. Supposez un homme au milieu d'un repas, qu'au moment où il se livre avec ses amis à la joie et aux plaisirs de la table, il apprenne qu'une mort inopinée vient de lui ravir à la fleur de l'âge son fils unique, l'action de l'estomac est aussitôt arrêtée. Cependant une grande quantité de suc gastrique avait déjà été sécrétée ; si ce liquide accomplissait à lui seul la digestion , pourquoi serait-elle arrêtée ? concluons donc que le suc gastrique contribue à la digestion , mais que dans cette opération la part principale doit être accordée aux forces de la vie ; que l'état des forces digestives est intimement lié à celui du système nerveux en général , mais qu'il recevait une influence évidente et directe de la part des nerfs de la huitième paire.

286. Pendant le travail de la digestion les propriétés vitales sont activées, surtout dans l'estomac : les autres parties sont dans l'inertie ; quelquefois même il s'y manifeste de la douleur. L'homme en santé n'éprouve aucune incommodité ; seulement il sent une disposition au sommeil, qui n'a rien de pénible ; les sens externes ont moins d'activité. Mais celui qui a l'estomac faible ou qui relève d'une maladie ressent des frissons qui bientôt sont suivis de chaleur à la paume des mains et de douleur à la tête. On suppose que le sommeil qui survient pendant la digestion est dû à la pression exercée sur l'aorte par l'estomac ; cette opinion est dépourvue de fondement : en effet, l'estomac rempli éprouve un déplacement tel que sa petite courbure regarde l'aorte , sur laquelle par conséquent il

n'exerce aucune pression. Autrement on observerait au lieu du sommeil naturel un assoupissement morbide. Lorsque ce viscère n'est pas rempli d'aliments outre mesure, on ne sent aucune incommodité. Il est donc plus naturel de penser que le cerveau est dans l'inaction, parceque l'activité de l'estomac est augmentée. Lorsque la digestion est achevée, toutes les fonctions s'exécutent avec plus d'énergie.

CHAPITRE VI.

DE LA CHYLOSE, OU DIGESTION INTESTINALE.

287. A mesure que les aliments sont digérés, les contractions de l'estomac les poussent vers le pylore, à travers lequel ils pénètrent dans le duodénum ; ceux qui n'ont pas subi une modification suffisante sont repoussés. Il s'opère dans les intestins une nouvelle digestion, qu'on nomme duodénale. Mais comme elle a lieu non seulement dans le duodénum, mais encore dans les autres intestins, et notamment dans les intestins grêles, il paraît plus convenable de la nommer intestinale ; et comme l'action des intestins a pour but de séparer le chyle des matières ex-

crémentitielles, on pourrait appeler cette opération chylose ou chylification. Quoi qu'il en soit,
il est reconnu que la digestion intestinale s'opère
spécialement dans le duodénum. Elle est favorisée par la bile et le suc pancréatique; mais elle
doit être rapportée principalement aux propriétés
vitales dont sont pourvus les intestins. Dans la
première portion du duodénum, le chyme paraît conserver sa nature; mais lorsqu'il est arrivé
à l'endroit où s'ouvrent les conduits cholédoque
et pancréatique, il subit un changement, il
prend une couleur jaunâtre et une saveur amère.
Si l'on a pris des aliments gras ou huileux, on
observe à sa surface des filaments irréguliers, tantôt ronds et tantôt aplatis. Il se présente aussi sous
la forme d'une couche de couleur cendrée, et
d'une densité variable qui adhère à la membrane
muqueuse. Arrivé à la troisième partie du duodénum, le changement est encore plus notable; la
densité du chyme augmente; sa couleur jaune
devient plus foncée, et va quelquefois jusqu'au
vert noir. A mesure qu'il avance dans le canal
intestinal, et que les vaisseaux lymphatiques en
absorbent le chyle, le chyme change tout-à-fait de
nature; et lorsqu'il est parvenu aux gros intestins,
il paraît privé de presque tout le chyle qu'il contenait. Mais ces intestins eux-mêmes ont des
vaisseaux lymphatiques capables de pomper les

portions de chyle qui peuvent y rester. C'est ce que prouvent très bien les lavements nourrissants, au moyen desquels on entretient la vie pendant quelque temps lorsqu'une maladie empêche la déglutition. Pendant la chylose, il se développe communément dans les intestins grêles des fluides élastiques. C'est Jurine qui le premier en a examiné la nature. Récemment Magendie et Chevreul ont fourni sur ce point de nouvelles lumières : ils ont fait leurs observations sur des condamnés jeunes et vigoureux, et ils ont trouvé constamment des gaz acide carbonique, hydrogène et azote, en proportion variable. Chez un jeune homme de vingt-quatre ans, qui, une heure avant sa mort, avait mangé du pain et du fromage, et avait bu beaucoup d'eau rougie, on trouva de gaz acide carbonique 24,39; de gaz hydrogène, 55,53; de gaz azote, 20,68. Chez un autre sujet âgé de vingt-trois ans, qui avait fait usage des mêmes aliments, on recueillit de gaz acide carbonique 40,00; de gaz hydrogène, 51,15; de gaz azote, 8,85. Chez un troisième, âgé de vingt-huit ans, après un repas composé de pain, de bœuf, de lentilles et de vin rouge, les intestins contenaient de gaz acide carbonique 25,00; de gaz hydrogène, 8,40; d'azote, 66,60. Ces fluides élastiques passent-ils de l'estomac dans les intestins avec le chyle ? sont-ils exhalés par la membrane muqueuse, ou bien sont-ils le résultat de l'action réciproque des matières contenues dans les intestins? Magendie accorde quelque chose à chacune de ces causes ; mais il pense avec raison que la troisième contribue le plus à produire ce phénomène. En effet, les gaz qui se développent quelquefois dans l'estomac contiennent un peu d'oxygène, et sont évacués par les voies supérieures. On peut croire que le gaz acide carbonique est exhalé par la membrane muqueuse intestinale, comme il l'est par les poumons et par la peau ; mais il serait impossible de prouver cette exhalation pour le gaz hydrogène.

288. Le chyle, dépouillé de la plus grande partie du chyme qu'il contenait, est poussé vers l'intestin cœcum, dans lequel il pénètre après avoir traversé la valvule de Bauhin. Cette valvule est disposée de manière qu'elle permet aux matières de passer des intestins grêles dans les gros intestins, et qu'elle s'oppose à leur retour. Cependant quelques maladies intervertissent la fonction de cette valvule. Dans l'affection appelée passion iliaque, on voit les malheureux malades vomir les matières fécales et même les lavements. Les substances alimentaires restent quelque temps dans le cœcum ; bientôt le mouvement péristaltique les fait cheminer le long des

intestins et parvenir jusqu'au rectum. La longueur du canal intestinal est telle que toute la substance nutritive des aliments puisse en être extraite. Ils font un séjour plus long dans le rectum : dès qu'ils ont dépassé la valvule, ils prennent les caractères des matières fécales; ils acquièrent une couleur blanche, une densité plus considérable, et une odeur fétide. On observe dans les substances excrémentitielles des formes très variées. suivant la nature des aliments, et suivant les différents degrés d'excitation. Il se développe aussi des fluides élastiques dans les gros intestins. Magendie et Chevreul en ont constaté la nature par des expériences : ils ont trouvé, chez un homme, de gaz acide carbonique 43,50; de gaz hydrogène carburé et sulfuré, 5,48; de gaz azote, 51,03. Chez un autre, ils ont recueilli de gaz acide carbonique 70,00; de gaz hydrogène, soit pur. soit carburé, 11,06; de gaz azote, 18,04. Chez un troisième, ils ont examiné séparément les fluides élastiques contenus dans le cœcum et dans le rectum. Le cœcum renfermait de gaz acide carbonique 12,50; de gaz hydrogène pur, 7,50; de gaz hydrogène carburé, 12,50; de gaz azote, 67,50. Le rectum présenta de gaz acide carbonique 41,86; de gaz hydrogène carburé, 11,18; de gaz azote, 45,96. Jurine avait annoncé que la proportion d'azote allait en

décroissant depuis l'estomac jusqu'au rectum.
Cette opinion a été contredite par des physiologistes distingués. Il résulte de ce qui vient d'être
dit que les gros intestins ne contiennent pas
de gaz oxygène non plus que les intestins grêles ;
que, dans ces derniers, on trouve de l'hydrogène pur, tandis que, dans les gros intestins, il
est carburé et quelquefois même sulfuré ; qu'enfin le gaz azote se rencontre le plus souvent en
grande proportion dans les gros intestins.

289. Lorsque les matières fécales, tant par leur
masse que par leur âcreté, déterminent de l'irritation, elles font naître une sensation pénible qui avertit de la nécessité de s'en débarrasser.
Un grand nombre de parties concourent à leur
expulsion : ce sont le diaphragme et les muscles
abdominaux, le rectum, par leurs contractions, et
les sphincters par leur relâchement. Aussitôt que
les excréments sont évacués, le rectum est retiré
en haut par les muscles releveurs de l'anus ; les
sphincters se resserrent, et l'anus se ferme.

290. Le chyle est absorbé par les vaisseaux
lymphatiques ; c'est de là qu'on le retire pour
les expériences. Si l'on donne des aliments à un
animal, et qu'au bout de trois heures on l'étran-
gle ou qu'on lui coupe la moelle de l'épine derrière
l'occipitale ; si l'on ouvre la poitrine dans toute
son étendue, et qu'on lie, auprès du cou, l'aorte.

l'œsophage et le canal thorachique, après avoir
brisé les côtes gauches, on voit le canal thorachique accolé à l'œsophage : qu'on isole la partie supérieure de ce canal ; qu'on l'essuie, et qu'après
l'avoir essuyé on l'ouvre, et qu'on recueille le
liquide dans un vase. Dupuytren, Vauquelin,
Emmert et Marcet ont donné l'analyse du chyle :
ce liquide exposé à l'air se coagule promptement et se sépare en trois parties : la première
est liquide et transparente ; la seconde blanche,
solide, fibrineuse, gagne le fond du vase ; la
troisième forme une couche très mince qui nage
à la surface du liquide ; l'action du calorique produit le même effet. Le chyle est d'une pesanteur
spécifique intermédiaire à celle de l'eau distillée
et à celle du sang : il contient de l'eau, de
l'albumine, un peu de fibrine, une matière
odorante, différents sels neutres qui se trouvent aussi dans le sang. On avait dit que le
chyle offrait la teinte des substances colorantes
qu'on avait mêlées aux aliments ; Haller ni
Magendie n'ont rien observé de semblable. Ce
dernier, après avoir donné à des animaux de
la garance mêlée avec leurs aliments, a trouvé
le chyle d'une blancheur parfaite. Les anciens
avaient assimilé ce liquide au lait, et avaient en
conséquence appelé les vaisseaux qui le charrient vaisseaux lactés ; cependant, excepté la

couleur, ces deux liquides n'ont rien de commun entre eux.

291. Les matières fécales ont une odeur plus ou moins fétide ; leur couleur et leur densité sont variables. Si, après les avoir délayées dans de l'eau, on les fait passer à travers un filtre, il reste une matière qui, desséchée, présente quelques restes d'aliments ; le liquide abandonné à lui-même laisse déposer une matière filante d'un jaune vert qu'on peut en séparer par le moyen du filtre. Elle est composée, d'après Berzelius, d'une matière grasse analogue à la résine de la bile, et qu'on obtient pure en la traitant par l'alcohol ; d'une matière jaunâtre soluble dans l'eau, et que ce chimiste assimile à la gélatine, mais que Thompson considère comme du mucus, ou du moins comme en contenant une très grande proportion. Elle est soluble dans l'eau et insoluble dans l'alcohol ; elle trouble la solution de gélatine, mais sans précipité. L'acétate de plomb y fait naître un précipité blanc abondant, sans ôter la couleur jaune du liquide. Elle se putréfie très promptement en exhalant une odeur d'urine pourrie. Enfin, il reste une matière insoluble dans l'eau et dans l'alcohol, et qui par l'incinération donne de la silice et du phosphate de potasse. Si le liquide après avoir été filtré est exposé à l'air, il prend peu à peu une couleur noire.

18.

Par l'évaporation, il s'y forme de petits cristaux transparents qui paraissent être du phosphate ammoniaco-magnésien. La solution contient de l'albumine, de la soude et de la matière résineuse de la bile. L'incinération du résidu fournit quelques traces de soude et du phosphate calcaire; on y découvre aussi du carbonate, du sulfate, et de l'hydro-chlorate de soude.

CHAPITRE VII.

DE L'ABSORPTION.

292. Le chyle est absorbé par des vaisseaux qui, nés à la surface des intestins, ramifiés dans les replis du mésentère, traversent les glandes conglobées, finissent par se rendre dans le canal thoracique. Les vaisseaux chylifères appartiennent bien évidemment aux vaisseaux lymphatiques ; en effet, hors le temps de la digestion, ils absorbent d'autres liquides que le chyle : c'est pourquoi, comme l'absorption du chyle se fait par les mêmes forces que celles qui président à l'absorption des autres humeurs dans toutes les parties du corps, nous avons trouvé convenable de traiter ici de l'absorption en général.

293. Ce que nous avons dit en traitant des propriétés du système lymphatique a démontré que l'absorption est tout-à-fait sous l'empire des lois de la vie, et ne peut nullement être assimilée à l'action des tubes capillaires.

294. L'absorption se divise en trois genres, suivant qu'elle est extérieure, intérieure ou interstitielle : la première a lieu à la circonférence du corps, la seconde dans les cavités ; enfin, Hunter a donné le nom d'interstitielle à celle qui s'opère dans la profondeur des parties, et qui préside à leur décomposition.

295. L'absorption présente des différences remarquables, suivant les divers excitants qui agissent sur nos organes ; ce qui prouve qu'elle est tout-à-fait soustraite à l'influence des lois physiques. Elle est plus active chez les enfants que chez les adultes, et chez les femmes que chez les hommes ; elle paraît aussi plus énergique pendant le sommeil et au moment du réveil : cela fait conclure à Richerand qu'on est alors plus accessible aux miasmes contagieux ; il admet aussi que l'absorption de ces miasmes est favorisée par l'accroissement de sensibilité du système nerveux.

296. L'absorption extérieure paraît moins active que les deux autres ; souvent elle est suspendue. L'épiderme modère , jusqu'à certain point,

l'absorption cutanée : cependant elle continue toujours à s'exercer plus ou moins, comme le prouvent l'augmentation du poids du corps après une promenade dans un lieu humide, la tuméfaction des glandes inguinales après un bain de pieds chaud, l'action interne de médicaments appliqués au dehors. L'absorption intérieure s'opère très rapidement ; les expériences des modernes le démontrent : on a vu une pinte d'eau tiède introduite dans l'abdomen d'un chien ou d'un chevreau être absorbée dans l'espace d'une heure. L'absorption est encore accélérée lorsqu'on injecte de la bile : Dupuytren a vu deux onces de ce liquide disparaître instantanément.

297. De notre temps, des physiologistes très distingués, à la tête desquels se place Darwin, pensent que les vaisseaux lymphatiques sont capables d'un mouvement inverse, en vertu duquel ils font passer les humeurs absorbées, ou la lymphe, des gros troncs dans les petits. Examinons les preuves à l'appui de cette doctrine. L'urine est rendue peu de temps après les ingestions des boissons ; ce phénomène a fait conclure à beaucoup d'auteurs qu'il existait une communication directe entre l'estomac et la vessie urinaire : cette opinion n'est pas nouvelle. Arétée a pensé qu'il existait une communication entre le foie et les reins. Frankenaw, Kratzen-

stein et Berger avaient attribué à la vessie la propriété d'attirer à elle les boissons, au moyen de conduits inorganiques tellement disposés qu'ils permettraient l'entrée des liquides dans la vessie et s'opposeraient à leur sortie. Diemerbroeck parle d'un tronc lymphatique s'ouvrant dans la veine rénale. Bartholin a pensé qu'il y avait, entre l'estomac, les intestins et les reins, une communication établie au moyen de vaisseaux lactés qui s'étendaient au plexus lombaire et aux reins. Winslow dit qu'il existe, près des vertèbres lombaires, un canal qui fait communiquer l'estomac avec la vessie. Valentin et Fabrice de Hildan racontent que des corps étrangers sont arrivés dans la vessie, et ils pensent que ces corps n'ont pu y arriver par les voies de la circulation. Dernièrement, enfin, Darwin a soutenu l'existence d'une communication entre l'estomac et la vessie, entre ce viscère et les intestins, au moyen de vaisseaux lymphatiques doués d'un mouvement rétrograde. Jacopi a tâché de démontrer la fausseté de cette hypothèse. Voyons ce qu'on a dit de part et d'autre, en commençant par ceux qui soutiennent l'opinion du mouvement rétrograde dans les vaisseaux lymphatiques.

298. Les vaisseaux lymphatiques sont doués de la vie de même que leurs valvules. Si nous

supposons un accroissement d'action des vaisseaux ou une paralysie des valvules, le cours
rétrograde de la lymphe ne sera plus empêché ;
c'est ce que démontrent les expériences dans lesquelles du mercure, de l'eau et de la graisse fon-
due ont pu être injectés dans les vaisseaux lymphatiques contre la direction des valvules. Si l'on
retourne une vessie urinaire, et qu'on la remplisse
d'eau, ce liquide s'en écoulera bientôt, ainsi que
l'ont expérimenté Ethmuller et Morin. Il est vraisemblable que dans plusieurs maladies, telles que
le diabetès et les scrophules, les valvules lymphatiques sont dans un état maladif, et ne peuvent
plus s'opposer au mouvement rétrograde de la
lymphe. Les valvules placées aux deux orifices
de l'estomac permettent quelquefois aux matières contenues dans cet organe de rétrograder:
pourquoi n'admettrait-on pas que la même chose
peut arriver dans les vaisseaux lymphatiques ?
La valvule de Bauhin dans la passion iliaque,
laisse remonter les excréments. Les points lacrymaux, avec le sac lacrymal et le canal nasal,
semblent former une glande et offrent de l'analogie avec le tube intestinal : hé bien, l'obstruc-
tion du canal nasal fait refluer les larmes en haut.
On a vu quelquefois chez des animaux près de
mourir, le sang rétrograder du cœur dans les
veines ; donc les valvules de ces vaisseaux n'em-

pêchent pas le sang de retourner en arrière. On peut admettre la même chose relativement aux valvules des vaisseaux lymphatiques. Lorsque le mouvement du canal intestinal est interverti et que l'action de l'estomac et des intestins est accrue, le pouls devient faible ; de même lorsque l'activité d'une portion du système lymphatique est augmentée, il s'établit dans les autres un mouvement rétrograde. Si après un violent exercice on boit en abondance de l'eau froide, bientôt on rend une urine limpide ; il n'est pas croyable qu'en si peu de temps le torrent circulatoire ait pu recevoir cette eau et l'envoyer aux reins et à la vessie. Un ami de Darwin prit une boisson alcoholique jusqu'au point d'éprouver une légère ivresse ; puis il prit du nitrate de potasse et des asperges, tout en continuant de boire. La première urine qu'il rendit était limpide et inodore, bientôt elle prit une couleur plus foncée et une odeur d'asperge. Alors on tira un peu de sang, qui ne présenta pas cette odeur. Un papier trempé dans le sérum du sang, séché et mis au feu, ne décrépita point ; plongé dans l'urine, séché, puis mis au feu, il laissa entendre un petillement : donc le nitrate de potasse et le principe odorant des asperges parvinrent dans la vessie sans avoir traversé le torrent de la circulation. Rasori fit prendre, dès le matin, à un chevreau à la mamelle une infusion de rhubarbe : au bout d'une demi-heure l'animal commença à rendre de l'urine et continua pendant plusieurs heures. Cette urine exhalait une odeur de rhubarbe assez reconnaissable. L'abdomen étant ouvert , on trouva les vaisseaux chylifères des intestins remplis d'un chyle blanc et opaque ; l'estomac contenait encore un peu de lait caillé mêlé à l'infusion de rhubarbe ; conséquemment cette infusion était parvenue à la vessie par les vaisseaux chylifères des intestins. L'urine conserve les qualités des boissons , tellement qu'après l'ingestion d'une grande quantité de vin , elle peut devenir enivrante : donc cette boisson n'a pas traversé le torrent de la circulation , car dans ce cas elle aurait changé de nature. La destruction du rein par la suppuration n'empêche pas la vessie de se remplir d'urine. Kratzenstein et Huet, après avoir lié les uretères , ont vu cependant la vessie se remplir. Dans le diabetès on rend une très grande quantité d'urine. La sécrétion de ce liquide est augmentée par les remèdes diurétiques. Dans la diarrhée on évacue abondamment des matières liquides, cependant le pouls est faible : donc cette grande quantité de liquide ne pénètre pas dans le sang ; s'il en était ainsi le pouls serait plein. Les métastases laiteuses , les vomissements urineux ne sauraient s'expliquer autrement que par

le mouvement rétrograde des vaisseaux lymphatiques

299. Après avoir présenté les faits qui, au premier abord, semblent prouver le mouvement rétrograde , exposons maintenant les faits opposés.
Il est certain que les vaisseaux lymphatiques et
leurs valvules sont doués de la vie , mais on ne
saurait tirer de là aucune preuve en faveur du
mouvement rétrograde des vaisseaux lymphatiques. Supposons d'abord que l'action des vaisseaux lymphatiques soit augmentée ; leurs contractions seront plus énergiques , et en conséquence le retour de la lymphe sera d'autant plus
difficile. Supposons maintenant ces mêmes vaisseaux affectés de paralysie , et assurément la mort
anéantit leur action bien plus que la paralysie ;
cependant sur le cadavre on ne peut injecter des
liquides contre la direction des valvules. A la vérité, Werner assure avoir quelquefois observé le
contraire ; mais on-peut croire que les glandes
et les valvules ayant opposé de la résistance , les
vaisseaux se sont rompus, et que le liquide,
s'étant répandu , a pénétré directement dans les
vaisseaux voisins. L'eau renfermée dans une vessie retournée ne s'en écoule pas avant vingt-
quatre heures , temps nécessaire pour que les
tuniques de la vessie en soient macérées. Mais
supposons qu'elle s'écoule promptement, il reste

encore à prouver qu'elle s'est échappée réellement
par les orifices des vaisseaux lymphatiques. Personne jusqu'à présent n'a prouvé que, dans le diabetès et les scrophules, les valvules des vaisseaux
lymphatiques sont affectées de manière à permettre à la lymphe de rétrograder. Il n'y a aucune
analogie entre les valvules de l'estomac et celles
qu'on remarque dans le cours des vaisseaux lymphatiques ; les fibres musculaires qui garnissent
les orifices de l'estomac les ferment par leur contraction et les ouvrent par leur relâchement : au
contraire, les valvules des lymphatiques s'opposent au reflux des liquides d'une manière presque
toute mécanique. On ne trouve dans l'estomac
que deux valvules (il serait plus convenable de
les appeler sphincters) , tandis qu'elles sont très
multipliées dans les vaisseaux lymphatiques. La
valvule de Bauhin est unique et présente une autre disposition ; elle est composée de deux portions
qui , en se relâchant , permettent aux matières
de rétrograder. Mais les valvules lymphatiques,
ainsi que nous l'avons dit , ferment les vaisseaux
mécaniquement ; de plus , c'est seulement dans
l'état de maladie que les excréments remontent
par cette valvule ; au contraire , on suppose que
le mouvement rétrograde des vaisseaux lymphatiques a lieu dans la plus parfaite santé. On ne
saurait trouver aucune ressemblance entre l'ap-

pareil lacrymal et le tube intestinal. L'obstruc-
tion du canal lacrymal rend nécessaire le reflux
des larmes, car aucun obstacle ne s'oppose à ce
reflux ; au contraire, dans les vaisseaux lymphatiques, il s'en rencontre un grand nombre. Spallanzani a prouvé par des expériences que le sang
ne retournait pas du cœur dans les veines ; qu'il
n'y avait pas un véritable reflux, mais seulement
un retard dans le cours de ce liquide. D'ailleurs
ces expériences ont été faites sur des animaux à
sang froid, et sur les veines mésentériques qui
sont dépourvues de valvules. Souvent dans les cadavres on trouve les artères vides de sang, tandis
que les veines en sont gorgées: donc au moment
de la mort le sang est rapporté au cœur par les
veines et ne rétrograde point dans ces vaisseaux.
Autre chose est d'admettre une opposition d'action entre le système sanguin et l'appareil digestif, autre chose est de la supposer entre les
diverses portions du système lymphatique. Comment peut-il se faire que l'action du système
lymphatique soit à la fois augmentée dans un de
ses points et diminuée dans l'autre? Pourquoi
son mouvement est-il direct dans tel endroit et
rétrograde dans tel autre? Il n'arrive pas constamment qu'après un exercice violent et l'ingestion d'eau pure, la première urine soit aqueuse;
si, au moment où l'on boit, la vessie est remplie

d'urine, la première qu'on rendra sera de couleur citrine; si, au contraire, on a uriné avant de boire il s'écoule un certain temps avant une nouvelle excrétion, dont le produit est aqueux et limpide. Si après qu'on a bu la vessie est pleine d'urine et fait éprouver le besoin d'évacuer ce liquide, on peut l'attribuer à la sympathie qui existe entre l'estomac et la vessie. Le nitrate de potasse a déjà pu, au moment de la saignée, avoir traversé les voies circulatoires et arriver au réservoir de l'urine ; on en peut dire autant du principe odorant des asperges. De plus, le nitrate de potasse pouvait très bien exister dans le sang, et cependant, à cause de sa combinaison avec ce liquide, ne pas fuser sur les charbons. La matière odorante de l'asperge ne pouvait exister dans le sang sans manifester la puanteur qu'elle communique à l'urine. Rasori n'a point parlé des vaisseaux lymphatiques du bonnet, du feuillet ni de la caillette, vaisseaux qui, s'ils eussent été libres, auraient pu porter la rhubarbe dans le torrent de la circulation. Si, au contraire, nous les supposons remplis de chyle, par quel chemin la boisson aura-t-elle pu parvenir à la vessie? Au reste, la rhubarbe pouvait être contenue dans le chyle sans manifester sa présence, parcequ'elle y était étendue. Qu'après avoir donné à un animal des aliments mêlés de garance, on lui ouvre l'abdomen,

on trouvera le chyle blanc, quoique bien certainement il contienne de la garance : en effet, le sang
qui reçoit ce chyle communique aux os une couleur rouge. Que l'urine d'un homme qui aurait
pris beaucoup de vin ait enivré ceux qui l'auraient
bue, cela paraît fabuleux : au reste, quand ce fait
serait prouvé, on pourrait croire que le vin, ayant
passé dans le sang sans perdre ses propriétés, les
avait communiquées au produit de la sécrétion
rénale. Lorsque les deux reins sont détruits, la
sécrétion de l'urine n'a plus lieu ; c'est une chose
prouvée par les observations les plus authenti-
ques. L'expérience citée par Huet et Kratzenstein
est fausse, ou faite sans précaution : plusieurs
physiologistes, et notamment Richerand, l'ont
répétée, et ont obtenu des résultats tout contraires. Le diabetès s'explique facilement sans
avoir besoin d'admettre le mouvement rétrograde
dans les vaisseaux lymphatiques. On distingue
quatre espèces de cette maladie : l'une est produite par l'ivresse ; dans la seconde, le chyle est
entraîné ; le liquide évacué est tantôt miellé,
aqueux ou mucilagineux, et tantôt séreux. L'i-
vresse accélère la circulation, et par conséquent
la sécrétion de l'urine. Dans le diabetès miellé,
l'urine ne renferme pas de chyle ; ce liquide lui-
même n'est pas doux : donc on doit attribuer
la saveur douce de l'urine à une matière sucrée,

développée par suite de la maladie. D'ailleurs,
si l'on admettait le mouvement rétrograde des
vaisseaux lymphatiques, il devrait reconduire
le chyle dans les intestins. Dans le diabetès, soit
aqueux, soit mucilagineux, il est permis de
croire que les liquides, après avoir été absorbés
par les vaisseaux lymphatiques, et portés dans
le torrent de la circulation, se sont mêlés dans
les reins avec l'urine. Il y a aussi différentes
espèces de diarrhées : tantôt, en effet, elle dépend de causes capables de supprimer ou de
troubler d'une manière quelconque la transpiration cutanée ; tantôt elle résulte de ce que
l'humidité de l'air a été absorbée; tantôt, enfin,
de ce que le chyle est évacué avec les excréments.
La première espèce de diarrhée peut être attribuée à la sympathie qui unit la peau et les intestins, ou bien à ce que la suspension de l'exhalation cutanée entraîne l'exhalation d'un mucus
plus fluide à la surface des intestins. Lorsque
l'humidité de l'air ou l'eau du bain sont absorbées, elles augmentent plutôt la quantité de
l'urine que celle des évacuations intestinales :
dans ce cas, elles ne sont pas portées dans les
intestins d'une manière directe, mais seulement
après avoir traversé les voies de la circulation.
Dans le flux cœliaque, la couleur blanche des
excréments est due à la présence du mucus in-

testinal ; et , si l'on y trouve du chyle , c'est qu'il
n'a pas été absorbé : donc la diarrhée s'explique
très bien sans admettre le mouvement rétrograde
des vaisseaux lymphatiques. Nous avouons que
l'usage des diurétiques déprime le pouls ; cependant nous pensons que les humeurs rendues par
les voies urinaires ont traversé le torrent de la
circulation. L'état du pouls dépend bien moins
de la quantité du sang que de la force des vaisseaux ; or les humeurs sont portées rapidement
aux reins , et n'ont pas besoin de séjourner dans
les vaisseaux sanguins. Quant à ce qui concerne
les métastases , les opinions sont partagées : les
uns pensent que la matière morbide est transportée d'une partie sur l'autre ; les autres , à la
tête desquels se place Sprengel , croient qu'il se
développe dans les parties qui sympathisent avec
le siége de l'affection primitive un mouvement
morbide en vertu duquel il se forme du pus ,
ou une humeur quelconque. Cette dernière
opinion est adoptée par le professeur Turina :
cette autorité imposante me détermine. Cependant, je veux énoncer quelques doutes qui s'offrent à mon esprit : puisque les métastases ne
sont pas toutes du même genre, et ne reconnaissent pas toutes la même cause, il convient d'examiner cette question avec quelque détail ; et d'a-
bord il faut savoir que tous les auteurs ne s'ac-

cordent pas sur la signification du mot métastase. Les uns la définissent le transport d'une maladie de la partie dans laquelle elle s'est d'abord manifestée sur une autre; d'autres entendent par là le passage du pus ou d'une autre humeur, soit naturelle, soit morbide, de la partie dans laquelle il a été sécrété ou formé par suite d'une maladie, dans une partie plus ou moins éloignée. Mais les premiers ne sont pas même d'accord entre eux : en effet, les uns supposent une matière morbifique qu'ils font voyager dans toute l'économie; les autres, au contraire, pensent qu'à raison des liaisons sympathiques qui unissent les différentes parties du corps entre elles, lorsqu'un mouvement morbide se termine dans un organe, il s'en élève un semblable ou différent dans un organe éloigné. L'opinion d'une matière morbifique est tellement réfutée, qu'il paraît inutile de la combattre davantage : c'est pourquoi la question se réduit à savoir si la métastase a lieu par le jeu d'une sympathie, ou bien au moyen d'une humeur qui de sa nature n'est pas une cause, mais bien un effet de la maladie en se portant sur des organes qui ne devraient pas la recevoir. Les auteurs qui ont traité ce sujet paraissent blâmables, en ce qu'ils n'ont assigné aux métastases qu'une seule cause. Nous pensons que les causes de ces phénomènes sont multipliées, et qu'il en est de divers genres. Lorsqu'un mouvement morbide existe dans une partie sans être accompagné d'aucune collection de pus ou de toute autre humeur, et qu'il vient à disparaître tout d'un coup, en même temps qu'une autre partie est affectée, on ne saurait s'empêcher de faire dériver cet effet des sympathies; mais, s'il existe une collection de liquide bien évidente, qu'elle disparaisse tout d'un coup, et qu'en même temps il s'en manifeste une semblable dans une partie éloignée, je serai disposé à croire, je l'avoue, qu'il y a eu vraiment transport de la matière.

300. Je ne saurais nier que les arguments qu'on oppose ne soient d'un grand poids; cependant je ne les crois pas tout-à-fait sans réplique. Ceux qui soutiennent l'avis contraire font remarquer que l'analyse n'a jamais fait découvrir dans le sang les humeurs altérées; que les glandes lymphatiques changent la nature des humeurs qui les traversent; qu'il faut un temps assez long pour qu'un pareil transport puisse s'opérer au moyen des vaisseaux lymphatiques; qu'au contraire les métastases ont souvent lieu d'une manière subite; qu'on ne saurait comprendre comment du pus ou une autre matière morbide mêlée au sang, et ayant changé de nature, se sépare de tous les principes avec lesquels elle est asso-

ciée, pour s'échapper à travers les vaisseaux sanguins déchirés et les orifices exhalants. Cependant, toutes ces objections ne sauraient nous autoriser à soutenir qu'il ne peut y avoir un véritable transport de matière. Souvent un abcès bien évident, situé dans une partie quelconque, disparaît tout-à-coup pour aller se manifester dans une partie éloignée. Les auteurs parlent du vomissement urineux ; j'ai moi-même eu l'occasion de l'observer. Il n'est pas rare de voir la bile se répandre dans tout le corps, et produire un ictère. Quelle que soit la manière dont on explique ces faits, je ne vois pas comment ils empêcheraient d'admettre un véritable transport de matière. On prétend qu'il ne s'agissait pas réellement de lait, d'urine, ou de bile ; mais l'observation prouve le contraire. Il est vrai que les humeurs peuvent présenter quelques propriétés qui les fassent confondre entre elles ; mais elles offrent toujours des caractères propres à les faire distinguer sûrement. L'urine peut être plus ou moins saturée de ses principes, mais jamais on ne peut la confondre avec les autres humeurs. Cela posé, je dis que l'analyse chimique a démontré dans les humeurs qui se sont montrées dans diverses parties du corps tous les principes du lait, de l'urine et de la bile. Ces faits ne peuvent être révoqués en doute ; mais, pour éluder la difficulté, ils ajoutent que le mode d'incitation des organes peut changer à un tel point, qu'ils sécrètent une humeur qui leur est étrangère : ainsi ils pensent que l'estomac peut sécréter de l'urine, et que le réseau de Ruysch peut produire de la bile. Mais cela est faux : en effet, si l'on enlève les reins, il ne se forme nulle part d'urine ; chez les eunuques, on n'observe aucun des phénomènes qui appartiennent à la présence du sperme. De ce qui précède il résulte que l'urine a été absorbée par les reins, la semence par les testicules, le pus par les parois des abcès, et que ces liquides ont été transportés ailleurs. Il faut remarquer encore, relativement à la suppuration, qu'il peut arriver qu'une inflammation développée dans une partie, venant à disparaître, excite sympathiquement dans une autre partie une inflammation susceptible elle-même d'amener la suppuration ; mais le premier abcès s'est affaissé, et il faut un certain temps pour produire la suppuration. Au contraire, les métastases de pus se font très rapidement. Mais on dira, sans doute, que les humeurs ainsi transportées le sont par le torrent de la circulation, ou par les vaisseaux lymphatiques qui ont interverti leur mouvement : si c'est par la première voie, comment se séparent-elles pures et parfaitement formées du sang auquel elles se trouvent mêlées ? si c'est

par la seconde, pourquoi n'éprouvent-elles aucune modification de la part des glandes nombreuses qui se trouvent sur le passage des vaisseaux lymphatiques? La réponse est facile : dans
le premier cas, des humeurs étrangères sont
mêlées au sang ; le principe vital tend à s'en débarrasser, et les expulse, soit par les vaisseaux,
soit par les orifices exhalants ; dans le second,
ces humeurs étant déjà suffisamment élaborées
ne sauraient l'être davantage dans les glandes.
D'ailleurs, ces glandes modifient-elles toutes les
substances qui les traversent? mais elles ne détruisent, ni les principes salutaires des médicaments, ni les matériaux nuisibles des poisons,
ni les miasmes contagieux. Il serait donc probable que les métastases humorales ont lieu par
un véritable transport de la matière. Il faut chercher maintenant si ces métastases excluent l'idée
d'un mouvement rétrograde des vaisseaux lymphatiques. Il n'est assurément point nécessaire
de le supposer : en effet, les humeurs peuvent
être absorbées, portées dans le torrent de la circulation, et déposées sur différentes parties. Il
ne faut pas penser que les humeurs ne peuvent
pas parcourir assez promptement un si long
trajet ; on sera convaincu du contraire, pour peu
qu'on réfléchisse combien sont rapides l'absorption et les sécrétions. Carsill a fait sur un chien

une expérience qui prouve qu'une pinte d'eau a été absorbée en vingt minutes. Les sommets des villosités observées à la surface apparente de l'intérieur des intestins ont été portés au nombre de 3,960,000. Il faut dire encore que sa superficie réelle est beaucoup plus étendue : il existe, en effet, un grand nombre de rides, et chaque villosité donne naissance à un grand nombre de vaisseaux lymphatiques ; de plus, la contractilité de ces vaisseaux est extrêmement développée. Plusieurs preuves viennent également démontrer avec quelle rapidité s'opère la sécrétion de l'urine : la circulation accomplit son cercle en trois minutes ; les artères rénales sont très larges, et la structure du rein extrêmement simple ; leur sensibilité organique (Bichat) est tellement obtuse qu'ils prennent tout ce qui leur est offert ; enfin, on a des observations où plusieurs livres d'urine ont été rendues dans une heure. En conséquence, la rapidité de l'absorption et de la sécrétion urinaire prouve évidemment que tous les phénomènes de l'économie animale peuvent s'expliquer très bien, sans recourir à la supposition du mouvement rétrograde des vaisseaux lymphatiques.

301. Après les expériences de Mascagni, tous les physiologistes avaient adopté cette opinion, que les vaisseaux lymphatiques sont les seuls

agents de l'absorption. Les observations les plus récentes semblent démontrer que les veines elles-mêmes partagent la propriété absorbante. De-lille et Magendie ont coupé la cuisse à un chien de manière à ce qu'il ne restât entre le tronc et l'extrémité d'autre communication que celle qu'établissaient les gros vaisseaux sanguins. Tous les vaisseaux furent soigneusement dépouillés de leur tissu cellulaire, afin de s'assurer qu'il ne restait absolument aucun vaisseau lympha-tique : on leur enleva même leur tunique cel-lulaire. Alors on introduisit à l'extrémité du membre deux grains du poison appelé *upas;* l'animal périt en moins de dix minutes. Dans une autre expérience, après avoir introduit dans la veine crurale un bout de plume, sur lequel le vaisseau fut fixé par deux ligatures un peu séparées, on coupa l'artère entre deux ligatures; il ne restait conséquemment, entre l'extrémité et le tronc, de communication que par l'inter-médiaire du tuyau de plume : cependant, le poison ayant été introduit comme dans l'expé-rience précédente, l'animal périt en quatre mi-nutes au plus. Dans d'autres essais, on s'oppo-sait à l'effet du poison en pressant la veine avec les doigts : lorsqu'on cessait de comprimer le vaisseau, ses effets terribles ne tardaient pas à se manifester. Chez le cheval, les matières contenues dans les intestins se présentent, pour l'ordinaire, mêlées d'une quantité plus ou moins considérable de liquide, quantité qui diminue à mesure qu'elle est poussée vers le rectum ; enfin, peu à peu tout est absorbé. Flandrini a recueilli dans des vases le liquide contenu dans les vaisseaux lymphatiques, et il n'y a trouvé aucune trace des matières contenues dans les intestins, tandis qu'il les a retrouvées manifestement dans le sang des veines qui se distribuent aux intestins. On a fait prendre à un cheval une demi-livre d'assa-fœtida mêlée avec du miel, puis on lui a présenté sa nourriture ordinaire ; enfin, on l'a tué au bout de six heures : l'odeur de l'assa-fœtida était évidente dans les veines de l'estomac et des intestins, nulle dans les artères et dans les vaisseaux lymphatiques ; ce qui paraît prouver l'absorption veineuse.

3o2. Il y a cependant quelques faits qui ne permettent pas d'adopter cette opinion d'une manière absolue. Il est d'observation que, dans l'état naturel, les veines se continuent avec les artères, et par conséquent elles ne peuvent absorber les substances vénéneuses appliquées à la peau. Nous accordons à Tommasini que ces vaisseaux jouissent d'une certaine force absorbante ; mais elle s'exerce exclusivement sur le sang parvenu à l'extrémité des divisions artérielles : c'est pourquoi l'on peut croire que, dans les expériences de ces physiologistes distingués, il y a eu quelque solution de continuité, au moyen de laquelle les extrémités béantes des veines ont pu absorber le poison. Il n'est pas invraisemblable que cette communication a pu s'opérer au moyen de conduits inorganiques, ainsi que les appelle Monteggia : cet auteur assure avoir observé très souvent dans les abcès les veines remplies de pus ; mais, dans presque tous les cas, ce liquide s'est frayé une route pour y pénétrer. Au reste, tant qu'il existe une communication non interrompue entre les radicules des veines et les dernières divisions artérielles, on ne peut pas supposer qu'il y ait absorption veineuse.

303. Les glandes lymphatiques élaborent le chyle et la lymphe : ce dernier liquide est bien connu ; il se montre différent, suivant les parties dans lesquelles on le recueille, et il ne prend un aspect homogène que quand il a traversé un assez grand nombre de glandes.

304. La lymphe est le résultat du mélange et de l'élaboration par les glandes lymphatiques de tous les liquides absorbés par les vaisseaux lymphatiques et par les vaisseaux chylifères eux-mêmes, hors le temps de l'absorption chyleuse. Avant la description du système lymphatique, elle était considérée comme la partie séreuse du

sang. Dans les premiers temps de cette découverte, on enseigna que les vaisseaux lymphatiques se continuaient avec les dernières ramifications des artères ; que le sang, arrivé là, se divisait en deux parties, l'une rouge, qui était reportée au cœur par les veines, tandis que l'autre passait dans les vaisseaux lymphatiques. Hunter réfuta cette opinion, et démontra que les origines des vaisseaux lymphatiques sont libres, c'est-à-dire qu'elles ne se continuent avec aucune autre espèce de vaisseaux, et que la lymphe est le produit de l'absorption qui s'exerce, soit à la surface extérieure du corps, soit dans les cavités intérieures, soit enfin dans la profondeur des organes.

3o5. Il y a deux manières de se procurer de la lymphe : la première consiste à mettre à découvert un vaisseau lymphatique, à l'ouvrir, et à recueillir le liquide qui s'en échappe. La seconde méthode est plus sûre : on fait jeûner un animal pendant quelques jours ; on l'ouvre, et, après avoir placé une ligature sur le canal thorachique, on le coupe au-dessous. La lymphe obtenue de cette manière est une humeur d'une couleur rosée, un peu opaline, d'une odeur spermatique, et d'une saveur salée ; elle se coagule promptement, et présente des filaments rougeâtres de forme irrégulière : ces filaments.

par leur réunion, forment une masse solide surnageant un liquide séreux. La portion solide de la lymphe se rapproche de la nature du sang; elle prend, par le contact du gaz oxygène, une couleur pourpre, et une couleur obscure par l'action du gaz acide carbonique; elle est un peu plus pesante que l'eau : en effet, le poids de l'eau étant de 1 oo,oo, celui de la lymphe est de 1 2 2,28. L'analyse de la lymphe prise sur un chien a fourni pour résultat à Chevreul : eau, 9 26,4; fibrine, oo4,2; albumine, o61,o; hydro-chlorate de soude, oo6,1; carbonate de soude, oo1,8; phosphates de chaux, de magnésie, et carbonate de chaux, 1 oo,5.

CHAPITRE VIII.

DU SANG, ET DE L'HÉMATOSE.

3o6. Le chyle, absorbé par les vaisseaux lymphatiques, et introduit dans le torrent de la circulation, s'y convertit bientôt en sang : c'est à cette opération qu'on a donné le nom d'hématose. Si une grande quantité de chyle pénétrait à la fois dans le sang, il naîtrait quelque trouble : ce fluide, en effet, n'a pas encore acquis les propriétés qui le rendent un stimulus approprié aux vaisseaux sanguins ; mais la valvule, située à l'embouchure du canal thoracique dans la veine sous-clavière, fait qu'il se mêle au sang lentement, et peu à peu. Le mélange ne se fait pas aussitôt d'une manière complète ; il en est de même de sa conversion en sang : suivant Lower, cet effet n'a lieu qu'au bout de douze heures.

3o7. Pour exposer avec exactitude l'hématose, il est nécessaire d'indiquer les propriétés et la composition du sang. Le sang qui vient d'être tiré de ses vaisseaux se présente sous l'aspect d'un liquide homogène, d'une couleur rouge, d'une odeur presque urineuse, et d'une saveur un peu salée ; il est plus pesant que l'eau ; sa température est de 4o° du thermomètre centigrade. Le sang veineux est plus épais que le sang artériel. En sortant de la veine, le sang exhale une vapeur qui, reçue dans un vase, se réduit en une eau insipide et inodore. La partie qui se volatilise a été considérée par les chimistes comme un principe particulier. Vogel a prétendu qu'elle contenait de l'air fixe ou gaz acide carbonique ; mais elle n'éteint pas les corps en ignition et ne trouble pas l'eau de chaux. Personne n'a décrit les caractères capables de la faire distinguer des autres principes du sang ; Fourcroy pense que toutes les parties du sang sont entraînées avec l'eau qui se vaporise. Cette opinion me paraît la plus probable. Dès qu'il se refroidit, le sang se prend en une masse tremblante, se séparant facilement, noircissant d'abord, puis prenant une couleur rouge dans la partie qui est en contact avec l'air; cette masse baigne dans un liquide d'un jaune clair tirant sur le vert, et qu'on appelle sérum. La masse est désignée sous le nom de caillot; si l'on soumet le caillot à des lotions répétées, l'eau s'empare des particules rouges; il reste une substance blanche, fibreuse, résistante, qui ne se dissout ni dans l'eau ni dans le sérum, et à laquelle on a donné le nom de fibrine : la matière rouge qui se sépare de la fibrine a reçue celui de cruor.

308. Les fluides élastiques déterminent divers changements dans le sang, le gaz oxygène lui imprime une couleur d'un rouge vif, l'air atmosphérique une couleur rosée, le gaz ammoniac une couleur d'un rouge foncé, telle que celle des cerises ; les gaz oxyde de carbone, deutoxyde d'azote, hydrogène carboné, le rendent violet; les gaz azote, acide carbonique, hydrogène, protoxyde d'azote, lui font prendre une couleur rouge foncée ; les gaz hydrogène arséniqué, hydrogène sulfuré, lui donnent une couleur bleue qui passe ensuite au vert ; le gaz acide hydro-chlorique, le

chlore, le gaz acide sulfureux, le rendent brun presque noir. Les alcalis dissolvent le sang, les acides le condensent, l'alcohol le coagule : tout ceci doit s'entendre de la masse entière du sang.

3o9. Il s'agit maintenant d'examiner chacune des parties constituantes du sang : commençons par le sérum ; c'est un liquide jaune, verdâtre, ayant l'odeur et la saveur du sang, plus pesant que l'eau, verdissant le sirop de violettes ; la chaleur le coagule : si l'on soumet à l'évaporation ce qui reste fluide, on obtient une masse tremblante. La coagulation du sang par la chaleur y avait fait depuis long-temps supposer par de Haen la présence de la gélatine ; Fourcroy l'a démontrée plus récemment. Deyeux et Parmentier ont découvert du soufre dans le sérum : Proust a prouvé que cette substance y existait sous la forme d'hydro-sulfure ammoniacal. Les carbonates et hydro-chlorates de soude, le phosphate de chaux, ont été rencontrés dans le sang : Berzelius y a trouvé du phosphate et du lactate de soude ; Rouelle avait reconnu, il y a long-temps, l'existence de la soude dans cette humeur.

3io. La fibrine est blanche, solide, élastique, insoluble dans l'eau ; elle se putréfie promptement, se crispe par l'action du feu. Soumise à la distillation, elle fournit de l'eau, du carbonate liquide d'ammoniaque, une huile épaisse fétide, du carbonate solide d'ammoniaque, du gaz acide carbonique. Berthollet pensait qu'il se dégageait un acide particulier, qu'il nomme acide zoonique ; mais Fourcroy a prouvé que c'était de l'acide acétique mêlé avec divers principes animaux. La fibrine se contracte sous l'influence d'un courant galvanique.

311. Le cruor est composé de globules rouges, qui, d'après Jacopi, sont plus gros dans les animaux inférieurs, et varient suivant les diverses conditions d'incitation : il est formé d'albumine, de soude et de quelques particules de fer. Badia et Gusmann Galeaci y ont découvert les premiers ce métal; Lemery et Menghin ont confirmé cette découverte. Fourcroy et Vauquelin ont prétendu que le fer était dans le sang à l'état d'oxyde, et combiné à l'acide sulfurique : ils lui attribuèrent la couleur de cette humeur. Tout récemment, Grindel a avancé pouvoir faire du sang en soumettant à un courant galvanique un mélange d'albumine, de phosphate de fer, d'hydro-chlorate de soude et d'eau; il composa, de cette manière, un liquide dont la couleur est semblable à celle du sang. Mais est-ce réellement du sang? La similitude de couleur seule peut-elle constituer une identité dans la nature des corps?

Brandt et Berzelius attribuent la couleur du sang
à une matière animale particulière, insoluble
dans l'eau, se dissolvant dans les alcalis, et n'é-
prouvant aucune action de la part de l'acide
gallique ; d'où l'on peut conclure que l'héma-
tine (c'est le nom de cette matière) ne contient
aucune particule de fer. Berzelius dit aussi avoir
trouvé de l'acide fluorique dans le sang : cette assertion n'a pas encore été confirmée par d'autres
chimistes.

312. Les éléments du sang sont composés ainsi
qu'il suit : suivant Berzelius , le sérum est formé
de : eau., 9o3,o parties ; albumine , 8o,o ; lactate de soude et matière extractive , 4,o; **hydro-
chlorate de soude et de potasse, 6,o; soude, matière animale et potasse, 3,o. La fibrine et le
cruor n'ont pas été soumis à une analyse rigoureuse ; l'on sait seulement que la fibrine contient :
carbone, 56,36o parties ; oxygène , 19,685 ; hydrogène , 7,o21 ; azote , 19,34; le cruor, oxide
de fer, 55,o ; phosphates de chaux, de magnésie, 8,5 ; chaux , 17,5 ; acide carbonique , 19,5.
On n'a pas indiqué avec exactitude la proportion des autres principes.

313. Après avoir indiqué les parties constituantes du sang, passons à l'hématose : cette
fonction est environnée pour nous de ténèbres ;
je vais néanmoins rapporter ce que les physiolo-

gistes en ont dit. Suivant Dumas, le chyle est formé de trois matières muqueuses élaborées, qui, en raison des éléments dont elles se composent en diverses proportions, donnent naissance à la gélatine, à l'albumine et à la fibrine. La matière colorante se forme, et il se développe quelque principe volatil odorant. C'est avec tous ces éléments que s'opère la crâse du sang, c'est-à-dire un certain mélange. Suivant les chimistes, le mucus peut successivement passer à l'état de gélatine, d'albumine, de fibrine, en se combinant avec diverses proportions d'oxygène; et c'est ainsi que l'oxygène absorbé par la respiration modifie le corps animal. J'examinerai cette opinion avec plus de développements lorsque je traiterai de la respiration; plusieurs faits semblent venir à l'appui de cette manière de voir. Le mucilage, substance fibreuse végétale qui paraît contenir beaucoup d'oxygène, affecte la forme solide à cause de la présence de ce principe. Les corps qui perdent facilement leur oxygène par leur action sur le mucilage deviennent insolubles dans l'eau, et acquièrent une structure presque fibreuse. Le sang contient d'autant plus d'albumine et de fibrine, que les organes de la respiration présentent plus de volume dans les animaux. Ainsi, chez les zoophytes et les insectes qui n'ont point de respiration pulmonaire, le sang ne

renferme aucune molécule d'albumine ni de
fibrine. Les crustacés, les mollusques et les vers
offrent déjà un peu d'albumine ; on trouve une
plus grande quantité de cette substance et de
fibrine dans les reptiles et les poissons. Mais ces
deux principes immédiats se rencontrent tout-à-
fait combinés et plus élaborés dans les oiseaux,
les mammifères et l'homme, dont les organes
pulmonaires sont plus développés que dans
les autres classes d'animaux. La gélatine domine
dans le sang des enfants ; chez les adultes, c'est
l'albumine et la fibrine, les poumons prenant
leur accroissement principal après l'époque
de la puberté, et agissant alors avec plus d'énergie. Dans les fièvres inflammatoires qui paraissent donner lieu à une absorption plus considérable d'oxygène, l'albumine et la fibrine sont
plus abondantes. Gallini a proposé une autre
théorie. D'après cet auteur, la lymphe est formée de tous les principes dont se composent les
diverses humeurs puisées par les vaisseaux lymphatiques ; de plus, elle contient une grande
quantité d'oxygène qui existait dans les humeurs
et les vésicules pulmonaires dilatées ; elle se dirige vers les veines, et se mêle au sang veineux.
Ces deux fluides se modifient réciproquement ;
il se fait de nouvelles combinaisons entre les
molécules de lymphe et celles de sang. Ces

combinaisons et ces décompositions s'opèrent principalement dans les cavités droites du cœur; elles continuent toutefois à se faire dans tout le reste du cours du sang. Pour s'exprimer avec plus de concision et de clarté, l'hématose consiste dans l'action réciproque de la lymphe, qui abonde en oxygène, et du sang veineux, ainsi que dans des opérations chimiques qui donnent naissance à de nouveaux composés. Divers faits, il faut l'avouer, semblent détruire ces théories chimiques : telle est surtout l'observation faite assez récemment par Vauquelin. Le chyle, qui est tout-à-fait blanc dans les vaisseaux lactés, offre une teinte légèrement rosée à mesure qu'il s'avance vers le canal thorachique; extrait de ce réservoir, il se coagule bientôt comme le sang, et prend une couleur rose par le contact de l'air. Ce caillot du chyle, abandonné à lui-même, laisse exsuder un liquide séreux qui contient évidemment de l'albumine. Soumis à des lotions d'eau, il perd sa matière colorante, et se réduit à une substance fibreuse. En outre, Vauquelin a observé que la fibrine du chyle différait, jusqu'à un certain point, de la fibrine du sang. La première est dissoute par la potasse caustique plus promptement et plus complètement. Sa quantité augmente dans le chyle à mesure que ce fluide est plus avancé dans son cours et plus élaboré. Il est donc évident qu'il contient quelques parties de fibrine et de matière colorante avant de se mêler au sang et de parvenir aux poumons, et qu'il ne faut pas trop attribuer à la respiration la production de ces principes. D'un autre côté, si l'on considère que la matière colorante et la fibrine sont beaucoup plus abondantes dans le sang que dans le chyle ; que la quantité d'albumine et de fibrine est, comme je l'ai dit, en raison du volume des organes respiratoires ; qu'enfin il y a dans le sang des principes qui n'existent pas dans le chyle, on devra conclure que la respiration joue certainement un rôle dans l'hématose. Il serait inutile d'exposer les idées des physiologistes antérieurs sur cette fonction ; ce qu'ils ont dit du mouvement des molécules du sang comme facilitant son mélange, des frottements de ces molécules sur les parois des vaisseaux, et de tout ce qui se rapporte aux lois de la mécanique, est reconnu comme évidemment erroné.

CHAPITRE IX.

DE LA CIRCULATION DU SANG.

314. Les anciens n'ont eu aucune connaissance de cette fonction si importante par laquelle le sang, partant du cœur, est distribué, au moyen des artères, à toutes les parties du corps, et revient, au moyen des veines, de toutes ces parties au cœur. On ne trouve rien, dans les écrits d'Hippocrate ni des autres médecins grecs, qui indique même confusément qu'ils aient eu quelques notions sur la circulation du sang. Aristote dit que le sang se transmet du cœur dans les veines sans revenir à cet organe. Suivant Érasistrate, les artères ne contiennent pas de sang. Galien prouva, par des expériences, que les artères étaient remplies par le sang ; mais il pensait que les veines prenaient naissance du foie ; qu'une partie du sang, qui revenait au ventricule droit du cœur, passait dans le ventricule gauche, tandis que l'autre portion, destinée principalement à la nutrition des poumons, y était envoyée au moyen de l'artère

pulmonaire, et revenait en plus petite quantité au cœur. Au dixième siècle, Servet connut la circulation pulmonaire; mais il ne croyait pas que tout le sang traversât les poumons. Colombus, après Servet, indiqua clairement cette circulation; mais il méconnut le passage du sang des artères dans les veines. Césalpin décrivit plus exactement la circulation pulmonaire; diverses considérations portent à croire qu'il découvrit la grande circulation, de quelque manière qu'il y soit parvenu. Mais c'est à Harvey que l'on doit d'avoir démontré par des arguments invincibles ce que ses prédécesseurs n'avaient fait qu'indiquer vaguement : ce physiologiste montra que les valvules triglochines, mitrales, sigmoïdes, et celles que l'on rencontre fréquemment dans le trajet des veines, avaient une disposition qui suppose que le sang passe des veines dans les oreillettes, de là dans les ventricules, puis dans les artères, et qui doit s'opposer au retour de ce fluide. Il fit observer, comme l'avait déjà fait Césalpin, que les veines se gonflent au-dessous de la ligature, tandis que le contraire avait lieu pour les artères; qu'enfin des liquides injectés passaient des artères dans les veines.

315. Harvey avait divisé la circulation en grande et petite circulation, ou en générale et

pulmonaire. Bichat proposa, de nos jours, une autre division : il distingua la circulation du sang artériel ou rouge d'avec la circulation du sang veineux ou noir. Cette division ne me semble pas bonne, car le sang des artères pulmonaires est noir, tandis que celui que transmettent les veines pulmonaires est rouge ; de plus, les artères ne forment pas un cercle entier, mais seulement une portion de cercle. On peut en dire autant des veines ; c'est pourquoi je suivrai la division établie par Harvey.

316. Le cœur est renfermé dans le péricarde, qui, comme les autres membranes séreuses, est lubrifié par de la sérosité. Cette humeur ne s'y accumule pas dans l'état de santé ; elle doit être reprise par l'absorption : mais, s'il n'y a plus équilibre entre l'exhalation et l'absorption, de telle sorte qu'elle ne soit pas résorbée dans les mêmes proportions qu'elle est sécrétée, elle forme une maladie qu'on a désignée sous les noms d'*hydrocarde* ou d'*hydropisie du péricarde*.

317. Le cœur et les artères, excités par le stimulus du sang, se contractent et se dilatent alternativement. La contraction se nomme *systole*, et la dilatation *diastole*. La systole des oreillettes se fait dans le même temps, celle des ventricules a lieu également à la fois ; la contraction

des artères aorte et pulmonaire est simultanée ;
la systole des oreillettes s'opère en même temps
que la diastole des ventricules.

318. Haller dit que le cœur, après avoir chassé
le sang, cesse d'agir par la seule absence de
stimulus ; il cherche à réfuter l'opinion des
physiologistes qui, ayant admis deux sortes de
fibres dans le cœur, attribuent aux unes la contraction de cet organe, et aux autres sa dilatation : suivant lui, toutes les fibres du cœur agissent à la fois pour déterminer sa contraction ;
ce que l'on peut voir et ce que le raisonnement
démontre également, car les faisceaux fibreux,
liés transversalement par d'autres faisceaux, ne
peuvent agir séparément. Il y a ici deux réflexions à faire : on doit d'abord regarder comme
une loi du système musculaire que les muscles
entrent en action dès qu'ils éprouvent l'influence
des stimulus, et qu'ils persistent pendant quelque temps dans cette action quoique le stimulus
ait cessé d'agir. Ainsi le cœur ne devient pas
inactif à cause du défaut de stimulus ; au contraire, il persévère dans son mouvement, parceque le stimulus du sang y prolonge son influence : du reste, il vaut mieux recourir aux
expériences pour démontrer cette opinion. Si
l'on extrait le cœur de la poitrine d'un animal,
qu'on évacue le sang qu'il contient, et qu'on

l'excite par un stimulant quelconque, on le voit
se contracter et se dilater, quoiqu'il ne soit plus
soumis à l'action du stimulus. On n'est point
universellement d'accord sur ce fait, si, pendant
la systole, tout le sang est chassé du cœur.
Sturm prétend que l'on trouve le plus souvent
une certaine quantité de sang dans le cœur des
cadavres; d'où il conclut que le cœur ne se vide
pas complètement. Mais Crantz fait remarquer,
après Senac et Van-Swieten, qu'on ne peut pas
en conclure pour ce qui se passe sur le vivant.
Haller dit que le cœur des grenouilles devient
tout-à-fait pâle pendant la systole : ce fait est
nié par Spallanzani, qui assure avoir vu bien
clairement cet organe rouge. Je doute que l'on
puisse faire cette expérience d'une manière
exacte; car la diastole et la systole se succèdent
si rapidement, que l'on a à peine le temps d'observer ce qui se passe : du reste, quelque opinion que l'on embrasse, on peut se rendre également compte du phénomène. En effet, soit
que le cœur se vide entièrement de sang pendant la systole, soit qu'il en retienne une certaine quantité, il doit persister dans ses contractions et ses dilatations en vertu de la loi que
j'ai indiquée plus haut comme propre aux muscles, et par laquelle ces organes, excités par un
stimulus, persévèrent dans leurs mouvements

pendant quelque temps, que le stimulus continue ou cesse d'agir.

319. Quant à l'explication que quelques physiologistes donnent des contractions et dilatations alternatives du cœur et des artères, et qu'ils basent sur la diversité des fibres, elle ne me paraît pas très éloignée de la vérité. Tommasini explique ainsi les mouvements du cœur : les artères se dilatent pendant la contraction des ventricules, et il devait en être ainsi pour que le sang fût poussé dans les artères par la systole des ventricules. Puis, sans se conformer à cette première opinion, cet auteur a recours à une autre hypothèse : il regarde la diastole non comme la cessation de la contraction, mais comme un mouvement actif qu'il désigne sous le nom de *diastole spontanée*, pour indiquer qu'elle n'est point provoquée par le flot du sang; mais cela n'explique pas pourquoi les mouvements des cavités du cœur, et ceux des artères, se correspondent ainsi. Il faut donc établir que le cœur et les artères ne se dilatent pas parceque le sang les distend, mais parceque ces organes sont doués d'une force propre qui les fait se dilater; force en vertu de laquelle les muscles, excités par des stimulus, se contractent et relâchent alternativement. Je pense qu'on peut adopter l'opinion des anciens, modifiée toute-

fois : il ne faut pas admettre dans le cœur deux sortes de fibres, dont les unes concourent à la systole et les autres à la diastole ; mais on peut distinguer deux parties dans cet organe, l'une formée par les deux oreillettes, l'autre par les deux ventricules. On a coutume de diviser le cœur en droit et en gauche ; je préférerais le distinguer en supérieur et en inférieur : ces deux parties sont réellement opposées l'une à l'autre. Lorsque la première se contracte, la seconde se relâche. Il en est de même des artères : je crois qu'elles sont en antagonisme avec les ventricules du cœur. Haller prétend que toutes les fibres du cœur entrent à la fois en action pour opérer sa contraction ; ce qui est faux : car Metzger a vu les oreillettes et les ventricules se mouvoir successivement, quoique ces parties aient été stimulées dans le même temps. On pourrait croire que, en admettant deux ordres de fibres pour se rendre compte des contractions et des dilatations alternatives du cœur, les physiologistes ont dû être conduits à reconnaître que la dilatation de cet organe est active ou spontanée ; il n'en a cependant pas été ainsi : c'est Tommasini qui le premier l'a jugée de cette nature. On avait recherché pourquoi les cavités du cœur se contractent et se relâchent alternativement pendant toute la vie de l'animal : quelques uns attribuerent ce phénomène à la compression des nerfs par les gros vaisseaux ; d'autres prétendirent que cela avait lieu parceque les artères coronaires et les cavités du cœur étaient alternativement distendues par le sang. Mais rien de cela n'est exact ; et, quand il en serait ainsi, on n'en connaîtrait pas davantage la cause du phénomène. Mais la difficulté est aisément tranchée, si l'on se rappelle ce que j'ai dit plus haut : l'action des muscles, et par conséquent du cœur également, ne consiste pas seulement dans la contraction, mais encore dans la dilatation. La contraction et la dilatation sont les deux éléments d'un même mouvement.

320. Comment concevoir que, pendant tout le cours de la vie, le cœur, les artères et les veines n'ont aucune intermittence d'action? On peut avancer que les autres organes de la vie intérieure éprouvent au moins une certaine diminution d'activité, sinon une interruption complète. Mais le cœur se meut continuellement ; les artères offrent des pulsations constantes, et les veines rapportent toujours le sang au cœur : phénomène étonnant, dont il n'est pas facile de donner une explication satisfaisante. En effet, c'est une loi propre à la fibre incitable d'être mise en action par l'influence des stimulants, mais aussi d'être affaiblie lorsque cette influence

se prolonge trop. Le sommeil aurait-il pour but de rendre, par le repos de la vie animale, l'incitabilité à la vie intérieure? Cette idée ne me paraît pas éloignée de la vérité. Je discuterai, d'ailleurs, avec plus de détails cette opinion, lorsque je parlerai de la cause prochaine du sommeil.

321. Les physiologistes qui attribuent à l'action seule du cœur la circulation complète du sang pensent que les pulsations diverses des artères doivent avoir lieu dans des temps différents; ils ne pourraient en effet, sans cela, soutenir leur opinion. Toutefois on observe le contraire : on ne peut sentir aucun intervalle entre les pulsations des artères dans diverses parties. Ne pouvant nier un fait aussi évident, et qui contrariait leurs idées, ils ont cherché à détruire cette objection en disant qu'on ne pouvait pas saisir ces intervalles parcequ'ils étaient trop légers. Mais tout s'explique, si nous admettons, comme j'ai cherché à le démontrer, les artères comme musculaires, irritables, actives : en effet, un stimulant n'excite pas seulement l'action de la partie à laquelle il est appliqué, mais encore de tout le muscle à la fois. Par la même raison, les artères, stimulées par le sang, doivent, dans tout leur trajet et dans le même temps, se contracter, et se dilater ensuite. Il estvraiment sur-

prenant que beaucoup de passages d'auteurs anciens, qui renferment l'idée de cette doctrine, développée de nos jours par l'illustre Tommasini, n'aient pas mis les physiologistes sur la voie. Galien dit clairement que les artères ont des battements réguliers ; qu'elles se dilatent après s'être contractées ; qu'il existe dans les tuniques des artères une force particulière par laquelle elles se distendent ; qu'enfin la dilatation et la contraction sont les fonctions des artères. Ces idées ont certainement une grande conformité avec celles de Tommasini.

322. La systole et la diastole constituent la pulsation ; les diverses pulsations forment le pouls : quelques personnes confondent ces deux choses ; mais d'autres, mettant plus d'exactitude, les distinguent en faisant remarquer qu'il faut sentir plusieurs pulsations pour désigner une variété de pouls. Weitbrecht a prétendu que le sentiment de pulsation était produit par le déplacement des artères ; et, tout récemment, Farry a avancé que l'artère pleine de sang, et comprimée par les doigts qui l'explorent, faisait sentir des pulsations, parceque le fluide qui y circule ne pouvait plus poursuivre librement son cours. Je n'ai pas besoin de m'arrêter long-temps à réfuter ces assertions. Si les artères éprouvent quelque déplacement, elles doivent surtout le

présenter près du cœur, où l'effort du sang est considérable, et non au carpe et dans d'autres endroits éloignés du centre de la circulation : d'ailleurs, les parties adjacentes aux artères s'opposent à un tel déplacement, surtout le tissu cellulaire qui les environne. Quant à l'opinion de Farry, elle est tout-à-fait contraire à la vérité ; on remarque souvent une dilatation évidente des carotides, sans qu'on applique la main sur ces vaisseaux. Je pense donc que les pulsations des artères s'effectuent en raison de la force particulière qui les fait contracter et se relâcher ; d'où il résulte que le pouls n'est pas, comme le croient certains physiologistes, la mesure de l'action du cœur. Certainement, dans les inflammations locales sans fièvre, les pulsations sont très fortes dans la partie malade, quoique le cœur n'ait en rien augmenté d'action. L'observation démontre que, dans certains cas, les mouvements du cœur sont faibles, tandis que les pulsations artérielles sont fortes au carpe ; souvent le pouls des deux bras n'a pas la même force. Toutefois, l'exploration du pouls n'est pas à négliger ; ses caractères, joints à d'autres signes, fournissent beaucoup de lumières (1).

____

(1) Les expériences et les raisonnements rapportés par M. Martini ne prouvent pas que la dilatation du cœur soit

323. Je vais maintenant indiquer la circulation du sang. Ce fluide, distribué par les artères à toutes les parties du corps, est repris par les radicules des veines, qui forment peu à peu des troncs de plus en plus gros, et enfin aboutissent aux deux veines caves. Ces vaisseaux transmettent le sang dans l'oreillette droite : celle-ci se contracte et le chasse dans le ventricule droit. Le ventricule se contracte à son tour; son sommet se rapproche de sa base. Les valvules triglochines empêchent le retour du sang, qui passe dans l'artère pulmonaire, et pénètre de là dans les poumons. Repris par les veines pulmonaires, il revient à l'oreillette gauche, qui, par sa contraction, le pousse dans le ventricule gauche : celui-ci se contracte. Les valvules mitrales s'opposent au retour du sang : ce fluide est lancé dans l'aorte, d'où il ne peut revenir à

----

active, et que les artères jouissent d'une contraction et d'une dilatation de même nature que celles du cœur. On pense assez généralement que la dilatation de ce dernier organe n'est point active, et n'est que la cessation de sa contraction; que la dilatation et la contraction des artères ne sont que l'effet de leur élasticité; qu'enfin le pouls n'est que la sensation produite par la dilatation de ces vaisseaux, et en même temps d'un léger déplacement qu'ils éprouvent lorsque le flot de sang fait effort contre leurs parois par suite de la systole du ventricule gauche du cœur.

cause des valvules sigmoïdes. Cette artère le distribue à toutes les parties du corps ; il est repris
par les veines, et revient au cœur sans pouvoir
rétrograder, en raison de la disposition des valvules. Tel est le cours du sang chez l'homme
après sa naissance : ce cours est différent dans
le fœtus, comme nous le verrons ailleurs.

324. Il paraît que la quantité de sang qui est
lancée dans l'aorte et dans l'artère pulmonaire
par chaque contraction des ventricules n'excède
pas deux onces.

325. La vitesse du sang qui circule est certainement très grande ; il serait difficile de l'indiquer, parcequ'elle offre des différences marquées
en raison des diverses incitations auxquelles l'é-
conomie est soumise.

326. On ne connaît pas non plus la quantité
de sang que contient le corps humain ; cependant des physiologistes se sont efforcés de la
calculer. Chacun a suivi pour cela une méthode
différente : quelques uns firent l'ouverture d'une
veine sur un animal vivant, et laissèrent écouler
le sang jusqu'à ce que la mort survînt ; et ils éta-
blirent la proportion suivante : le poids de l'animal est au poids du sang qui s'est écoulé de
ses vaisseaux comme le poids d'un homme est
à un quatrième terme ; en multipliant le poids
de l'homme par le poids du sang de l'animal.

et en divisant le produit par le poids de ce dernier, on obtenait, selon eux, le poids du sang
humain. Mais il y a plusieurs raisons qui doivent empêcher d'adopter le résultat de ce calcul :
d'abord tout le sang ne s'écoule pas des vaisseaux ; ensuite la quantité de sang que possèdent les divers animaux est différente en raison
du volume de leurs corps. D'autres physiologistes, considérant l'énorme quantité de sang
qui s'écoule dans un espace de temps très court,
en ont inféré que la masse était très considérable ; ils n'ont pas fait attention qu'à mesure
que le sang sort de ses vaisseaux il s'en forme
de nouveau, d'où il faut conclure qu'il est impossible de calculer sa quantité. Il n'est donc
pas étonnant que chacun ait indiqué des proportions différentes. Lobb prétend que le sang égale
la seizième partie du corps ; Lower, la quinzième.
Suivant Quesnay, il y a vingt-sept livres de sang
dans le corps d'un adulte ; vingt-huit, suivant
Frédéric Hoffmann : du reste, la quantité de
sang, quelle qu'elle soit, doit varier suivant diverses circonstances. Enfin on sait que les veines
contiennent plus de sang que les artères : d'après
Haller, le sang artériel est au sang veineux dans
la proportion de quatre à neuf.

327. Le sang peut être ou en trop grande ou
en trop petite quantité chez le même homme :

dans le premier cas, il y a pléthore ; dans le
second, pauvreté du sang. Les autres humeurs
peuvent aussi présenter ces défauts de proportion ; mais on a plus particulièrement égard à
l'état du sang. On distingue trois sortes de pléthore : la pléthore vraie, la pléthore apparente,
et la pléthore relative. La pléthore vraie a lieu
lorsque la masse du sang est réellement augmentée. Quelques auteurs la divisent encore en
pléthore relative aux vaisseaux, et en pléthore
relative aux forces : la première dénomination
est employée lorsque les vaisseaux sont distendus par une trop grande quantité de sang ; la
seconde désigne cet état dans lequel la masse
de liquide excède les forces des vaisseaux. Cette
distinction semble tout-à-fait inutile, car on a
toujours égard et à la capacité des vaisseaux et
à leurs forces. Le nom de pléthore apparente est
appliqué à celle qui dépend de l'augmentation
du volume du sang, produite par la raréfac-
tion de ce fluide : enfin, la pléthore est relative
quand la capacité des vaisseaux est diminuée.
Suivant les pathologistes modernes, la pléthore
vraie s'observe rarement : ils pensent que la raré-
faction du sang n'a jamais lieu de manière à dis-
tendre les vaisseaux, puisque la chaleur animale
est toujours la même, ou que du moins elle
n'éprouve que de très légères variations ; que le

nom de pléthore relative n'est pas exact, parce-que le sang n'est augmenté ni dans sa quantité ni dans son volume. Pour moi, je crois que l'on peut diviser la pléthore en vraie et en apparente : la première sera celle dans laquelle la masse du sang est augmentée ; la seconde sera caractérisée, non par l'augmentation de la quantité de sang, mais par l'accroissement de l'action des vaisseaux. Cette dernière espèce paraît être plus fréquente. Il n'est guère croyable que la masse du sang puisse facilement s'augmenter de manière à gêner sa circulation, tandis qu'il y a beaucoup de causes susceptibles d'exciter incontinent l'action des vaisseaux. Ainsi, qu'on se représente un homme dont la constitution tienne un juste milieu, qui ne soit ni pléthorique ni appauvri : qu'il reçoive un affront injuste, ses joues se couvrent d'une rougeur subite, et se tuméfient légèrement ; ses yeux deviennent saillants ; son pouls bat avec force : qu'on lui apporte ensuite une triste nouvelle, les signes de pléthore disparaissent aussitôt, et des phénomènes opposés leur succèdent. Dans ce cas, le sang a-t-il donc augmenté et diminué de quantité en un moment ? Non, certainement. Souvent, dans les maladies inflammatoires, on tire plusieurs livres de sang : la quantité de ce fluide s'était-elle donc accrue dans cette proportion ?

Cela ne peut se supposer. Il est donc évident qu'on rencontre plus fréquemment la pléthore qui résulte de l'excitation augmentée des vaisseaux. Mais, dira-t-on, si la masse du sang n'est pas plus considérable, pourquoi évacue-t-on si souvent des quantités énormes de ce liquide? Voici ce que je répondrai avec Tommasini : dans les maladies inflammatoires, il y a phlogose des vaisseaux sanguins; or, les parties phlogosées deviennent plus excitables, les artères ressentent alors avec peine le stimulus du sang. On doit donc chercher à soustraire ce stimulus; ce n'est pas parceque le sang est en excès, mais parcequ'il n'est plus en rapport avec l'incitabilité des vaisseaux. Si l'on pouvait affaiblir la propriété stimulante du sang, il n'y aurait pas besoin de diminuer sa masse. Toutefois je ne suis pas du nombre de ceux qui nient qu'il y ait de pléthore vraie : il peut certainement arriver quelquefois que l'usage d'aliments très nourrissants, qu'une vie oisive, donnent lieu à la formation d'un sang plus abondant; mais cet état doit se présenter assez rarement. La pléthore, quelle qu'elle soit, peut s'allier à une bonne santé; mais elle dégénère aisément en maladie.

328. Le sang, comme je l'ai dit, est composé de sérum, de cruor et de fibrine. La proportion

de ces principes peut varier : le sérum entre à peu près pour un tiers ; plus il y a de force, plus la quantité de cruor et de fibrine est considérable. On donne le nom de *crase* au mélange de ces trois principes : une altération quelconque dans ce mélange est désignée par la dénomination de *dyscrasie.* Les pathologistes furent long-temps persuadés que la dyscrasie du sang ou des autres humeurs était la cause prochaine des maladies ; mais les modernes considèrent, avec plus de raison, les altérations des humeurs comme des effets des maladies. J'ai dit, en passant, quelques mots de ces diverses opinions, afin de montrer les rapports qui existent entre la physiologie et la pathologie : c'est dans les auteurs qui ont traité de cette dernière science qu'on devra chercher des notions complètes à ce sujet.

CHAPITRE X.

DE L'AIR.

329. Pour avoir une connaissance parfaite des phénomènes de la respiration, il est nécessaire de savoir ce qu'est l'air, au moyen duquel s'opère

cette fonction. L'air est un fluide élastique, pesant, insipide, ayant toutefois les propriétés de l'eau lorsqu'il en est pénétré, inaccessible à la vue quand il est sous un petit volume, donnant la sensation d'une couleur bleue lorsqu'il est répandu dans l'espace, entourant de tous côtés la terre, s'étendant au-dessus d'elle à une hauteur inconnue, formant le son par ses oscillations, et donnant naissance aux vents par ses déplacements.

330. Les anciens regardaient l'air comme un élément; Haller est le premier qui ait dit qu'il était composé de deux parties, l'une servant à la respiration, l'autre impropre à cette fonction : Mayow appela celle-ci esprit nitro-aéré ; Priestley donna le nom d'air déphlogistiqué à la partie de l'air qui est propre à la respiration. Ce chimiste pensait, en effet, avec Stahl, que les corps soumis à la combustion exhalaient un principe particulier nommé phlogistique; on pensait alors que, par la respiration, l'air acquérait du phlogistique. Enfin, Lavoisier a prouvé que l'air était composé de trois fluides élastiques ; savoir, le gaz oxygène, le gaz azote et le gaz acide carbonique. Si l'on expose de l'eau de chaux à l'air, il se forme du carbonate de chaux : l'air contient donc du gaz acide carbonique. Si l'on brûle du phosphore, il se produit de l'acide

phosphorique : l'air contient donc du gaz oxygène. Il reste une partie de l'air qui est impropre
à la respiration, et qui n'entretient pas la combustion, ce qui lui a fait donner le nom de gaz
azote. On a inventé un instrument pour calculer
la quantité de gaz oxygène que contient un volume donné d'air: c'est ce qu'on a appelé eudio-
mètre. Ce mot, si l'on a égard à son étymologie,
exprime la mesure de la salubrité de l'air ; mais
on s'en sert dans une autre acception : en effet,
la salubrité de l'air n'est point en raison de la
quantité de gaz oxygène ; cet instrument mérite-
rait plutôt le nom d'oxygénomètre. Il consiste en
un vase de verre qui plonge dans l'eau jusqu'à
une certaine hauteur, et dans lequel on brûle
des corps ; dès que la combustion s'opère, le
gaz oxygène est absorbé, et il se développe du
calorique. L'eau est d'abord déprimée à cause
de la dilatation de l'air ; mais son niveau s'élève
ensuite : ses degrés d'élévation indiquent la quantité de gaz oxygène contenue dans l'air. On a
proposé divers corps pour servir d'eudiomètres :
Priestley a recommandé le gaz oxyde nitreux,
autrement dit le gaz nitreux ; Schéele, les sul-
fures alcalins terreux ; Volta, le gaz hydrogène,
qu'on enflamme au moyen de l'étincelle électrique ; Jobert, mon maître, le phosphore. Les
observations eudiométriques ont démontré que

100 parties d'air atmosphérique étaient composées de 21 de gaz oxygène, de 78 de gaz azote,
et de 1 de gaz acide carbonique. Ces fluides se
trouvent, dans les mêmes proportions, dans
toutes les régions de l'atmosphère; ils ne sont
pas réunis mécaniquement; ils ne sont pas non
plus combinés ensemble : leur union résulte de
leur cohésion.

331. L'eau contenue dans l'air s'y trouve
sous deux états : une partie est accessible aux
sens, l'autre est latente. C'est à la première que
sont dus les météores aqueux; l'autre ne manifeste aucun signe de son existence. Il est constant
que l'air le plus sec contient encore une très
grande quantité d'eau. Pendant l'été, la sécheresse de la terre est très marquée, les fleuves sont
peu remplis, les torrents sont à sec : l'eau est
donc dans l'air? Qu'on ne croie pas qu'elle se
soit réfugiée dans le sein de la terre, car on peut
facilement prouver qu'elle est répandue dans
l'atmosphère. Souvent, en peu de temps, un ciel
serein se couvre de tous côtés de nuages épais
formés par le rassemblement de vapeurs, et des
pluies abondantes tombent sur la terre. On a
cherché à savoir si l'eau qui est contenue dans
l'air sans y être aperçue, y était dissoute ou seulement tenue en suspension : c'est une question
dont je laisse la solution aux chimistes.

332. Je crois que ce que j'ai dit de l'air suffit à l'explication des phénomènes de la respiration.

CHAPITRE XI.

DE LA RESPIRATION.

333. Le sang subit des changements notables
dans les poumons; il y perd certains principes,
il en acquiert d'autres puisés dans l'air qui y pénètre; il change de couleur; de noir il devient
rouge, et il recouvre les propriétés qui le rendent
propre à fournir aux sécrétions et à la nutrition.
Les poumons semblent placés au milieu du cercle vasculaire, afin de faire subir au fluide vital
qui y passe l'élaboration nécessaire aux fonctions qu'il doit remplir : on conçoit dès lors l'importance qu'on doit attacher à l'étude des phénomènes respiratoires.

334. La respiration comprend deux ordres de
phénomènes : les uns sont mécaniques, les autres chimiques. Les uns et les autres sont soumis
aux forces vitales : aux premiers se rapportent
la dilatation et le resserrement alternatifs de la
poitrine; aux seconds, les changements observés

dans l'air qui pénètre dans les poumons et dans le sang qui les traverse.

335. La contraction des muscles intercostaux externes et internes opère la dilatation de la poitrine ; mais le diaphragme y a aussi une grande part. Hamberger a prétendu que les intercostaux externes étaient antagonistes des internes, et agissaient alternativement : c'était le sentiment de Galien, adopté par Swammerdam ; mais Haller, ayant attaché aux côtes des fils qui suivaient la direction des fibres des muscles intercostaux externes et internes, prouva, en raccourcissant et relâchant alternativement ces fils, que les deux ordres de muscles concouraient également à opérer le mouvement d'inspiration. Leurs fibres se croisent, à la vérité, mais elles n'agissent pas dans une direction contraire : par cette disposition, une partie de leurs forces est bien perdue, mais tout leur effet n'est pas détruit. Les muscles que j'ai indiqués sont les seuls agents de la respiration dans l'état naturel ; les muscles intercostaux n'agissent même que peu ; ils ne paraissent pas indispensables à l'air pour executer l'inspiration. En effet, lorsque l'ossification des cartilages costaux, la fracture du sternum, ou l'ankylose des os du tronc, s'opposent aux mouvements des côtes. la respiration n'en continue pas moins. Les muscles intercostaux paraissent

plutôt destinés à arrêter l'action des muscles ex-
pirateurs et à s'opposer à l'écartement excessif
des côtes ; c'est le diaphragme qui joue le principal rôle dans l'inspiration ; d'autres muscles
réunissent leur action à la sienne dans la respiration difficile : tels sont les pectoraux, les scalènes,
les sous-claviers, les grands dentelés, les petits
dentelés supérieurs, les grands dorsaux, le muscle large du dos, les sterno-cléido-mastoïdiens,
les cervicaux descendants. Le diaphragme, par
sa contraction, augmente le diamètre vertical du
thorax ; les muscles intercostaux élèvent les côtes et les poussent en avant : le diamètre trans-
versal est donc augmenté ; les muscles dont l'action est ajoutée à ceux-ci dans le cas de maladie
servent à élever les côtes. La capacité de la poitrine se trouve augmentée par ces divers agents,
et l'air se précipite par la bouche dans les poumons; puis les muscles désignés précédemment
se relâchent, en même temps que les muscles de
l'abdomen se contractent. Les organes contenus
dans cette cavité sont comprimés, et repoussent le
diaphragme qui s'est relâché. Le thorax se resserre, et l'air est chassé des poumons. Lorsque
l'expiration est forte, elle exige le concours des
muscles dentelés postérieurs inférieurs, sous-
costaux, triangulaire du sternum, long du dos,
carré des lombes, et sacro-lombaires.

336. Les poumons, recouverts par les sacs des plèvres, qui sont continuellement arrosés par de la sérosité, et qui les laissent libres, puisque aucune particule d'air n'est interposée entre eux et le feuillet qui tapisse les parois internes du thorax ; les poumons, par leurs mouvements, reçoivent et chassent l'air qui a pénétré par les bronches. Le tissu de ces organes n'est point musculaire, et cependant il n'est pas entièrement passif. Peut-on regarder comme passif un tissu qui, sans être nullement musculaire, est évidemment contractile ? C'est ce que l'on observe particulièrement dans les poumons au moment de l'expiration (1).

337. Les physiologistes ont tenté d'apprécier le volume d'air qui pénètre dans les poumons. Boerhaave employait le moyen suivant : il faisait faire une forte inspiration à un homme placé dans un bain ; le degré d'ascension de l'eau indiquait la quantité d'air inspiré. Mais ce calcul ne peut être exact, à cause de l'agitation de l'eau. Senac s'est servi d'un autre moyen : il faisait

---

(1) Il est assez douteux, quoi qu'on en ait dit, que les poumons soient réellement actifs dans les mouvements d'extension et de contraction qu'offre leur tissu pendant l'inspiration et l'expiration : les expériences et les observations tendent plutôt à faire admettre leur passivité absolue.

une grande inspiration dans un long tube qui plongeait dans l'eau ; la quantité d'eau qui montait dans ce tube était la mesure de l'air inspiré. Mais les résultats de ces expériences ont varié suivant les divers observateurs : Senac prétendait qu'il entrait dans le poumon, à chaque inspiration, douze ou treize pouces cubes d'air ; Menziès disait qu'il pénétrait tantôt 40,781, tantôt 46,76 pouces cubes, et, terme moyen, 43,77.

338. On a cherché à déterminer la pression que supportent les poumons pendant les mouvements alternatifs d'inspiration et d'expiration. D'après Borelli, la quantité d'air inspiré est de quinze pouces, et la force des muscles intercostaux est égale à un poids de trente-deux mille quarante livres. Keil, d'après des principes semblables, a admis une force immense de pression. Jurine pensait que la colonne d'air exerçait sur les poumons une pression proportionnelle à la vitesse de son mouvement, qu'il s'est efforcé de soumettre au calcul. Suivant Sauvages, les poumons acquerraient un volume neuf et quelquefois dix fois plus grand, ce qui exigerait une dilatation extraordinaire du thorax. Tout récemment, Goodwin a prétendu qu'il y avait avant l'inspiration cent neuf pouces cubes d'air dans la poitrine ; que l'inspiration en introduisait douze pouces ; que ces douze pouces se dila-

taient d'un sixième, et que la masse d'air contenue dans les poumons distendait ces organes
dans une proportion cubique. Il en conclut que
la distension des poumons avant l'inspiration est
à celle qui existe après l'expiration comme la
racine cubique de 109 est à celle de 123 ; la différence de tous ces résultats en démontre l'incertitude.

339. Je vais m'occuper maintenant des phénomènes chimiques de la respiration. Les anciens n'ont pu ignorer que l'air était altéré par la
respiration des animaux, et qu'il devenait impropre à l'entretien de la vie. C'est un fait que
confirmait l'observation journalière ; mais c'est
aux savants de notre époque qu'on doit d'en
avoir fait connaître la cause. Mayow avait dit
qu'un esprit nitro-aéré entretenait la respiration :
ce que cet auteur désignait par ce nom peut s'appliquer au gaz oxygène. Il avait donc découvert
la vérité ; mais sa théorie, qu'on ne comprit
pas, ne fut point adoptée, et fut bientôt oubliée.
Stahl pensait que par la respiration le phlogistique du sang était pris par l'air, et que par conséquent l'air était la cause des changements
qu'on observe dans le sang qui traverse les poumons. Cela était également reconnu par Blak,
Priestley, Cigna ; mais Lavoisier mit cette vérité dans tout son jour : il montra que dans la

respiration il y avait absorption d'une certaine quantité du gaz oxygène que contient l'atmosphère ; qu'il se développait du gaz acide carbonique, et que l'air expiré renfermait des vapeurs aqueuses. Voici l'explication qu'il donne de la respiration : le sang noir contient beaucoup d'hydrogène et de carbone ; le gaz oxygène, introduit par l'inspiration, s'y dissout : une partie de ce gaz se combine avec le carbone du sang qui traverse les poumons, ce qui donne naissance à l'acide carbonique, que le calorique fait développer sous la forme gazeuse ; une autre partie se combine avec l'hydrogène, et forme de l'eau ; une troisième, enfin, s'unit au sang.

340. Les physiologistes qui ont étudié avec plus de soin la respiration ont reconnu qu'il restait encore des doutes sur ses phénomènes. On s'est demandé si le gaz oxygène était principalement absorbé pendant la respiration ; s'il y avait émission ou production du gaz acide carbonique ; si l'eau qui est rendue par l'expiration était formée par la combustion de l'hydrogène du sang, ou par la respiration pulmonaire ; si enfin une certaine quantité d'azote pénétrait dans le sang. Quant au premier point, je dois faire mention des expériences qu'a faites de Humboldt, et que Vassalli a répétées. D'après ces expériences, il paraît constant que l'air dans lequel

respirent les animaux ne perd pas une grande
quantité de gaz oxygène. S'il en est ainsi, il est
clair que l'on ne peut pas regarder ce gaz comme
s'étant développé spontanément; si le gaz oxygène absorbé pendant la respiration ne suffit
pas pour la formation du gaz acide carbonique
qui s'échappe des poumons, il est évident qu'il
s'introduit de ce dernier par quelque endroit.
Puisque les vapeurs rendues par l'expiration ne
sont pas formées par de l'eau pure, et que les
poumons ne présentent pas les conditions que
l'on juge nécessaires à la combustion de l'hydrogène, une température très élevée, on doit
être porté à croire que ces vapeurs sont un résultat de la perspiration pulmonaire. Cette opinion acquiert plus de fondement, si l'on considère que la quantité des vapeurs pulmonaires
est en raison opposée de la quantité de perspiration cutanée; de plus, ces deux fluides sont
de même nature. Quant à l'azote, des hommes
célèbres, tels que Priestley, Davy, Handerson,
sont convaincus qu'une certaine quantité de ce
gaz pénètre dans le sang : Davy évalue cette
quantité à 0,143 de l'air consommé par la respiration; Thomson pense que le gaz azote pénètre
dans le sang, mais qu'une certaine quantité d'air
non décomposé était prise par les vaisseaux absorbants; d'autres soutiennent qu'ils n'ont ob-

servé aucune diminution de gaz azote dans l'air expiré. Le raisonnement, bien plus que l'observation, a conduit beaucoup de physiologistes à penser que quelques parties de ce gaz se mêlent au sang pendant la respiration : ayant remarqué que les animaux contenaient une grande proportion d'azote, qui manque dans les plantes, ou qui n'y existe qu'en très petite quantité, ils ont conclu que ce gaz était fourni à l'économie par l'air atmosphérique au moyen de la respiration ; mais on a objecté qu'il y avait dans toutes les plantes assez d'azote pour entretenir la quantité nécessaire aux animaux. Ce procès n'est pas encore jugé.

341. Cependant il est certain que l'air atmosphérique perd de son oxygène par la respiration, et qu'il acquiert de l'acide carbonique. L'air est composé de 0,21 d'oxygène, de 0,1 d'acide carbonique, et de 0,78 d'azote : l'air expiré contient 0,18 d'oxygène et 0,4 d'acide carbonique. La quantité de ce dernier gaz répond à peu près à celle d'oxygène absorbé ; cependant Gay-Lussac et Davy ont trouvé quelquefois une plus grande proportion d'acide carbonique, ce qui fait penser que ce gaz provient de quelque autre source. Davy a écrit que 512 centimètres cubes de gaz oxygène étaient consommés en une minute ; Thompson porte à 655 centimètres cubes la

quantité d'acide carbonique rendue par l'expiration.

342. Le sang qui traverse les poumons éprouve des modifications résultant des modifications mêmes de l'air inspiré; d'abord noirâtre, n'ayant presque point d'odeur, sa température est de 31° (therm. Réaum.); sa capacité pour le calorique, est de 852; sa pesanteur spécifique, de 1049 : il se concrète promptement, et contient moins de sérosité. Le changement de couleur du sang dans les poumons dépend évidemment de l'action de l'oxygène ; les expériences de Cigna le démontrent complètement. Le sang tiré d'une veine rougit à sa surface, tandis qu'il est toujours noir à l'intérieur. Si l'on divise la masse, la partie qui est en rapport avec l'air rougit. Il ne faut pas croire que les parois des vaisseaux sanguins et aérifères s'opposent à l'action du gaz oxygène sur le sang: Cigna s'est assuré que le sang contenu dans une vessie éprouvait les mêmes changements, quoique plus tard; au contraire, le sang exposé à l'air, privé entièrement de son oxygène, conserve sa couleur noire, et même en prend une plus foncée. Quoique les changements qui s'observent dans le sang évacué d'un corps vivant et soumis à l'action de l'air paraissent semblables à ceux qui ont lieu dans ce même fluide doué de vie et circulant dans les organes respi-

ratoires, toutefois les poumons, comme le remarque avec raison Richerand, ne doivent pas être considérés comme passifs et assimilés faussement à un récipient chimique. De même que l'estomac agit sur les aliments, les poumons modifient l'air, lui donnent les conditions qui le rendent susceptible d'éprouver les changements que j'ai décrits. J'ai dit précédemment que la couleur rouge du sang dépendait d'une substance particulière, et non du phosphate de fer.

343. L'air privé d'oxygène se montre impropre à entretenir la respiration : cependant on ne doit pas mesurer la salubrité de l'air d'après la quantité d'oxygène qui y est contenue. Respiré pur, ce gaz devient nuisible, et ne tarde pas à produire la mort : aussi la nature a eu la prévoyance de lui adjoindre l'azote et l'acide carbonique pour diminuer son activité.

344. Les nerfs de la huitième paire se distribuant aux poumons, les physiologistes ont cherché à connaître leur influence sur la respiration. Dupuytren, Dumas, Blainville, Provençal et Legallois, firent des expériences nombreuses à ce sujet, pour éclairer ce qui en avait été dit par les anciens. La section des nerfs de la huitième paire dans la région du cou, au niveau de la glande thyroïde, influe tantôt sur le larynx, tantôt sur les

poumons. J'ai indiqué dans un autre endroit ce qui en résultait pour le larynx ; je vais seulement exposer ici ce qui se passe dans les poumons. Lorsque la section de la huitième paire n'a pas produit une constriction de la glotte telle que la mort en soit le résultat instantané, voici ce qui a lieu : la respiration devient d'abord laborieuse, les mouvements d'inspiration se succèdent avec rapidité, les mouvements volontaires deviennent lents, souvent les animaux restent dans une immobilité complète. Cependant les modifications chimiques du sang ne sont pas aussitôt suspendues ; mais le lendemain il survient une plus grande difficulté de respirer, les efforts d'inspiration sont plus pénibles, le sang est moins coloré, les symptômes s'augmentent, l'animal devient froid, puis il périt : dans quelques cas, la mort n'arrive que le quatrième jour. A l'ouverture de la poitrine, on trouve les cellules bronchiques, les bronches, et souvent la trachée artère, remplies d'un liquide écumeux, quelquefois sanguinolent ; le tissu pulmonaire est manifestement engorgé ; le tronc de l'artère pulmonaire et ses divisions sont remplis d'un sang noir ; fréquemment il y a du sang épanché dans le parenchyme des poumons. On a observé qu'après la section des nerfs de la huitième paire il y avait moins de gaz oxygène absorbé, et moins d'acide carbonique excrété ; ce qui a fait conclure aux expérimentateurs cités plus haut, que les animaux périssaient par l'affection du poumon, qui empêchait l'air inspiré de pénétrer dans les lobules bronchiques. Magendie prétend que le sang circule difficilement alors dans les veines ; ce que paraissent prouver la distension des veines après la mort, et la petite quantité de sang que contiennent les artères pulmonaires. Si l'on ne coupe qu'un seul tronc nerveux, l'animal succombe plus lentement, souvent même il échappe à la mort. Mais l'action des nerfs, demandera-t-on, influe-t-elle sur les phénomènes mécaniques ou sur les phénomènes chimiques de la respiration ? Je crois que cette influence a lieu sur les uns et les autres ; car je ne puis me figurer que dans une action qui s'opère dans l'économie, les forces mécaniques et chimiques soient entièrement bannies.

345. Si l'on enlève une portion du crâne, on voit le cerveau s'élever et s'abaisser alternativement. On a recherché si ces mouvements dépendaient de la respiration ou de la contraction du cœur et des artères. Willis et Baglivi croyaient que la dure-mère jouissait de la même contractilité que les muscles : cette opinion a été rejetée. Les anatomistes ont démontré que la dure-mère n'était nullement musculaire. Il y a long-temps

que Galien avait attribué au cerveau, que recouvre cette membrane, les mouvements qu'on y observe lorsqu'elle est mise à nu. Ce sentiment a été suivi par les auteurs modernes, Schlicting, Lamure, Haller et Vicq-d'Azyr; mais ils sont en dissidence sur la cause qui produit cette élévation et cet abaissement du cerveau. Galien professait que les mouvements du cerveau correspondaient à ceux de la respiration, l'élévation à l'inspiration, l'abaissement à l'expiration. Schlicting, dans le dernier siècle, a émis la proposition contraire; il rapporte un grand nombre d'expériences à l'appui de son opinion : tout en certifiant le fait, il hésite à décider s'il provient de l'air ou du sang envoyé par les poumons au cerveau. Haller et Lamure firent des expériences sur les animaux vivants pour vérifier la proposition de Schlicting. Pendant l'expiration, les parois du thorax sont déprimées, la cavité de la poitrine se rétrécit, les poumons sont comprimés; le sang qui les traverse y trouve une voie moins libre; le cœur et les gros vaisseaux éprouvent une certaine pression ; le sang de la veine cave supérieure ne peut plus se verser librement dans l'oreillette droite; celle-ci elle-même ne peut pas se décharger dans le ventricule du même côté, à cause de l'obstacle qui empêche le sang de se porter aux poumons. Joignez à cela la compres-

sion de la veine cave par ces organes; le sang est
donc forcé de refluer dans les veines jugulaires et
vertébrales; ces vaisseaux sont distendus, et le
gonflement s'étend aux sinus de la dure-mère, et
aux veines du cerveau, qui s'élève nécessairement. Mais succède l'inspiration : les poumons
se dilatent, le sang traverse librement ces organes;
ce qui produit l'abaissement du cerveau. Lamure
prétend qu'il y a, entre la dure-mère et la pie-mère,
un espace sans lequel on ne pourrait pas concevoir le mouvement du cerveau; mais un examen
rigoureux démontre que cet espace n'existe pas.
Haller, au moyen de la théorie de Lamure, se rend
compte de la respiration intense et laborieuse,
de la toux, du rire, de l'éternuement; mais il
pense que dans l'état naturel le sang stagne seulement pendant l'expiration dans les vaisseaux
qui le ramènent des parties intérieures du crâne.
Le même auteur admet dans le cerveau d'autres
mouvements correspondant à ceux des artères
qui se distribuent dans la substance cérébrale.
Vicq-d'Azyr admet également deux sortes de
mouvements dans le cerveau : l'un produit par
la respiration, l'autre par les artères. Richerand
soutient que l'élévation et l'abaissement alternatifs qu'on remarque dans la masse cérébrale
après avoir emporté une partie du crâne proviennent du mouvement des artères situées à sa

base : il fait remarquer que les mouvements du cerveau répondent à la diastole et la systole des artères, tandis qu'ils ne se rapportent nullement aux mouvements de la respiration; il affirme s'être assuré de ce fait par des expériences répétées. Mais peu de personnes ont adopté l'opinion de ce célèbre physiologiste; la plupart, au contraire, prétendent avoir observé dans leurs expériences une correspondance évidente entre les mouvements du cerveau et ceux de la respiration : je me range de ce dernier avis. Il est bon toutefois de prévenir que, lorsque le crâne est intact, le cerveau ne s'élève pas, qu'il tend seulement à s'élever. Peut-être trouvera-t-on que c'est déjà trop; car, s'il y avait dans le sang quelque effort pour soulever le cerveau, quelqu'une de ses parties serait comprimée, ce qui nuirait certainement à ses fonctions. On devrait donc être porté à croire que le cerveau est déprimé pendant l'inspiration, et que pendant l'expiration il revient à son premier état.

346. Il s'agit maintenant de rechercher quelle est la cause de la respiration. On a émis à ce sujet diverses opinions : les anciens ont écrit que l'artère pulmonaire se dilatait par l'impulsion du cœur; que le sang affluait aux poumons, et y provoquait la respiration. Descartes pensait que la poitrine, en se dilatant, donnait une

impulsion à l'air, qui, en vertu de son élasticité, se portait dans le lieu d'où il avait été chassé, et pénétrait par conséquent dans les poumons. Swamerdam, Boyle, Pecquet, Willis, disent que l'air contenu dans la poitrine est plus rare; que celui qui est à l'extérieur est plus dense; qu'ainsi ce dernier doit se précipiter dans les poumons. Mais le cœur se contracte dans le fœtus qui n'offre pas encore de respiration; les mouvements de la respiration, d'ailleurs, ne répondent pas à ceux du cœur. Descartes et Swamerdam posent en principe que la poitrine se dilate; mais, quelle est la cause de cette dilatation? On peut faire la même remarque à l'égard de Boyle, de Pecquet, de Willis, qui admettent ce qu'il faudrait démontrer. Ainsi pourquoi l'air est-il raréfié dans l'intérieur de la poitrine, d'où il s'échappe, puis est dispersé, revient vers le corps, s'introduit dans la bouche, et pénètre les poumons? On ne conçoit pas davantage pourquoi l'inspiration et l'expiration se succèdent alternativement. Struemius prétend que la veine azygos est comprimée; Martini et Ludwig pensent que c'est le nerf phrénique. D'après Boerhaave, les artères pulmonaires sont comprimées; l'afflux du sang vers le cerveau est diminué, et il y a suspension de la sécrétion du fluide nerveux qui anime les muscles inter-

costaux et le diaphragme. Haller a écrit que le
sang traversait difficilement les poumons à cause
de leur compression , ce qui produisait une sensation pénible , et déterminait l'inspiration ; que
la dilatation qui avait lieu dans ce mouvement
des poumons causait de la douleur, et déterminait l'expiration : mais cet auteur rejette entièrement l'idée de la compression de la veine azygos, ou du nerf phrénique ; du reste, pour
admettre cette compression, il faut déjà supposer que la respiration s'est opérée. La théorie
de Boerhaave, en la supposant réelle, ne rendrait compte que de l'expiration ; elle ne peut
certainement pas expliquer l'inspiration. D'ailleurs, comment concevoir qu'il y ait suspension
de l'afflux du fluide nerveux vers le diaphragme
et les muscles intercostaux, et nullement vers
les autres muscles? La respiration continue pendant le sommeil, et pendant cet état il n'existe
aucune sensation ; c'est donc sans fondement
que Haller a recours, pour expliquer les phénomènes de la respiration , à une sensation douloureuse qui serait déterminée alternativement,
et par la difficulté du passage du sang à travers
les poumons comprimés, et par la dilatation de
ces organes. De plus, cet auteur n'a point eu
égard aux changements qui s'opèrent dans l'air
inspiré; mais cette erreur doit être plutôt re-

prochée à l'époque qu'à cet illustre physiologiste : la chimie pneumatique n'avait pas encore,
de son temps, répandu les lumières qu'elle a
fait briller depuis. On n'a donc pu apprécier, il
faut l'avouer, la cause qui fait succéder alternativement l'inspiration et l'expiration. J'exposerai, dans un autre endroit, ce qu'on a dit de la
cause qui déterminait la première inspiration.

347. Il me reste à décrire quelques phénomènes qui dépendent des diverses modifications
de l'inspiration et de l'expiration, ainsi que du
passage de l'air dans le larynx : à l'inspiration se
rapportent le soupir, le bâillement, l'action de
sucer ; de l'expiration proviennent la voix, le
chant, la parole. L'anhélation, l'action de souf-
fler, l'effort, la toux, l'éternuement, le sanglot,
le rire, les pleurs, dérivent de l'union des deux
mouvements inspiratoires et expiratoires. Le soupir est une inspiration forte, pleine, sonore, qui
se fait en ouvrant la bouche, et que termine une
expiration semblable ; s'il s'y joint quelque son,
il y a gémissement. L'action de sucer s'opère au
moyen d'une profonde inspiration, les lèvres tellement appliquées au mamelon ou au tube plongé
dans un liquide, que tout accès soit fermé à l'air
extérieur. L'anhélation (expression employée par
Richerand) consiste en inspirations et expirations
très courtes qui se succèdent. L'effort est une inspi-

ration longue, profonde, et qu'on retient pendant un certain temps. La toux consiste en une forte inspiration, suivie d'une expiration rapide, intense et sonore. Dans l'éternuement, il y a très forte inspiration avec déjettement de la tête en arrière, puis une expiration intense pendant laquelle la tête se fléchit. Le rire bien marqué consiste en de légères expirations entrecoupées qui suivent l'inspiration ; le rire immodéré est formé par une suite d'inspirations et d'expirations très rapides et sonores. Les pleurs consistent en une inspiration que suivent plusieurs expirations entrecoupées ; ils s'unissent souvent au soupir. Le sanglot résulte d'une inspiration forte et soudaine, et d'une expiration entrecoupée et sonore. Mais, parmi les phénomènes qui se rapportent à la respiration, on distingue principalement la voix et la parole : j'en traiterai dans un autre endroit.

348. La description des phénomènes précédents présente plusieurs sortes d'avantages : parmi ces phénomènes, les uns se rapportent à des besoins, d'autres révèlent l'existence de quelque affection morbide ; d'autres, enfin, peignent les divers états de l'âme. Au moyen de la succion, l'enfant tire sa nourriture des mamelles de sa mère. L'effort concourt à l'expulsion des féces et à l'accouchement. L'anhélation facilite

le passage du sang dans les poumons. Le bâillement annonce l'invasion du sommeil, l'ennui, le besoin des aliments. Le soupir et les pleurs dévoilent la tristesse. Le rire est l'expression de la joie. La toux et l'éternuement débarrassent les voies aériennes et les fosses nasales des objets qui les irritent. De plus, la respiration paraît jouer un rôle très important dans l'entretien de la chaleur animale : ce sujet sera traité ailleurs.

CHAPITRE XII.

DES SÉCRÉTIONS.

349. Le sang, porté par les artères et les veines dans toutes les parties du corps, laisse aux divers organes sécréteurs divers principes qui, après de nouveaux détours, donnent naissance aux humeurs de l'économie.

350. Les physiologistes croyaient que toutes les humeurs circulaient mélangées au sang, et qu'elles se déposaient dans les organes respectifs chargés de les sécréter; mais il n'est pas difficile de prouver la fausseté de cette opinion, et d'abord il faudrait expliquer comment les humeurs sont élaborées dans le sang. Pour cela, si l'on

détruit quelque organe sécréteur, on ne découvre plus de vestige de l'humeur qu'il formait : les eunuques sont privés de tous les caractères qui dépendent de l'influence du sperme.

351. On a coutume, depuis long-temps, de distinguer les humeurs en récrémentitielles, excrémentitielles et excrémento-récrémentitielles. Les premières restent dans l'économie pour servir à la nutrition et à l'accroissement ; les secondes sont destinées à être évacuées ; les troisièmes participent des caractères des deux autres classes : mais puisqu'il y a toujours quelque partie des humeurs prise par l'absorption, il n'en est pas qui soient absolument excrémentitielles. Fourcroy a admis six classes d'humeurs qui se rapportent à la fois au chyle, à la lymphe et au sang ; elles sont désignées d'après les principes qui y prédominent : ce sont les humeurs salines, huileuses, savonneuses, muqueuses, albumineuses et fibrineuses. La matière de la perspiration et l'urine appartiennent aux humeurs salines ; la graisse et le cérumen aux humeurs huileuses, le lait aux savonneuses ; les fluides sécrétés par les membranes muqueuses se rapportent aux humeurs muqueuses, la sérosité aux albumineuses ; le sang, le chyle et la lymphe aux fibrineuses. Berzelius a divisé les humeurs sécrétées en deux classes : la première comprend celles qui doi-

vent rester dans l'économie; dans la seconde se rangent celles qui doivent en être rejetées : il appelle les unes sécrétoires, les autres excrétoires. Il est évident que cette division ne diffère nullement de l'ancienne. Richerand distingue trois classes d'humeurs sécrétées : la première classe comprend celles qui sont formées sans le secours de glandes; la seconde, celles qu'élaborent les follicules muqueux; et la troisième, les humeurs sécrétées par les glandes conglomérées. Cet auteur les désigne sous les noms de perspiratoires, de folliculaires et de glandulaires (1). Cette division ne me paraît pas exacte, en ce qu'elle n'indique pas la nature différente des humeurs, et en ce qu'elle sépare les follicules des glandes auxquelles ils se rapportent : du reste, il est difficile d'établir des classes bien distinctes entre les humeurs.

352. Il y a deux sortes de sécrétions : en effet, parmi les humeurs, les unes sont formées sans l'intervention de glandes; les autres exigent le concours de ces organes. On peut nommer l'opération qui forme les premières sécrétion simple ou exhalation, pour la distinguer de la sécrétion complexe ou glandulaire. Des physiolo-

---

(1) Cette division appartient plus particulièrement à M. Chaussier.

gistes pensèrent que l'exhalation consistait en une sorte d'expression des particules les plus ténues du sang à travers les pores inorganiques des artères ; ce qui est vraiment absurde, car ce n'est pas le même fluide qui est exhalé dans toutes les parties du corps. On peut donc regarder les humeurs perspiratoires comme élaborées par un appareil organique inaccessible à l'œil.

353. Toutes les humeurs, si l'on en excepte la bile, sont fournies par le sang artériel. On n'est point encore d'accord sur l'origine de la bile ; la plupart des physiologistes pensent que le sang qui se rend au foie par la veine-porte est destiné à la sécrétion de ce fluide. Bichat a combattu cette opinion par les raisons que je vais exposer brièvement. Suivant cet auteur, aucune analyse chimique ne démontre que le sang de la veine-porte soit plus approprié à la formation de la bile que le sang de l'artère hépatique. Le volume de cette artère est plus que celui de la veine-porte en proportion avec la capacité des conduits biliaires. La graisse, la substance médullaire des os, le cérumen, sont des humeurs huileuses, et ne sont cependant pas fournis par le sang veineux. Pourquoi donc supposerait-on que la bile provient du sang de la veine-porte, parceque ce sang renferme une grande quantité de parties huileuses? Les fluides injectés par l'ar-

tère hépatique parviennent aussi bien dans les conduits biliaires que lorsqu'ils sont poussés par la veine-porte. Malgré ces arguments de Bichat, je suis porté à admettre l'opinion de ceux qui croient la bile formée par le sang veineux. Ainsi, comme le remarque judicieusement Haller, si l'on refuse à la veine-porte la fonction de fournir la matière de la sécrétion bilieuse, quel autre usage pourra-t-on attribuer? Ensuite, l'on ne peut pas établir d'analogie exacte entre la sécrétion de la graisse, de la moelle des os, du cérumen et celle de la bile; dans aucun endroit du corps les veines ne se comportent comme la veine-porte. Si le foie reçoit une veine dont la disposition diffère de celle des autres vaisseaux du même ordre, et est analogue aux artères par son mode de distribution, n'est-on pas en droit de penser que cette veine remplit quelque fonction importante?

354. Chacune des autres humeurs est sécrétée par un organe différent; ces organes offrent la plus grande analogie, si l'on n'a égard qu'à leurs éléments constitutifs. En effet, il existe dans tous des vaisseaux sanguins, lymphatiques, excréteurs, des nerfs et du tissu cellulaire; mais il faut remarquer que ces éléments offrent dans chaque organe sécréteur la plus grande variété relativement à leur mode de distribution et à leur

disposition : c'est ce qui rend compte de la différence des humeurs sécrétées.

555. Il faut toutefois attribuer une grande part de ce résultat aux forces vitales. Certainement les différences d'incitations apportent de notables modifications dans les humeurs : c'est ce qu'on observe surtout dans l'urine qui est rendue pendant les divers stades dont se compose un accès de fièvre intermittente. Pendant le frisson, l'urine est aqueuse; elle est rouge lorsque commence le stade de chaleur, et présente un sédiment briqueté quand la sueur a lieu. Puisque je traite des sécrétions, je crois devoir parler de quelques organes dont les fonctions ne sont pas bien connues, mais qui paraissent cependant destinés à sécréter quelque fluide ou à opérer quelque modification dans le sang qui les traverse : tels sont la rate, la glande thyroïde, le thymus et les reins succenturiaux.

556. Les anciens ont émis un grand nombre d'opinions sur les fonctions de la rate. Suivant Hippocrate, cet organe attire l'excès d'acide qui ne peut pas être rejeté par la peau ; Galien lui fait sécréter une humeur acide qui sert à exciter la digestion. D'après d'autres auteurs, la rate sécrète une humeur particulière, qu'ils ont appelée atrabile ; ou bien elle rend le sang plus fluide, ou lui enlève l'excès de graisse qu'il a pris en traversant

l'épiploon et le mésentère. Hewson a imaginé que la rate concourait, avec les glandes conglobées, à former les globules rouges du sang ; d'autres ont pensé qu'elle fournissait au sang les matières des sécrétions du sperme, des fluides abdominaux, de la synovie, du cérumen ; mais toutes ces opinions sont rejetées. De nos jours, la rate a été le sujet de vives discussions. Moreschi a avancé que cet organe était un diverticulum du sang ; que ce fluide s'y rassemblait hors le temps de la digestion ; que pendant la digestion l'estomac comprimait la rate ; qu'alors le sang prenait son cours par les vaisseaux courts, et affluait à l'estomac, où il déterminait la sécrétion du suc gastrique. Rush pense que la rate est destinée à servir de refuge au sang, afin de l'empêcher de se porter avec trop de force vers les organes les plus importants, qui en seraient lésés. Home a écrit qu'elle absorbait les liquides qui s'amassent dans l'estomac. Haller, Caramelli, et la plupart des physiologistes, pensent que la rate fait subir au sang quelque modification préparatoire à la sécrétion de la bile ; mais, dans certains animaux, la rate est située de telle manière que l'estomac ne saurait la comprimer, et qu'elle ne paraît avoir aucun autre rapport avec ce dernier organe. L'opinion de Moreschi tombe donc d'elle-même. Souvent la rate est plus petite dans les cadavres de ceux qui ont succombé à quelque maladie inflammatoire, et est augmentée notablement de volume dans les maladies provenant de la débilité; par conséquent, le sentiment de Rush ne peut être adopté. Rien ne vient à l'appui de la supposition de Home; il n'existe aucun vaisseau absorbant qui établisse de communication directe entre l'estomac et la rate : celle-ci ne contient aucune humeur particulière ; elle offre seulement un grand nombre de vaisseaux sanguins, et beaucoup de sang par conséquent. L'opinion que j'ai exposée en dernier s'approche davantage de la vérité. En effet, la veine splénique verse une grande quantité de sang dans la veine-porte : mais quelle est la modification qu'a subie ce fluide? Nous l'ignorons. Il serait superflu de combattre les idées des anciens sur les usages de la rate : les uns pensent que le sang y entrait en effervescence, les autres qu'il s'y formait une bile noire, d'autres enfin qu'elle servait de contre-poids au foie. La fausseté de ces assertions se démontre d'elle-même.

357. Le thymus a un volume considérable chez le fœtus, et qui diminue après la naissance : il est composé de lobules réunis par du tissu cellulaire, et dans lesquels se trouvent des vésicules remplies d'une liqueur visqueuse comme

lactée; mais il n'existe aucun conduit excréteur.
On ne connaît pas encore la nature et les usages
de cette humeur: le volume que le thymus présente chez le fœtus fait penser que cet organe a
quelque fonction particulière à cet être; mais
personne encore n'a pu la découvrir.

358. La glande thyroïde est formée d'un tissu
cellulaire dense, de lobules et de grains inter-
posés; elle n'a pas de conduit excréteur, elle
diminue avec l'âge : ses fonctions ne sont pas
moins inconnues que celles du thymus.

359. Les reins succenturiaux présentent la
structure glandulaire; ils sont composés de lobules réunis par du tissu cellulaire : on y rencontre un fluide plus ténu chez le fœtus, plus
dense chez l'adulte. Leur volume est beaucoup
plus considérable avant qu'après la naissance :
on est, en conséquence, porté à croire que, de
même que le thymus et la glande thyroïde, ils
remplissent chez le fœtus quelque fonction inconnue jusqu'à présent.

360. Les organes sécrètent fréquemment des
fluides différents de ceux que la nature leur a
assignés : c'est ainsi qu'on voit la sclérotique
prendre une couleur jaune, non pas parceque
la bile s'est portée subitement vers cette partie,
car la couleur ictérique de la peau ne provient
pas toujours de la bile. Mais, quoique les hu-

meurs puissent quelquefois éprouver des modifications telles qu'elles se rapprochent d'autres fluides animaux par quelques propriétés, elles conservent néanmoins certains caractères propres à les en faire distinguer : c'est pourquoi, lorsque quelque humeur se montre dans des parties qui lui sont étrangères, il faut croire qu'elle a été sécrétée par son organe spécial, puis absorbée et transportée au lieu où on l'observe.

361. Il me reste à indiquer les propriétés des humeurs et leurs principes constituants : en traitant ce sujet, il importe de ne pas accorder une part trop grande à la chimie dans des recherches physiologiques. Coutanceau a judicieusement réprimé les applications exagérées des sectateurs de la chimie pneumatique ; et Virey, qui s'est encore plus prononcé contre ces applications, a remarqué avec raison que le pain et la ciguë fournissaient à peu près les mêmes résultats. Je rapporterai ce que les chimistes ont dit des humeurs qu'ils ont examinées, tout en avouant que leurs analyses sont imparfaites ; je commencerai par les humeurs produites par exhalation, et qui comprennent la sérosité, la graisse, les humeurs de l'œil, la matière de la perspiration cutanée, celle de la perspiration pulmonaire, le suc gastrique, et l'eau de l'amnios.

362. On recueille aisément de la sérosité en

introduisant le doigt dans l'une des cavités splanchniques d'un animal vivant, ou mort tout récemment. Rouelle le jeune, qui a examiné le liquide des hydropiques, lui a trouvé les mêmes propriétés à peu près qu'au sérum du sang ; la principale différence consiste dans la moindre quantité d'albumine que contient la sérosité. Bostok y a trouvé 97,8 parties d'eau, 1,0 d'hydro-chlorate de soude, 0,5 d'albumine, 0,5 de mucilage, 0,2 de gélatine, et quelques vestiges de chaux.

363. Le tissu cellulaire est baigné par une humeur séreuse, mais il sécrète dans quelques endroits un fluide huileux plus épais, auquel on a donné le nom de graisse, et qui offre une consistance variable. Dans certaines parties, la graisse est dense, disposée par masses ; ailleurs elle est ténue, diffluente, et a l'aspect de gélatine liquéfiée. Elle a une saveur fade, et une légère odeur lorsqu'elle est chauffée ; sa saveur et son odeur ont quelque chose de pénétrant chez quelques animaux, surtout chez ceux qui sont exposés à des exercices violents. Olaüs Borrichius avait, dans le commencement du dernier siècle, remarqué que la graisse soumise à l'action du feu répandait une fumée âcre ; Cartheuser la regarda comme une huile condensée par quelque acide : ce qui lui avait suggéré cette opinion, adoptée jusqu'à

présent par tous les chimistes, c'est que les huiles végétales acquièrent de la densité par l'action des acides. Grutsmacher chercha à connaître la nature de l'acide de la graisse ; Rhadesi, Knapi, Seguer, ajoutèrent à ses travaux. Crell fit des recherches suivies sur cet acide, et trouva le moyen de l'obtenir. Maret confirma les expériences de Crell. Bergmann décrivit les propriétés de l'acide sébacique (c'est ainsi qu'on l'appela); Guyton avança que cet acide était développé, tandis que Berthollet soutint qu'il était contenu dans la graisse ; Fourcroy prétendit, contre Guyton, qu'il était produit accidentellement. Si l'on soumet la graisse à une chaleur modérée, elle devient transparente ; ôtée du feu, et abandonnée à elle-même, elle cristallise en grumeaux, à mesure qu'elle se refroidit ; à une température plus élevée, elle donne des vapeurs pénétrantes, puis elle s'enflamme ; distillée au bain-marie, elle fournit un liquide sur lequel les agents chimiques n'ont aucune action, mais après un certain temps il se forme un dépôt floconneux, et il s'exhale une vapeur fétide. Si on l'expose à un feu plus ardent dans une cornue, on obtient un liquide clair, acide, du gaz acide carbonique, de l'ammoniaque, du gaz hydrogène carboné, du gaz oxyde de carbone, et du charbon. Récemment, Chevreul et Braconnot

ont soumis la graisse à une analyse plus rigoureuse. Ces célèbres chimistes ont reconnu
qu'elle était formée de deux substances : l'une
liquide, huileuse, se dissolvant dans l'alcohol ;
l'autre solide, insoluble, et se précipitant. La
première est désignée par le nom de *matière sébacée.* La graisse est décomposée par son union
avec les alcalis ; et l'on obtient deux substances,
l'une qu'à cause de son aspect on a appelée *margarine ;* l'autre est une graisse fluide : de plus,
on trouve le principe doux que Schéele a découvert dans les huiles, quelques vestiges d'une substance de couleur jaune, et enfin une huile vola-
tile. La margarine a de l'analogie avec la cire :
elle est insipide, à peine odorante ; elle rougit
la teinture de tournesol ; elle cristallise en ai-
guilles soyeuses, solubles dans l'alcohol, insolubles dans l'eau, et forme par son union avec
les alcalis un savon soluble dans l'alcohol. Chevreul a découvert deux autres substances dans la
margarine : ce sont l'élaïne et la stéarine. La
graisse éprouve des changements par l'action de
l'air : elle absorbe de l'oxygène, et rancit ; il se
forme de l'acide sébacique par la différente combinaison de ses éléments et l'addition de l'oxygène atmosphérique ; elle n'est point soluble
dans l'eau ; les acides concentrés agissent sur
elle ; l'acide nitrique lui communique de l'oxy-

gène; elle devient jaune et épaisse; unie aux alcalis, elle forme les savons. La graisse est considérée par quelques physiologistes comme destinée à la nutrition; d'autres rejettent cette opinion. Les premiers font observer que les animaux qui dorment pendant l'hiver maigrissent peu à peu, et qu'ils sortent de leurs retraites à l'approche du printemps, ayant perdu la graisse abondante qu'ils avaient auparavant : mais on leur objecte que ces animaux, plongés dans une sorte de léthargie, n'ont aucune évacuation alvine, et presque pas de transpiration cutanée; que, par conséquent, ils n'ont presque aucun besoin de substances réparatrices. Que conclure de cette différence? Il n'est point contraire à la raison d'admettre que la graisse n'est point étrangère à la nutrition, mais on lui donne une trop grande part dans cet acte; il est probable qu'elle est résorbée, et qu'elle fournit quelques matériaux à la nutrition, si l'on considère l'amaigrissement rapide que produit l'abstinence, le marasme qui survient par suite de la phthisie rénale où elle flue avec l'urine, enfin si l'on a égard à sa propre nature. En effet, la graisse participe à peine de la nature animale; elle peut donc subir des modifications qui la rendent propre à réparer les solides vivants.

364. La substance médullaire des os est sem-

blable à la graisse, mais elle est plus ténue : il est à regretter qu'on n'en ait pas d'analyse.

365. Il y a trois humeurs de l'œil ; savoir : l'humeur aqueuse, le cristallin, et l'humeur vitrée. Suivant Berzelius, l'humeur aqueuse est composée de 98,10 parties d'eau, quelques traces d'albumine, 1,15 d'hydro-chlorate et de lactate de soude, 0,75 de soude unie à une matière animale soluble uniquement dans l'eau ; l'humeur vitrée est formée de 98,40 d'eau, 0,16 d'albumine, 1,42 d'hydro-chlorate et de lactate de soude, 0,02 de la matière animale indiquée plus haut, et de soude ; le cristallin fournit 58,0 d'eau, 35,9 d'une matière particulière, 2,4 d'hydro-chlorate et de lactate de soude, et d'une matière animale soluble dans l'alcohol, 1,3 d'une matière animale soluble dans l'eau, et de quelques phosphates, et 2,4 de quelques parties de membrane cellulaire qui ne se dissout pas. Ces humeurs sont exhalées par des membranes qui les contiennent dans leurs cellules.

366. Il s'exhale continuellement de toute la surface de la peau une humeur qui, le plus souvent, se dissipe en vapeur, et qui d'autres fois se montre sous forme liquide, et prend alors le nom de sueur. Sanctorius a fait de nombreuses recherches sur la transpiration cutanée ; cependant cet homme célèbre est tombé dans l'er-

reur, en ce qu'ayant négligé la transpiration pulmonaire, il a évalué trop haut la transpiration cutanée. L'humeur perspiratoire cutanée est liquide, transparente, salée, acide; elle a une odeur particulière : d'après Thenard, elle contient de l'eau, de l'acide acétique, des hydrochlorates de soude et de potasse, quelque peu de phosphate de chaux, un peu d'oxyde de fer et une matière animale. Berzelius pense que l'acide de la sueur est l'acide lactique de Schéele. De plus, la peau exhale une matière huileuse et de gaz acide carbonique.

367. Lavoisier et Séguin ont bien distingué, dans leurs recherches, la transpiration pulmonaire de la cutanée. Le dernier de ces savants se mettait dans un sac de toile cirée, dont l'ouverture adhérait par ses bords au pourtour des lèvres; par ce moyen, la matière des transpirations cutanée et pulmonaire fut évaluée à trente-deux grains par minute, la transpiration cutanée étant pour dix-huit grains dans ce calcul. Du reste, la transpiration pulmonaire ne paraît pas différer de celle de la peau : elles font équilibre l'une à l'autre.

368. Le suc gastrique n'a pas encore été soumis à une analyse rigoureuse; on sait seulement qu'il n'est ni acide ni alcalin, qu'il jouit d'une propriété antiseptique, qu'il dissout et

modifie promptement les aliments. La diversité des opinions émises au sujet du suc gastrique a conduit Montègre à en nier l'existence. J'ai réfuté cet auteur dans un autre endroit de cet ouvrage.

369. Vauquelin et Buniva ont fait l'analyse de l'eau de l'amnios, qui est sécrétée par la membrane de ce nom. Ce liquide a une couleur lactée, une odeur fade, une saveur légèrement salée. Sa couleur dépend d'une matière qui y est tenue en suspension ; car, si on le passe, il devient tout-à-fait transparent. Il est un peu plus pesant que l'eau ; il verdit la teinture de violette, et rougit assez bien la teinture de tournesol ; il devient écumant lorsqu'on l'agite, et s'épaissit par l'action du feu ; il exhale l'odeur de l'albumine d'œuf soumise à la cuisson. Les acides le rendent plus transparent ; les alcalis précipitent la matière animale sous forme de flocons. L'alcohol détermine de semblables flocons, qui, ramassés et séchés, sont transparents et fragiles : ils ressemblent à de la gélatine concrète. L'infusion de noix de galle produit un précipité noir, abondant ; lorsqu'on le soumet à l'évaporation, sa surface se couvre d'une pellicule transparente. Si, après avoir enlevé cette pellicule, on continue l'évaporation, on obtient des cristaux d'hydro-chlorate et de carbonate de soude : le résidu

exhale de l'ammoniaque ; les cendres qui en proviennent fournissent du carbonate de soude, du phosphate et du carbonate de chaux. L'eau de l'amnios de la vache contient un acide que les célèbres chimistes dénommés plus haut ont appelé *amniotique*. Ils ont également analysé la matière caséeuse qui recouvre souvent le corps du fœtus : cette matière est blanche, brillante, douce au toucher ; elle ressemble à du savon récemment préparé : elle est insoluble dans l'eau, dans l'alcohol et dans les huiles. Les alcalis caustiques en dissolvent quelques parties, et forment une sorte de savons. Jetée sur des charbons ardents, elle décrépite comme les sels, puis se dessèche, noircit, et répand des vapeurs d'huile empyreumatique, il reste un peu de cendre. Soumise au feu dans un creuset de platine, elle décrépite, donne de l'huile, se crispe comme la corne, et laisse un résidu composé en grande partie de carbonate de chaux. Il est évident que cette matière a une grande analogie avec la graisse ; Vauquelin et Buniva doutent qu'elle soit formée par l'abumine de l'eau de l'amnios. Voici les proportions dans lesquelles se trouvent les principes de ce dernier fluide : eau, 98,8 parties ; albumine, hydro-chlorate de soude, soude, phosphate de chaux, chaux, 1,2.

570. J'arrive aux humeurs sécrétées par les

follicules; ce sont le mucus, la matière sébacée, le cérumen. Le mucus présente des variétés suivant les diverses parties qui le fournissent; celui que sécrète la membrane pituitaire contient 933,9 parties d'eau, 52,3 de matière muqueuse, 5,6 d'hydro-chlorate de potasse et de soude, 3,0 de lactate de soude, 0,9 de soude, 3,5 de phosphate de soude, d'albumine et d'une matière animale soluble dans l'alcohol et insoluble dans l'eau. Le mucus fourni par la trachée ne diffère pas du mucus nasal; celui qui lubrifie la vésicule biliaire est transparent et retient un peu de la couleur jaune de la bile; il est dissous parfaitement par les alcalis : les acides le précipitent dans la solution alcaline; l'alcohol le réduit en une masse jaune, grumeleuse, qui ne reprend plus les propriétés du mucus. Le mucus intestinal qu'on a soumis à l'action de l'eau après l'avoir desséché perd ses propriétés; les alcalis le dissolvent, mais ne lui rendent pas sa transparence. Le mucus de l'urètre se dissout très bien dans les alcalis, et n'est pas précipité par les acides. L'infusion de noix de galle précipite en flocons blancs celui qui est contenu dans l'urine; dans quelque partie qu'on le recueille, le mucus est onctueux; il est destiné à protéger les membranes muqueuses.

371. La peau est lubrifiée par une humeur

grasse que sécrètent les glandes dites sébacées ; c'est une matière huileuse qui s'amasse à la surface du corps, et y forme une sorte d'enduit; des frottements opérés dans un bain la détachent. On n'en a pas encore fait l'analyse.

372. Le cérumen est liquide, jaune, amer; la chaleur le fait fondre, et il exhale une odeur aromatique. Projeté sur des charbons ardents, il répand une fumée blanchâtre, de même que la graisse qu'on brûle; il se dégage de l'ammoniaque, et il reste un peu de charbon. Si on l'agite dans l'eau, il forme presque une émulsion; il se putréfie promptement, en précipitant des flocons blanchâtres. L'alcohol, à une chaleur élevée, dissout presque la moitié du cérumen : ce qui reste est formé par de l'albumine unie à une matière huileuse. Si l'on soumet la dissolution alcoholique à l'évaporation, on obtient une substance de couleur orangée, d'une saveur amère, et ayant l'odeur et la consistance de la térébenthine ; chauffée, elle se liquéfie, répand des vapeurs blanchâtres, et ne laisse pas de résidu. Si l'on fait brûler la partie albumineuse du cérumen, on y découvre des indices de la présence de la soude et du phosphate de chaux. Vauquelin a trouvé le cérumen composé d'albumine, d'une huile épaisse, d'une matière colorante, de soude, de phosphate de chaux.

L'humeur de Méibomius est semblable au cérumen.

373. Il existe une bien plus grande variété dans la composition des humeurs sécrétées par les glandes conglomérées. A ces humeurs se rapportent les larmes, la salive, le suc pancréatique, la bile, l'urine, la synovie, le sperme et le lait. Les larmes, destinées à humecter le globe de l'œil sont sécrétées par la glande lacrymale : c'est un liquide transparent, inodore, légèrement salé. D'après Fourcroy et Vauquelin, il est formé d'eau, de mucus, d'hydro-chlorate de soude, de phosphate de soude, et de chaux : l'alcohol en précipite aisément le mucus.

374. La salive est un fluide inodore, insipide, transparent, visqueux, plus pesant que l'eau ; il écume quand on l'agite. Il est formé, d'après Berzelius, de 992,9 parties d'eau, 2,9 d'une matière animale, 1,4 de mucus, 1,7 d'hydro-chlorate de potasse et de soude, 0,9 de lactate de soude et d'une matière animale, 0,2 de soude. L'alcohol pur, mêlé à de l'acide acétique, dissout les hydro-chlorates, la soude, le lactate ; l'eau dissout la matière animale ; il reste du mucus insoluble : projeté sur des charbons ardents, ce mucus fournit un charbon qui se réduit facilement en cendre, et donne des phosphates de chaux et de magnésie. Berzelius pense que le

phosphate se forme par l'incinération, puisque les acides ne peuvent pas le séparer du mucus : ce célèbre chimiste prétend que le mucus n'appartient pas en propre à la salive, mais que, sécrété par les membranes muqueuses, il est mêlé à ce fluide ; mais la grande quantité de mucus contenu dans la salive doit faire rejeter cette opinion.

375. On ne connaît pas encore la nature du suc pancréatique ; il paraît avoir de l'analogie avec la salive : il existe certainement une extrême analogie entre le pancréas et les glandes salivaires.

376. La bile est un fluide amer, jaune ou verdâtre, visqueux, plus pesant que l'eau. Boerhaave pensait qu'il avait une grande tendance à la putréfaction, ce qui a donné lieu à une foule d'hypothèses sur la nature des fièvres bilieuses et putrides. Les chimistes modernes qui ont analysé la bile n'y ont découvert aucun principe putride : si, après l'avoir passée, on la soumet à l'ébullition, elle s'épaissit, et exhale une odeur de blanc d'œuf ; si on évapore jusqu'à siccité, il reste une matière d'un rouge foncé, et qui forme la onzième partie de la bile employée. Au moyen de la calcination, on obtient de la soude, de l'hydro-chlorate de soude, du sulfate et du phosphate de soude, du phosphate de chaux,

et de l'oxyde de fer. Tous les acides décomposent la bile, et précipitent l'albumine et la résine : l'alcohol sépare successivement ces divers principes. Si l'on verse de l'acétate de plomb dans la bile, elle jaunit, et l'on trouve dans le liquide de l'acétate de soude et un peu de matière animale. On a assimilé la bile aux savons ; mais Averardi, notre compatriote, dont nous déplorons la perte prématurée, n'a pas confirmé ce rapprochement par ses recherches relatives à l'action des divers agents chimiques sur la bile et les savons.

577. L'urine a été de tout temps l'objet des recherches des chimistes. C'est dans ce fluide que Boyle a découvert le phosphore : Boerhaave, Haller, Hauptius, Margraff, Rouelle, ont considérablement ajouté à ses travaux ; et Schéele, Cruikshanks, Fourcroy, Vauquelin, Proust, Klaproth, ont perfectionné l'analyse de l'urine. Ce liquide, évacué récemment et quelque temps après le repas, provenant d'un individu en bonne santé, a une couleur citrine, une odeur aromatique assez semblable à celle de la violette, une saveur amère, désagréable ; il est plus pesant que l'eau : en se refroidissant, il exhale une odeur fétide, connue sous le nom d'urineuse. Après deux ou trois jours, l'odeur est celle du lait caillé ; vient ensuite l'odeur am-

moniacale. L'urine rougit les teintures bleues
végétales, ce qui y prouve la présence d'un
acide. Si l'on y verse de l'ammoniaque, il se
précipite du phosphate de chaux : ce sel, précipité spontanément dans l'urine, ou par l'action
de l'ammoniaque ou de la chaux, contient quelques parties de magnésie; Fourcroy et Vauquelin
en concluent qu'il y a du phosphate de magnésie, décomposé par l'ammoniaque et la chaux.
Proust pense qu'il existe de l'acide carbonique
dans l'urine; suivant lui, c'est au dégagement
de cet acide qu'on doit attribuer l'écume qui se
forme lorsqu'on soumet l'urine à l'évaporation :
ce célèbre chimiste y a également trouvé du carbonate de chaux. Conservée dans des tonneaux
de bois récent, elle y dépose du carbonate de
chaux; souvent elle donne un sédiment briqueté.
Schéele y a découvert un acide qu'il a appelé
lithique, et qu'on connaît mieux sous le nom
d'urique. Dans le cours des fièvres intermit-
tentes et d'autres maladies, l'urine contient un
acide différent de l'acide urique : Proust l'a
nommé rosacique, à cause de sa couleur. Dans
l'état de santé, on ne rencontre pas cet acide.
L'urine des enfants contient de l'acide benzoïque,
que Schéele y a découvert le premier. Si l'on
verse dans l'urine une infusion de sumac, il se
forme un sédiment qui contient le sumac uni

tantôt à de l'albumine, tantôt à de la gélatine
ou à du mucus. Séguin y a découvert une substance particulière. Si on réduit l'urine à la consistance sirupeuse au moyen de l'évaporation,
qu'on la dissolve dans l'alcohol, qu'on distille la
solution, l'alcohol se dégage, et il reste une
matière qu'on a appelée urée : c'est à cette matière qu'on attribue l'odeur, la saveur et les autres
propriétés principales de l'urine. Fourcroy et
Vauquelin ont découvert une autre substance
dans l'urine, et Proust y a trouvé une matière
résineuse. Si on la fait évaporer jusqu'à consistance sirupeuse, il se forme à sa surface des
cristaux d'hydro-chlorate de soude. Le résidu,
après que l'urée en a été séparée, est le sel fu-
sible de l'urine, ou, comme on l'appelle, le sel
microcosmique ; dissous dans l'eau bouillante,
il laisse déposer en se refroidissant deux espèces
de cristaux : les inférieurs, rhomboïdaux, composés de phosphate d'ammoniaque ; les supérieurs, lamelleux, formés de phosphate de soude.
Soumise à une lente évaporation, l'urine donne
des cristaux cubiques d'hydro-chlorate d'ammoniaque ; l'urée fait que l'hydro-chlorate de soude
prend la forme des cristaux d'hydro-chlorate
d'ammoniaque, et réciproquement. Si l'on fait
bouillir de l'urine dans un vase d'argent, il se
forme du sulfure d'argent : l'urine contient donc

du soufre. Suivant Berzelius, l'urine est composée de 933,00 parties d'eau, 30,10 d'urée, 3,71
de sulfate de potasse, 3,16 de sulfate de soude,
2,94 de phosphate de soude, 4,45 d'hydro-chlorate de soude, 1,65 de phosphate d'ammoniaque,
1,50 d'hydro-chlorate d'ammoniaque, 17,14 d'acide lactique, de lactate d'ammoniaque, de matière animale soluble dans l'alcohol, de matière
animale insoluble dans l'alcohol, et d'urée qui
ne peut être séparée de cette matière animale;
1,00 de phosphate calcaire et de chaux libre,
1,00 d'acide urique, 0,32 de mucus de la vessie,
0,03 de silice. Berzelius est le seul chimiste qui
admette dans l'urine de l'acide lactique, du lactate d'ammoniaque, et de la silice.

378. La synovie a été, parmi les anatomistes,
le sujet de quelques discussions : les uns, avec
Havers, ont prétendu qu'elle était sécrétée par
des glandes ; d'autres, avec Bichat, pensent
qu'elle est exhalée par les sacs membraneux qui
entrent dans la composition des articulations.
Je me rangerai de l'opinion des premiers, tout
en désirant que de nouvelles recherches anatomiques éclairent la question. Jusqu'à présent,
on n'a analysé que la synovie de bœuf; mais
il est probable qu'elle diffère peu de celle de
l'homme. Lorsqu'on l'extrait de l'articulation,
elle est transparente, d'une couleur verdâtre.

un peu visqueuse, a une odeur animale particulière et une saveur salée, puis elle acquiert la densité de la gélatine ; elle reprend ensuite sa première consistance, perd sa viscosité, et dépose une matière fibrillaire. Margueron a trouvé que la synovie était composée de 80,46 d'eau, 4,52 d'albumine, 11,86 de matière fibreuse, 1,25 d'hydro-chlorate de soude, 0,71 de soude, 0,70 de phosphate de chaux.

379. Le sperme a été analysé en premier par Vauquelin. Excrété récemment, il a une odeur désagréable, il est plus pesant que l'eau. Si on l'agite, il devient écumeux, et s'épaissit un peu. Il verdit les couleurs bleues végétales. En se refroidissant, il augmente de consistance, puis se liquéfie après vingt minutes. Avant cette liquéfaction, il est insoluble dans l'eau ; il s'y dissout facilement lorsqu'elle a eu lieu. Si l'on verse de l'alcohol dans cette dissolution, il se précipite une grande quantité de flocons blancs. Les alcalis favorisent la solution du sperme dans l'eau ; les acides le dissolvent sans que les alcalis puissent l'en séparer, de même les acides ne peuvent pas le séparer des alcalis auxquels il a été préalablement uni. La chaux fait dégager de l'ammoniaque du sperme qui a été pendant quelque temps exposé à un air chaud et humide ; il n'en est pas ainsi lorsqu'il est récent. Si l'on sou-

met le sperme à l'action des corps qui perdent facilement leur oxygène, il se dépose une matière mucilagineuse. Exposée à l'air, la liqueur spermatique se couvre peu à peu d'une pellicule transparente. Le troisième ou quatrième jour, il se forme des cristaux ayant la forme de prismes tétraèdres, terminés par des pyramides tétraèdres ; ils sont composés de phosphate de chaux. Condensé au moyen de l'évaporation, le sperme qu'on expose à l'air humide fournit du carbonate de soude ; à une température de 29° du thermomètre centigrade, il s'effleurit à l'air humide, prend une saveur acide, et exhale une odeur de poisson pourri ; sa surface se couvre d'une pellicule filandreuse putride. Si, après l'avoir desséchée, on soumet la liqueur spermatique à l'action du feu dans une cornue, elle se fond, prend une couleur foncée, répand une vapeur blanche et une odeur de corne brûlée ; à un feu plus ardent, elle se gonfle, noircit et dégage de l'ammoniaque. Lorsque l'odeur ammoniacale s'est entièrement dissipée, le résidu, lavé et ensuite soumis à l'évaporation, donne des cristaux de carbonate de soude ; Vauquelin y a trouvé aussi un peu de soude à l'état de liberté. Le résidu de la combustion paraît être presque entièrement composé de phosphate de chaux. L'œil armé d'une loupe découvre dans le sperme récent des animalcules qui ont donné lieu à une foule de contes absurdes : Muller a démontré qu'ils appartenaient à la classe des infusoires. Le sperme, d'après Vauquelin, est formé de 900,00 parties d'eau, 60,00 de mucilage animal, 10,00 de soude, 30,00 de phosphate calcaire.

380. La sécrétion du lait s'opère après l'accouchement. C'est le lait de la vache que les chimistes ont particulièrement examiné ; je vais donc en exposer les propriétés, puis j'indiquerai les différences qui existent entre ce lait et celui de la femme. C'est un fluide blanc, opaque, ayant une odeur particulière, une saveur sucrée, et rougissant les teintures bleues végétales ; il est un peu plus pesant que l'eau. Abandonné à luimême, il se recouvre, peu de temps après, à sa surface d'une substance jaunâtre, épaisse, onctueuse, qu'on nomme crème. Si l'on enlève la crème, qu'on fasse bouillir le résidu, et qu'on y ajoute une décoction d'un estomac de veau conservé dans l'hydro-chlorate de soude, il se concrète ; si l'on broie le coagulum, le lait se sépare bientôt en deux substances : l'une est solide, c'est le caséum ; l'autre est liquide, c'est le sérum. La crème est une substance jaunâtre qui, exposée à l'air, acquiert une consistance plus grande : au bout de trois ou quatre jours, elle est tellement épaisse que, le vase renversé, il ne s'en écoule au-

cune partie ; après huit ou dix jours elle se concrète, perd sa saveur, et acquiert celle que donne
le fromage, qui contient beaucoup de matière bu-
tyreuse. Elle a beaucoup d'analogie avec les huiles ; elle est plus légère que l'eau, et onctueuse:
comme les huiles, elle tache les vêtements ; conservée pendant long-temps, elle rancit ; l'ébullition fait surnager quelques parties huileuses:
elle n'est soluble ni dans l'alcohol ni dans les
huiles ; si on l'agite pendant long-temps, l'huile
s'en sépare : c'est ainsi que se prépare le
beurre, qui est jaune, se fond à une chaleur de
trente-six degrés, et devient alors transparent.
Si on le conserve ainsi fondu pendant quelque
temps, la matière caséeuse et le petit-lait se séparent ; alors il a l'aspect huileux : conservé trop
long-temps, il rancit ; cela arrive plus tard cependant si, par des lotions répétées, on l'a débar-
rassé des substances étrangères. Souvent, lorsqu'on agite la crème, il se dégage un gaz qui est
de l'acide carbonique. La matière caséeuse a
beaucoup d'analogie avec l'albumine concrète ;
elle est blanche, solide et un peu friable, lorsqu'elle est privée de toute humidité ; insoluble
dans l'eau, elle se disout dans les alcalis, surtout au moyen de la chaleur. Les acides en séparent les alcalis, et le caséum se précipite ;
mais, ayant perdu ses propriétés, c'est une sub-

stance noire, se liquéfiant au feu, et formant des taches huileuses. Les acides dissolvent le caséum; mais les acides végétaux n'ont cette propriété que lorsqu'ils sont concentrés; affaiblis, ils ne le dissolvent plus : c'est le contraire pour les acides minéraux. Le caséum le meilleur doit se fondre à une température modérée; il n'est point alors altéré, car il contient de l'huile. Si on ajoute à du lait bouillant un sel neutre, ou du sucre ou de la gomme arabique, il se caille, et le caséum se sépare. La même chose a lieu par l'action de l'alcohol, de tous les acides, de membranes et de l'infusion des fleurs de quelques végétaux. Le petitlait, passé à la chausse, afin de le débarrasser de toute matière caséeuse, est un liquide transparent, d'une couleur vert jaune, d'une saveur sucrée : il contient encore quelques parties de caséum. Si on le fait bouillir, le caséum, qui vient à la surface, forme une écume blanche; en enlévant cette écume, et abandonnant le petit-lait à lui-même, le reste du caséum se précipite peu à peu. On le décante après quelques heures, et l'on obtient le petit-lait presque pur; si on le fait évaporer lentement, il se forme des cristaux blancs de sucre de lait : en continuant l'évaporation, on obtient des cristaux d'hydro-chlorate de potasse et de soude. Schéele pense qu'il contient quelques parties de phosphate de chaux, qu'on

découvre au moyen de l'ammoniaque ; Fourcroy
et Vauquelin y ont trouvé des phosphates de magnésie et de fer, du sulfate de potasse, et une
matière extractive. Schéele avait cru qu'il s'y
trouvait de l'acide lactique ; mais on a reconnu
que c'était de l'acide acétique qui tient la matière animale en dissolution. Le lait éprouve la
fermentation vineuse ; les Tartares préparent
avec cette liqueur une sorte de vin qu'ils appellent koumits. La distillation du lait fait dégager
une liqueur aqueuse qui a une odeur de lait ;
puis le lait se rapproche, et il reste une substance jaune, épaisse, onctueuse, qu'Hoffmann
a nommée frangipane. A une température plus
élevée, on obtient un liquide transparent qui s'é-
paissit peu à peu, une huile fluide, de l'ammoniaque, un acide, une huile noire épaisse, du
gaz hydrogène carboné. Le charbon contient du
carbonate de potasse, de l'hydro-chlorate de potasse, du phosphate de chaux, quelquefois de la
magnésie, du fer et de l'hydro-chlorate de soude.
Suivant Berzelius, le lait privé de la crème contient : eau, 928,75 ; matière caséeuse mêlée à un
peu de beurre, 20,00 ; sucre de lait, 35,00 ; hydro-chlorate de potasse, 8,25 ; acide lactique
avec quelques traces de lactate de fer, 6,00 ;
phosphate de chaux, 0,5. La crème, d'après le
même chimiste, contient : beurre, 4,5 ; caséum,

3,9; petit-lait, 92,0 : le petit-lait contient lui-même 4,4 parties de sucre, de lait et de sel. Tels sont les principes constituants du lait de vache. Le lait de femme en diffère jusqu'à un certain point (1). Il est doux, contient plus de crème, ne se concentre pas, ne fournit pas de beurre, et contient moins de caséum. Parmentier et Déyeux prétendent que la proportion de matière caséeuse augmente dans le lait de femme à mesure qu'on s'éloigne de l'accouchement. Le lait d'ânesse a une grande analogie avec ce dernier; le lait de chèvre est plus épais que celui de vache; ils ont les plus grands rapports pour les autres caractères : le lait de brebis se rapproche du lait de vache.

---

(1) M. Vauquelin a trouvé le plus grand rapport entre le lait de femme et un mélange de deux parties de lait et une de bouillon. Il est probable que l'analyse du lait des carnivores fournirait des résultats analogues.

CHAPITRE XIII.

DE LA NUTRITION.

381. Les aliments, après avoir éprouvé des changements multipliés de la part des organes de la digestion, de l'absorption, de la circulation et des sécrétions, sont enfin assimilés au corps humain. Cette fonction, la plus importante de toutes, qui s'exerce dans toutes les parties du corps sans éprouver aucune suspension, a reçu le nom de nutrition. Toutes les parties, à raison de leur exercice continuel, perdent les conditions nécessaires à l'accomplissement de leurs fonctions ; aussi la nature a-t-elle disposé l'économie vivante de telle manière que les corps font des pertes continuelles qu'ils réparent à chaque instant, et que par ce moyen ils se trouvent pendant toute la durée de la vie dans les conditions voulues pour exécuter le actes dont ils sont chargés.

382. On s'est donné beaucoup de peine pour savoir si le corps se renouvelle complètement, ou seulement dans quelques unes de ses parties constituantes. Quelques auteurs soutiennent que

le renouvellement est complet ; d'autres pensent que la trame primitive du corps consiste dans le tissu cellulaire, dans les mailles duquel le sang dépose des principes différents, suivant la nature de chaque partie. Ils supposent, comme nous l'avons dit ailleurs, que cette base cellulaire ne se détruit point et ne se répare point, et que ce phénomène n'avait lieu que relativement aux substances dont se trouve imprégnée cette trame primordiale. Cette dernière opinion paraît la plus conforme à la vérité. En effet, on conçoit difficilement comment la fibre organique pourrait se détruire sans perdre la vie au même instant : on dira peut-être que quelques fibres seulement peuvent se détruire à la fois, et que celles qui continuent de vivre et d'agir peuvent réparer leurs pertes. Comme cette explication ne satisfait pas l'esprit, nous adopterons une autre opinion.

383. C'est un mystère long-temps discuté, mais toujours impénétrable, que l'opération par laquelle des liquides inorganiques et privés de la vie se convertissent en solides organisés et excitables. Les uns ont cru qu'elle dépendait d'une sorte d'affinité entre chaque solide et certains principes du sang : d'autres, pour empêcher de confondre cette affinité avec celle qui s'exerce entre les corps inorganiques, l'ont appelée affinité

vitale ; d'autres enfin ont comparé la nutrition à
la cristallisation. Baumes, Reil et Blumenbach
sont les principaux auteurs qui aient cherché à
expliquer la nutrition par une théorie chimique.
Mascagni et Roose pensent que les humeurs
sont exhalées par les parois des vaisseaux ; que
leurs parties les plus ténues sont absorbées par
les vaisseaux lymphatiques, et que le résidu se
solidifie et s'organise. Mais la nutrition ne se
trouve pas suffisamment expliquée de cette manière ; car il reste à savoir comment tel principe
est attiré par telle partie, et comment il se solidifie. Darwin attribue à la fibre organique une
force qu'il nomme appétit animal, force en vertu
de laquelle elle s'empare des principes qui lui
sont appropriés. Richerand a considéré chaque
partie, dans la nutrition, comme un organe sécréteur ; comparaison qui ne nous paraît pas exacte
dans tous ses points. Que l'on considère, si l'on
veut, comme une sécrétion l'action par laquelle
chaque partie puise dans le sang, comme dans
un réservoir commun, les principes qui lui conviennent, il restera toujours à expliquer comment
ces principes ainsi séparés se convertissent bientôt
en solides organisés. Bichat enseigne que ce
changement s'opère par le moyen de la sensibilité organique de chaque partie ; ce n'est pas que
cet illustre physiologiste ait dévoilé par là l'œuvre

de la nutrition, mais il est supérieur aux autres, en ce qu'il a rattaché la nutrition au principe vital. Notre opinion, relativement à cette fonction, est celle que nous avons émise sur les sécrétions, savoir que, si une partie sépare du sang et s'approprie tel ou tel principe, cela tient et à la différence de structure et aux divers états d'excitation. Si toutes les parties étaient organisées de la même manière, il n'y aurait pas de raison pour que, dans l'acte de la nutrion, elles s'emparassent de principes différents. Or, c'est un fait bien constaté que la nutrition est ou plus active ou plus lente suivant l'état des forces vitales, à tel point qu'elle peut être considérée comme la mesure de ces forces.

384. On ne sait pas mieux pourquoi le corps, jusqu'à un âge donné, non seulement répare ses pertes, mais encore prend de l'accroissement. Ces actes sont couverts d'un voile mystérieux, et qu'il n'est pas donné à l'homme de soulever; il ne peut qu'apercevoir la suite et l'enchaînement des effets produits par une cause inconnue.

385. Ce qui paraît surtout embarrasser les physiologistes, c'est qu'on a découvert dans les animaux des principes qui ne se retrouvent ni dans les aliments ni dans l'air. Richerand a remarqué que les céréales renferment une grande

quantité de silice, qui, dans l'acte de la nutrition, disparaît et semble subir une métamorphose. Ayant nourri pendant dix jours un poulet avec de l'avoine mêlée de silice, il trouva dans ses excréments beaucoup moins de cette terre, et au contraire beaucoup plus de phosphate et de carbonate de chaux que n'en contenaient ses aliments. Ces expériences prouvent que certains corps considérés comme simples parcequ'ils n'ont pas été décomposés, se séparent en divers éléments dans l'acte de la nutrition; et on ne saurait douter que les corps primitifs ne puissent changer de nature.

CHAPITRE XIV.

DE LA TEMPÉRATURE VITALE.

386. Les corps vivants conservent une température qui leur est propre, et que, pour cette raison, on nomme température vitale. On l'a également appelée chaleur animale; mais, comme elle est commune aux plantes aussi bien qu'aux animaux, la première dénomination paraît devoir être préférée.

387. Hippocrate ayant observé que les corps vivants conservaient constamment la même température, pensa qu'elle était innée en eux. Asclépiade la fit dériver du choc et du frottement des atomes; cette opinion fut, au commencement du dernier siècle, adoptée par les mécaniciens. Vanhelmont l'attribua à une archée brûlante, fruit de son imagination. Priestley, le premier, et Lavoisier bientôt après, placèrent la source de la température vitale dans la combinaison que les poumons font subir au gaz oxygène. La plupart des auteurs se sont rangés à cet avis. Crawford a enseigné que le sang, en traversant les poumons, où il se dépouille de son hydrogène et de son carbone, pour s'emparer de l'oxygène, changeait de capacité pour le calorique. Lagrange et Davy pensent que l'oxygène pénètre dans le sang sans subir d'altération, et que, dans le cours de la circulation, il cède peu à peu son calorique. On a dit plus récemment que l'oxygène avait moins de capacité pour le calorique que le gaz acide carbonique : si l'on admet ce fait comme prouvé, on voit s'écrouler toute la théorie chimique de la température vitale. Ce phénomène est attribué à la digestion par Rigby; Castberg le rapporte aussi à cette fonction, mais surtout à la nutrition; d'autres, dont l'opinion semble se rapprocher le plus de la vérité, regardent la

température vitale comme provenante de sources multipliées.

388. Ce qui paraît démontré jusqu'à présent, c'est que la respiration joue le rôle principal dans la production de la température vitale. En effet, dans les différentes espèces d'animaux, elle se montre en raison directe du volume des poumons comparé à celui du corps entier; mais il ne faut pas considérer la respiration comme la cause unique de la température vitale. En effet, dans l'exercice des diverses fonctions, la capacité du corps pour le calorique change sans cesse; c'est ce qui nécessite un développement de chaleur. Mais ce développement est à coup sûr dirigé par le principe vital; et ce qui le prouve le mieux, c'est qu'il se fait d'une manière égale, tant que dure la vie. Il est en effet démontré par l'expérience que les animaux, dans l'atmosphère la plus brûlante, comme dans la plus froide, conservent la même température. Ce phénomène se reproduit également dans les végétaux.

389. Il ne paraît pas difficile de concevoir pourquoi la température vitale se conserve la même dans une atmosphère froide; car à mesure que le calorique est soustrait par l'atmosphère, il se reproduit en proportion égale. Mais il est moins aisé d'expliquer comment les corps

vivants conservent leur chaleur propre au milieu
d'un air très chaud. Il est hors de doute que
l'augmentation de l'exhalation cutanée ne sous-
traie une grande quantité de calorique ; cependant la même chose a lieu dans le bain, et dans
d'autres circonstances capables, sinon d'empêcher tout-à-fait, du moins de diminuer notablement la déperdition de calorique. Canaveri, ainsi
que nous l'avons dit ailleurs, établit une double
faculté ; l'une, qu'il appelle *pyrigène*, développe
le calorique ; l'autre, qu'il nomme *cryptopyre*,
absorbe ce fluide, et le réduit à l'état de calorique latent. Nous pensons que les forces vitales
ne doivent pas être multipliées sans nécessité ;
que la température vitale est un effet de l'excitation ou de la vie ; que la respiration, la digestion, les sécrétions, la nutrition, contribuent,
chacune pour leur part, à le produire ; que ce
n'est pas seulement en déterminant un changement chimique, mais bien parceque ce sont des
opérations qui dépendent de la vie, et contribuent à l'entretenir.

ORDRE II.

DES FONCTIONS ANIMALES.

CHAPITRE XV.

DES SENS EXTERNES.

390. Le maître du monde a pourvu tous les êtres des moyens nécessaires pour remplir le but de la création; il a donné aux corps inorganiques l'attraction et l'affinité, seules propriétés dont ils eussent besoin. Par l'une, les éléments se combinent entre eux, s'associent dans un ordre et des proportions variées, et donnent naissance à l'immense série des corps composés; par l'autre, les corps terrestres tendent à gagner le centre de la terre, les planètes secondaires accomplissent le cercle qui leur est tracé autour des planètes principales, celles-ci autour des soleils, et les soleils eux-mêmes autour d'un centre commun, sans jamais s'écarter de leur route. Les plantes sont douées d'une organisation, et pénétrées du

principe de la vie, qui leur est commun avec les
animaux. Nées d'une graine peu volumineuse,
elles tirent de la terre et de l'air des principes nutritifs qu'elles élaborent et s'approprient ; elles
s'accroissent, propagent leur espèce, et finissent
par mourir : mais elles n'ont pas le sentiment de
leur existence ; elles ne sont susceptibles ni de
plaisir ni de douleur, et ne peuvent changer de
place. Les animaux, indépendamment des parties et des forces qui leur sont communes avec
les plantes, ont des organes propres à remplir
d'autres fonctions et d'autres facultés qui les
mettent en état de pourvoir à leurs besoins. Ils
ont reçu des organes destinés à recevoir les impressions extérieures, et à les transmettre à un
centre commun, et d'autres qui, soumis à l'empire de la volonté, peuvent transporter le corps
d'un lieu dans un autre. L'homme est pourvu
d'un appareil sensitif plus parfait, ou plutôt plus
étendu (en effet tout ce qui existe est parfait);
il peut exercer des mouvements plus nombreux
et plus variés. L'aigle a la vue plus perçante que
celle de l'homme, le chien est doué d'un odorat
plus subtil ; mais, si l'on considère les organes
des sens dans leur ensemble, l'homme est assurément beaucoup mieux partagé que les animaux : la plupart d'entre eux lui sont supérieurs
en force ; mais aucun ne peut exécuter des mou-

vements aussi multipliés ; aucun n'est pourvu d'un larynx infiniment mobile, et capable de produire les innombrables modulations du chant et la voix articulée. Que dirai-je, enfin, du sublime privilége de la raison, qui l'établit intermédiaire entre le Créateur et les créatures, et qui le place presque au niveau de la Divinité? Examinons les facultés qui donnent à l'homme la conscience des changements qui s'opèrent en lui, et qui le mettent en état de parcourir toute la terre en maître. Nous commencerons par les sens externes ; et si l'étude des phénomènes de la vie organique nous a frappés d'étonnement, nous trouverons dans celle de la vie sensitive des sujets d'admiration plus nombreux et plus grands.

391. La situation des organes des sens à la circonférence du corps atteste la sagesse du Créateur ; en effet, destinés à veiller à la conservation du corps, ils devaient être placés de manière à protéger les organes importants renfermés dans les cavités, et à recevoir directement l'impression des corps extérieurs.

392. On compte ordinairement cinq sens externes : savoir, la vue, l'ouïe, l'odorat, le goût, et le toucher. Ce dernier sens est répandu par toute la peau ; les autres ont leur siége dans des organes circonscrits. Quelques auteurs rapportent tous les sens au toucher ; cette opinion est inad-

missible. En effet, si l'on soutient que tous les sens peuvent se rapporter au toucher, parcequ'ils ont besoin, pour être excités, d'un stimulant adapté à chaque organe, on ne saurait contester la nécessité de cette condition ; et si on l'admet, on sera obligé de distinguer différentes espèces de toucher : une pour la peau, une autre pour la langue dans la gustation, une troisième pour la membrane pituitaire dans la perception des odeurs, comme cela existe réellement. Cette doctrine ne fournit donc aucune lumière ; c'est pourquoi, puisqu'il existe entre les différents modes de sensibilité une différence notable, et que les organes des sens externes, la peau exceptée, sont doués d'une double manière de sentir, de sorte que la langue exerce à la fois le goût et le toucher, ce qui a lieu aussi dans les autres organes, il est plus convenable de distinguer entre eux les sens externes, au lieu de les rapporter tous au toucher.

393. Il existe entre les divers organes des sens une différence notable ; ainsi la peau, la langue, la membrane pituitaire, reçoivent directement l'impression des stimulants qui leur sont propres, tandis que les rayons lumineux et les ondes sonores subissent, dans l'œil et dans l'oreille, des modifications préliminaires avant d'agir sur les expansions nerveuses dont ces organes sont pourvus.

394. Aux sens externes dont nous venons de parler, quelques physiologistes en ont ajouté d'autres. Suivant Buffon, il existe un sens particulier dans les organes génitaux ; mais il n'est point nécessaire pour cela de créer un sens de plus, il suffit d'admettre dans ces organes un tact plus délicat. Des chauve-souris, privées de la vue et de l'ouïe, volent à travers un grand nombre de fils tendus sur leur passage sans se heurter contre aucun obstacle. Spallanzani rapporte cet effet à un sens particulier qui avertit l'animal de la présence des fils à quelque distance ; mais Cuvier a judicieusement fait observer qu'on pouvait l'expliquer par le tact : en effet, la colonne d'air poussée par l'oiseau sur le fil, et repoussée sur l'animal par ce même fil, peut rendre raison de ce fait.

395. Darwin a observé que souvent il y avait abolition du toucher, les parties restant sensibles à l'action de la chaleur ; il cite l'exemple de paralytiques insensibles à l'action des irritants mécaniques, et qui ressentaient vivement l'impression de la flamme. Il conclut de là que la peau est douée d'une sensibilité double, l'une pour le toucher, l'autre pour la perception de la chaleur. On ne saurait prouver la nécessité de distinguer ces deux sortes de sensibilité ; on doit plutôt croire que le calorique est pour la peau

un stimulant plus approprié ou plus énergique que les irritants mécaniques. Quelquefois la langue perçoit telle saveur plutôt que telle autre; ira-t-on pour cela supposer dans le goût plusieurs sens? Non sans doute.

396. Jacobson s'est imaginé avoir découvert dans les dents incisives des animaux un organe particulier, qu'il avait placé au nombre des organes des sens; mais cette opinion n'a rien absolument qui puisse la rendre admissible.

CHAPITRE XVI.

DE LA LUMIÈRE.

397. La lumière nous est fournie par les astres fixes ou errants, et réfléchie par les corps terrestres; elle est produite aussi par la combustion; elle se répand partout, et subit une foule de modifications qu'il convient d'étudier avant d'aborder l'histoire de la vision.

398. Il y a des corps qui fournissent un libre passage à la lumière : on les nomme transparents ou diaphanes; d'autres qui ne se laissent pas traverser par ce fluide : ce sont les corps opaques. Il y a des corps intermédiaires à ces deux divisions :

les milieux pourvus du même degré de densité et de combustibilité s'appellent homogènes; ceux dans lesquels ces deux conditions diffèrent ont reçu le nom d'hétérogènes.

399. La lumière qui traverse des milieux homogènes se propage en tous sens en ligne droite, et, à mesure qu'elle diverge, son intensité diminue en raison inverse du carré des distances.

400. Elle se meut avec une étonnante rapidité; elle parcourt en huit minutes treize secondes l'espace qui sépare le soleil de la terre. Maintenant, si nous observons que tel astre est assez éloigné de la terre pour que la lumière qu'il nous envoie mette six ans à nous arriver, quelle sera notre admiration pour la puissance du Créateur!

401. La ténuité de la lumière est aussi grande que la rapidité de son mouvement. En effet, si nous accordions à la lumière la moindre consistance appréciable par nos sens, cette masse, à raison de la vitesse avec laquelle elle se déplace, acquerrait un poids énorme, et renverserait avec violence tout ce qui se rencontrerait sur son passage; au contraire, elle ne produit sur la rétine, membrane extrêmement délicate, qu'une impression fort douce.

402. Lorsque les milieux sont hétérogènes, la lumière s'écarte de la ligne droite, et ce chan-

gement de direction a reçu le nom de réfraction.
Newton, le premier, observa qu'elle avait lieu
en raison du degré de densité et de combustibilité des corps ; c'est ce qui lui fit entrevoir la
nature du diamant et celle de l'eau.

403. La lumière qui frappe sur un corps opaque revient sur elle-même ; on la dit alors réfléchie ; et c'est une loi en physique que l'angle
de réflexion est constamment égal à celui d'inci-
dence.

404. Le rayon lumineux, en traversant le
prisme, se décompose en sept couleurs, qui
sont, le rouge, l'orangé, le jaune, le vert, le
bleu, l'indigo et le violet. De ces couleurs trois
seulement sont primitives, savoir, le rouge, le
jaune et le bleu ; les autres sont considérées
comme nées du mélange des premières.

405. Un corps qui réfléchit tous les rayons
lumineux est blanc, celui qui les absorbe tous
est noir ; suivant qu'un plus ou moins grand
nombre de rayons est réfléchi, on a la sensation
des diverses couleurs.

406. C'est à la lumière réfléchie et réfractée
par les vapeurs aqueuses qui parcourent l'atmosphère que sont dues les diverses espèces de
météores.

407. Les physiciens ont su appliquer à différents usages la connaissance des propriétés de

la lumière. Au moyen de lentilles, nous aidons la faiblesse de la vue ; par les télescopes, nous portons avec une noble audace nos regards jusqu'au séjour des astres ; les microscopes nous procurent le plaisir de voir les objets innombrables qui échappent à nos sens, soit à la surface de la terre, soit dans son sein ; enfin, les miroirs nous présentent notre propre image.

408. La lumière paraît modifier les propriétés chimiques des corps ; elle attire l'oxygène, et influe sur la cristallisation : son action sur les plantes et les animaux est très puissante ; elle détermine la différence de couleur entre les hommes qui habitent des contrées diverses. C'est elle qui donne aux fleurs et aux fruits leurs couleurs riantes, leur odeur et leur saveur agréables ; mais le plus grand service qu'elle rende à l'homme, c'est de lui fournir, par l'organe de la vue, d'amples sujets de méditation. La lumière est donc l'âme de toute la nature ; sans elle, on n'a plus l'aspect de l'ordre admirable qui règne dans l'univers, il est plongé dans un morne silence. Vient-elle à reparaître, les fleurs étalent leurs brillantes couleurs, les oiseaux charment les airs par leurs plus doux accords, le ciel est riant, et son aspect semble répandre sur la terre la vie et le plaisir.

~~~~~~

CHAPITRE XVII.

DE LA VISION.

409. La vue exerce ùn empire immense : en un instant elle embrasse l'univers. L'organe de la vision, l'œil, est composé de diverses parties : il en est d'autres qui servent à le garantir, à le défendre des lésions extérieures. Le globe de l'œil est formé de trois membranes, la sclérotique, la choroïde et la rétine. A l'ouverture qu'il présente en devant, s'applique la cornée transparente ; la choroïde forme dans sa cavité une cloison verticale, percée au milieu d'un trou nommé *la pupille.* Ce trou se resserre sous l'influence d'une lumière vive, et lorsqu'il s'agit de voir des objets très rapprochés ; il se dilate au contraire dans l'obscurité, et lorsqu'on veut apercevoir des objets dans l'éloignement. On n'y découvre pas de fibres musculaires ; d'ailleurs elles ne sont pas nécessaires à la production de cet effet, qu'on est porté à attribuer à la turgescence vitale de l'iris. La tunique interne est la rétine, membrane pulpeuse, très délicate, formée par l'expansion du nerf optique.
~~~~~~

La partie postérieure du globe de l'œil est occupée par l'humeur vitrée, à la partie antérieure et moyenne de laquelle est fixée la lentille cristalline. L'espace compris entre le cristallin et la cornée transparente est partagé par l'iris en deux cavités qui ont reçu le nom de *chambres de l'œil*, et que remplit l'humeur aqueuse. Six muscles, quatre droits et deux obliques, meuvent le globe de l'œil. Les droits lui impriment les mouvements d'élévation, d'abaissement, d'abduction et d'adduction ; les obliques, les mouvements de circumduction et de rotation. Les parties extérieures destinées à le protéger sont de différente nature. En haut, les sourcils, composés de poils pressés les uns près des autres, empêchent la sueur de pénétrer dans l'œil (1), et. par leur abaissement, brisent le choc des rayons lumineux qui viennent d'en haut. Les paupières défendent contre les violences extérieures le précieux organe de la vue, qui, exposé continuellement à la lumière, perdrait sa sensibilité, ou éprouverait une irritation plus ou moins vive. Indépendamment de cet usage, les

____

(1) Cet usage des sourcils, si tant est qu'il existe, mérite trop peu d'importance pour être mentionné ; il est généralement reconnu qu'ils servent spécialement à absorber une partie des rayons lumineux.

paupières ont encore celui de favoriser le repos, au moment du sommeil, en interceptant
toute communication avec les objets extérieurs.
Régulus, ce religieux observateur de son ser-
ment, si digne de notre admiration, ayant eu
les paupières coupées par les Carthaginois, périt
d'une mort affreuse, par suite de veilles continuelles et de l'irritation de parties très sensibles. Les cils tempèrent la force des rayons lumineux (1). La partie antérieure du globe de
l'œil est recouverte par la conjonctive ; la glande
lacrymale sécrète une humeur destinée à humecter sa surface, et à favoriser le glissement
des paupières sur le globe de l'œil. Les larmes,
après avoir servi à cet usage, sont absorbées par
les points lacrymaux, et portées dans les fosses
nasales. Leur sécrétion abondante est souvent
en rapport avec l'état de l'âme ; la tristesse les
fait couler le plus souvent ; quelquefois c'est une
joie extrême. L'œil est, de tous les organes, le
plus noble et le plus beau ; c'est une source intarissable de plaisirs, et le fidèle miroir de l'âme.
En vain les autres parties ne sont pas exemptes
de défauts : de beaux yeux diminuent jusqu'à

---

(1) Ils empêchent aussi les petits corps qui volent dans
l'atmosphère de s'introduire entre la paupière et le globe de
l'œil.

un certain point la laideur. Au contraire, supposez Vénus elle-même avec des yeux louches, obscurcis, ou affectés de quelque autre difformité, vous verrez s'évanouir tout le charme de la beauté. Que de jouissances nous procure la vue! Pendant le jour, la chevelure radieuse du roi des astres excite notre étonnement; nous admirons la terre, couverte des plantes les plus nombreuses, et parée des fleurs les plus variées. La nuit, nous apercevons un nombre infini d'astres brillants. Lorsque le ciel est pur, son éclat porte la joie dans nos âmes: la tempête elle-même, lorsque la foudre sillonne les nuages amoncelées, est, malgré ses horreurs, un spectacle qui ne manque pas de charmes pour l'observateur de la nature. Enfin les yeux, par leurs mouvements variés, expriment souvent même, malgré nous, l'indignation, la bienveillance, la joie, la tristesse, l'ambition et l'amour. C'est avec raison que les poëtes chantent les yeux, et qu'ils les appellent des astres, des lumières, des soleils, et qu'ils en font le trône de Vénus et le nid des amours. Le tendre Pétrarque, ce chantre de l'amour pur, a trouvé dans les yeux un sujet digne d'exercer sa lyre enchanteresse.

410. Celui auquel la physique a révélé les propriétés de la lumière, s'explique facilement les modifications qu'elle éprouve dans le globe

de l'œil. Les rayons lumineux, soit directs, soit réfléchis, viennent frapper cet organe; ceux qui tombent sur la sclérotique sont réfléchis, et ne servent pas à la vision; ceux qui frappent la cornée en éprouvent une réfraction qui est tempérée par l'humeur aqueuse; ceux qui passent entre l'uvée et les côtés du cristallin se perdent sur le fond noir qui revêt la choroïde; les autres qui arrivent à la surface de la lentille cristalline éprouvent, en la traversant, une nouvelle réfraction, et parviennent au corps vitré: ce corps, moins dense que le cristallin, continue à rassembler les rayons, mais moins cependant que ce dernier organe. Ainsi, réunis en faisceau, les rayons pénètrent jusqu'à la rétine, sur laquelle, à raison de leurs entre-croisements, ils peignent les objets renversés. Quoique le cristallin soit très utile pour la vision, il n'est pas d'une nécessité indispensable pour l'accomplissement de cette fonction; et lorsqu'il vient à être détruit, l'humeur vitrée suffit pour rassembler les rayons, quoiqu'elle le fasse d'une manière faible. Mais, pour que les rayons, qui viennent de distances plus ou moins grandes, pussent peindre sur la rétine des images distinctes, il fallait que le cristallin fût mobile, et pût être porté tantôt en avant et tantôt en arrière: c'est ce que font les muscles, qui, par leur contraction simultanée, rapprochent le cristallin de la rétine, tandis que les procès ciliaires placés autour du corps vitré poussent cette lentille en devant. C'est pourquoi, lorsque les rayons divergent trop, à cause de la grande proximité de l'objet, le cristallin est porté en avant par l'action des procès ciliaires; si, au contraire, l'objet est trop éloigné, les rayons lumineux traverseraient les corps vitrés en restant presque parallèles avant d'arriver sur la rétine; mais, par le moyen des puissances précitées, le cristallin en est rapproché de manière à ce que les rayons tombent sur cette expansion nerveuse. Conduits de cette manière jusqu'à la rétine, les rayons y déterminent une impression qui, transmise au cerveau par l'intermédiaire du nerf optique, y excite la sensation de la vision.

411. Mais, pour que cette sensation soit parfaite, il faut la réunion de diverses circonstances, telles que la convexité convenable de la cornée et du cristallin, la densité suffisante de ces parties et des humeurs de l'œil, et la sensibilité de la rétine. Ceux qui ont la cornée et le cristallin trop convexes et trop denses, et le corps vitré trop peu perméable à la lumière, voient confusément les objets éloignés. En effet, alors ces parties étant douées d'une force de réfraction trop considérable rassemblent les rayons lumineux en un seul faisceau avant la rétine; il ré-

sulte de là qu'ils divergent de nouveau au-delà
de ce foyer, et qu'ils viennent frapper la rétine
dans plusieurs points. C'est cette disposition
des organes qui constitue la myopie. La conformation inverse donne naissance à la presbytie :
dans ce cas, la cornée et le cristallin sont aplatis, et jouissent conséquemment d'une force de
réfraction beaucoup moindre ; c'est pour cela
que les objets très rapprochés, dont les rayons
arrivent à la cornée en divergeant beaucoup,
produisent une sensation confuse. La myopie
est commune dans l'enfance ; la presbytie est
plus fréquente dans la vieillesse. On considère
comme la meilleure vue celle qui permet de lire
facilement à la distance d'un pied. Lorsque la
rétine est trop susceptible, et que sa sensibilité
est trop exaltée, elle est péniblement affectée
par la plus faible lumière ; au contraire, quand
la sensibilité de cette membrane est obtuse, une
grande lumière est nécessaire à l'exercice de la
vision. Le premier de ces vices de la vision s'appelle nyctalopie, et le second héméralopie. Richerand fait observer que ces deux mots ont été
pris par Hippocrate dans une signification tout-
à-fait inverse ; quant à nous, nous conserverons
le sens généralement adopté. La différence de
sensibilité de la rétine est presque toujours le
symptôme d'un état maladif. Toute lumière est

insupportable pour l'œil affecté d'inflammation : cette lésion a reçu le nom de photophobie ; elle diffère peu de la nyctalopie ; seulement on a coutume d'appeler ainsi l'état de ceux qui ne peuvent supporter la lumière par suite d'une sensibilité exaltée, sans dépasser cependant les limites de la santé, et à part toute phlogose et toute affection apparente. L'héméralopie annonce l'imminence de l'amaurose, ou tout au moins une grande disposition à cette maladie; mais, comme c'est une loi de l'économie que l'incitabilité augmente dans les parties qui ont été pendant un certain temps soustraites à l'empire des stimulants, après un séjour plus ou moins long dans un lieu peu éclairé, l'organe de la vue est péniblement affecté par la lumière. C'est donc par suite de sa prudence et de sa sagesse que la nature a entouré de toutes parts la terre que nous habitons d'air atmosphérique, non seulement pour nous fournir l'oxygène nécessaire à la respiration et à l'entretien de la vie, mais encore pour réfracter la lumière et la mettre en rapport avec la délicatesse de nos organes. En effet, sans l'atmosphère nous verrions tout-à-coup le jour le plus éclatant succéder à la nuit la plus sombre, et ce changement rapide ne manquerait pas de faire une impression très pénible sur la rétine. Mais, comme l'air est plus dense à mesure qu'on s'approche de la surface de la terre, le lever du soleil est précédé par une lumière plus faible qui augmente peu à peu, et permet à l'œil de s'habituer à son action.

412. Veut-on savoir comment nous apercevons les corps dans leur situation naturelle, quoiqu'ils viennent se peindre retournés sur la rétine? Les physiologistes avaient pensé que les erreurs de la vue étaient rectifiées par le toucher, mais ce phénomène me semble avoir été bien mieux expliqué par Berkeley dans son excellent ouvrage sur la théorie de la vision : il fait remarquer que nous rapportons à nous-mêmes les sensations que nous éprouvons, en conséquence que la position droite de l'objet n'est que relative, tandis que son image va se peindre retournée au fond de l'œil. Je ne vois aucune nécessité à discuter cette question ; je pense que la lumière portée sur la rétine y fait une impression qui, transmise au cerveau par le nerf optique, y produit une sensation, mais que l'image de l'objet qui va se peindre au fond de l'œil est un effet purement physique, et n'a rien de commun avec la vision qui est un acte de la vie.

413. On demandera peut-être encore pourquoi une impression portée sur les deux yeux ne produit qu'une seule sensation : la réponse

est facile; c'est que les deux impressions sont égales, et arrivent au cerveau dans le même moment, d'où il résulte qu'elles se confondent et déterminent une sensation composée, s'il est permis de s'exprimer ainsi: cependant, l'intensité de la sensation n'est pas double de ce qu'elle est lorsqu'elle n'est perçue que par l'un des deux yeux. Jurine pense que la force visuelle des deux yeux réunis surpasse à peine d'un tiers celle de chaque œil considéré isolément. Il est étonnant que, de nos jours, Gall se soit efforcé de démontrer que la vision ne s'opère jamais que par un seul œil à la fois: s'il en était ainsi, dans quel but la nature nous en aurait-elle donné deux? Nous n'entendons pas nier, cependant, que dans quelques cas il soit utile de ne faire agir qu'un seul des deux yeux; par exemple, lorsqu'il s'agit de juger la direction de la lumière et la situation des corps par rapport à nous: c'est ainsi qu'on ferme un œil pour ajuster avec un fusil. Cela est encore nécessaire quand ces deux organes ne sont pas dans le même état: ainsi, qu'un des yeux soit affecté d'inflammation, pourvu d'une sensibilité exagérée, ou atteint de quelque autre lésion, il faut absolument fermer l'autre pour avoir une sensation exacte. Il est encore nécessaire pour cela que les axes des deux yeux soient parallèles: en effet, le strabisme, affection dans laquelle on voit les objets doubles, tient à ce que les axes des deux yeux ne se correspondent pas.

414. Rousseau a nommé l'odorat le sens de l'imagination ; mais ce nom, comme le fait judicieusement observer Richerand, paraît bien mieux convenir au sens que nous venons de décrire : en effet, l'imagination a créé plus d'objets qui s'adressent à la vue, qu'elle n'en a fait naître pour l'odorat. N'est-ce pas de la vue que sont nées les chimères, les sphynx et les innombrables fictions que les Grecs nous ont transmises?

415. C'est au moyen des yeux que nous jugeons le volume, la situation et la distance des objets. Nous apprécions le volume d'après l'angle des rayons lumineux qui forment un triangle, dont le sommet se trouve au corps que nous regardons, et dont la base repose sur la cornée : voilà pourquoi les objets très rapprochés nous paraissent gros, tandis que les corps éloignés nous semblent petits ; nous estimons la situation d'après le point de contact de deux lignes parties du centre de l'œil qui regarde ; enfin, nous jugeons la distance soit d'après la diminution du volume connu des corps, soit par l'angle que forment les axes des deux yeux, soit encore par la diminution d'intensité de la lumière, soit enfin d'après la situation des corps

intermédiaires dont la distance nous est connue : mais ces jugements nous induisent fréquemment en erreur : ainsi, plus un corps est éclairé, plus il nous paraît grand. Au premier abord, nous considérons la lune et les nuages comme placés à une égale distance de nous, parcequ'il n'y a point de corps intermédiaires capables de nous faire mesurer d'une manière comparative leur éloignement. Une tour carrée, pour peu qu'elle soit éloignée, paraît ronde : la vue peut donc nous conduire à des erreurs qui sont rectifiées par les autres sens, et notamment par le toucher.

416. L'œil, cet organe dont nous venons d'apprécier l'importance, arrive bientôt au dernier degré de perfection. Chez l'enfant naissant, son organisation est déjà complète ; cependant il paraît insensible à la lumière jusqu'à la fin du premier mois ; alors il dirige les yeux vers le soleil, dont l'éclat paraît le réjouir. Il distingue d'abord la couleur rouge, puis bientôt les autres couleurs ; mais la vision est encore imparfaite, il ne juge ni la grandeur ni les distances. Enfin, l'exercice perfectionne le sens de la vue, dont l'expérience acquise par les erreurs fait en quelque sorte l'éducation.

CHAPITRE XVIII.

DU SON.

417. Si l'on percute un corps élastique, on détermine un frémissement, un mouvement oscillatoire dans le corps entier et dans ses particules : ce mouvement, en se communiquant à l'air, est l'origine du son. Quoique ces vibrations sonores se propagent au moyen de l'air, d'autres corps jouissent également de cette propriété : l'expérience démontre que le fer, le verre, le bois, transmettent au loin le son ; les sourds mettent une petite baguette entre leurs dents, afin de faciliter l'audition. Derham prétend que l'eau n'est pas conductrice du son, mais Vassali a prouvé le contraire.

418. Plus l'air a de densité, plus il transmet le son avec facilité : c'est pourquoi cette transmission est faible dans le gaz hydrogène, et facile dans le gaz oxygène. L'élasticité donne de l'intensité au son : ainsi il augmente de force dans l'air que la chaleur a rendu plus élastique.

419. La vitesse du son est grande ; diverses

circonstances peuvent l'augmenter ou la diminuer : ordinairement il parcourt en une minute cinq de nos milles. Comme la vitesse de la lumière échappe à tout calcul, et que l'on connaît le nombre de pulsations artérielles qui ont lieu chez un homme adulte pendant une minute, pour évaluer la distance du lieu où s'est faite l'explosion de la foudre, on divise par cinq le nombre de pulsations que l'on a comptées entre l'éclair et le bruit du tonnerre : on calcule de même la distance des canons.

420. Le son se réfléchit sur les obstacles qu'il rencontre, suivant les mêmes lois que les corps élastiques : la réflexion du son est ce que l'on désigne sous le nom d'*écho*. C'est à cette cause que l'on doit attribuer les redoublements du tonnerre dans les vallées étroites et bordées de montagnes. Plus les corps qui forment obstacle au son jouissent d'élasticité, plus celui-ci est réfléchi avec intensité : aussi, les tapisseries tendues dans les salles assourdissent-elles les sons des instruments de musique.

421. Le son, en se propageant, s'affaiblit insensiblement, et finit par se perdre tout-à-fait. L'intensité du son est en raison inverse du carré des distances du corps qui le produit. Si on le dirige à travers des tuyaux élastiques, il conserve sa force. La théorie des divers instruments

de musique repose sur cette faculté de comprimer et de répercuter le son.

422. Les vibrations sonores des corps peuvent se faire avec plus ou moins de rapidité, ce qui forme la différence des sons ; les vibrations rapides donnent naissance aux sons aigus, et les vibrations lentes aux sons graves. De la succession réglée des sons aigus et graves dérive l'harmonie. Le nombre des vibrations diffère suivant la longueur, la grosseur et la tension des cordes musicales.

423. La grosseur et la tension étant les mêmes, les nombres de vibrations sont en raison inverse de la longueur : ils suivent la racine carrée de la tension ; si la grosseur et la longueur sont les mêmes, la longueur et la tension restant dans les mêmes rapports, le nombre de vibrations est en raison inverse de la grosseur. Pythagore est le premier qui, d'après ses observations sur les sons formés par les marteaux des forgerons, paraît avoir fait connaître les lois précédentes.

CHAPITRE XIX.

DE L'AUDITION.

124. L'oreille est l'organe de l'ouïe. Un art admirable a présidé à sa structure. Le pavillon, présentant une certaine étendue, et formé d'une substance élastique, recueille les sons, les réfléchit, les rassemble. Haller a dit, et l'on a répété de nos jours, que lorsqu'on enlevait cette partie, l'audition était d'abord affaiblie, et reprenait, après quelques jours, sa finesse ordinaire : cela ne me parait pas probable. En effet, il est évident que plus il y a de rayons sonores qui parviennent au conduit auditif, et plus la sensation doit être vive : c'est ce que savent fort bien les personnes qui ont l'ouïe dure, et qui, plaçant leur main derrière l'oreille, ou y adaptant un cornet acoustique, suppléent par là à la faiblesse de leur organe. Les rayons sonores, après avoir été rassemblés, traversent le conduit auditif, et augmentent leur intensité par les vibrations de ses parois. Le cérumen, que sécrètent les glandes parsemées dans ce conduit, lubrifie la membrane qui le tapisse, et celle du

tympan, empêche l'accès des insectes, les arrête quand ils sont entrés, et les fait périr. Cette
humeur modère encore la force du son : ainsi
les rayons sonores viennent frapper la membrane
du tympan, qui, mince et douée de quelque
élasticité, transmet les vibrations de l'air. Cette
membrane n'a aucune apparence musculaire
chez l'homme ; dans l'éléphant, on y observe
manifestement des fibres musculaires : dans le
premier cas, c'est donc en vertu de sa seule
élasticité qu'elle est affectée par le son, et qu'elle
le communique. Elle se met en rapport avec
l'intensité des sons qui la frappent ; tantôt elle
est tendue, tantôt elle se relâche : ces dispositions sont dues à quatre osselets renfermés dans
la cavité du tympan, où ils forment une sorte
de chaîne, et où ils sont mus de diverses manières par de très petits muscles. Deux de ces
muscles aboutissent au marteau : l'interne est
plus long, et est appelé tenseur du tympan, à
cause de son usage ; l'externe est plus court.
Quelques anatomistes prétendent qu'il en existe
un troisième, qui prend naissance au conduit
auditif, s'attache à la plus petite branche du
marteau, et a pour usage de relâcher la membrane ; mais on en conteste généralement l'existence. Le tenseur du marteau met la membrane
dans un état de tension qui la rend sensible aux

sons les plus faibles ; l'autre muscle, qui éloigne
le marteau de l'enclume, intercepte les vibrations et modère la force des sons. Le marteau
communique les vibrations à l'enclume, et celle-
ci à l'étrier. L'os lenticulaire paraît dépendre de
l'enclume ; il est articulé avec l'extrémité de sa
branche inférieure. L'étrier a sa base appuyée à
la fenêtre ovale ; il est mû par son muscle propre,
et est séparé du reste du tympan par une petite
membrane : on trouve non loin de là une ouverture, qu'on appelle fenêtre ronde. Ces deux
ouvertures conduisent au labyrinthe, qui est
composé de trois parties : le vestibule, les canaux
demi-circulaires, et le limaçon. Ce dernier est
séparé par une lame spirale en deux conduits,
qu'on appelle rampes : l'une aboutit au vestibule, l'autre à la cavité du tympan ; mais, dans
cette cavité, on remarque l'orifice d'un conduit
qui s'étend jusqu'au pharynx, et qu'on nomme
trompe d'Eustachi. La portion molle de la septième paire de nerfs pénètre en partie dans le
vestibule, s'y épanouit, et forme une membrane
pulpeuse très mince qui s'étend dans les canaux
demi-circulaires ; l'autre branche se rend dans
le limaçon, et s'y termine. Ainsi les rayons sonores, réfléchis par le pavillon, parviennent à
travers le conduit auditif jusqu'à la membrane
du tympan : de là, une partie est transmise à la

fenêtre ovale et au vestibule, au moyen de la chaîne osseuse que j'ai indiquée ; une partie est transmise à la fenêtre ronde et au limaçon par l'air qui remplit le tympan. Les vibrations se communiquent également par la trompe d'Eustachi ; c'est pourquoi les personnes qui ont l'ouïe dure ouvrent la bouche pour écouter, et que, lorsque nous dirigeons toute notre attention vers quelque discours, nous tenons machinalement la bouche ouverte. La pulpe nerveuse nage dans un fluide aqueux et gélatineux qui lui conserve son humidité et sa mollesse, les vibrations sonores affectent les expansions nerveuses ; l'impression est communiquée au *sensorium commune*, et la sensation est produite.

425. On a cherché à décider si l'audition dépendait entièrement, ou du moins principalement, du vestibule, des canaux demi-circulaires, ou du limaçon. Quelques physiologistes, considérant que la pulpe nerveuse était principalement épanouie dans le vestibule, y rapportèrent le siége de l'audition ; mais les animaux, chez lesquels le vestibule forme seul l'oreille interne, ont l'ouïe moins fine. D'autres placent le siége de l'audition dans les canaux semi-circulaires, parcequ'elle paraît d'autant plus délicate que ces canaux sont plus développés. Suivant d'autres enfin, l'organe principal de ce sens est le

limaçon, jusqu'au sommet duquel ils prétendent que s'étend le nerf acoustique ; mais rien n'empêche de croire que toute la pulpe nerveuse, partout où on la voit, ne soit destinée à recevoir l'impression des rayons sonores.

426. On a douté si la portion dure de la septième paire de nerfs, connue sous le nom de nerf facial, ne jouait pas quelque rôle dans l'audition : la corde du tympan ne paraît y avoir aucun rapport ; mais les rameaux qu'elle envoie aux muscles des osselets de l'ouïe concourent indirectement à l'audition, en déterminant des tensions variées de la membrane du tympan. Haller assure que la compression du nerf facial a produit la surdité, quoique la portion molle de la septième paire n'eût point été lésée. On connaît l'agacement des dents qu'occasione la sensation de sons très aigus : tout cela prouve une certaine connexion entre les deux portions de la septième paire ; mais il m'est impossible d'apprécier au juste laquelle de ces portions concourt directement ou indirectement à l'audition, parceque toutes les deux présentent également des conditions favorables dans les diverses parties de l'oreille où elles se trouvent. Du reste, les opinions sont partagées à ce sujet.

427. Pour que l'audition soit régulière, il est

nécessaire que les organes de chaque côté se trouvent dans les mêmes conditions, de même que je l'ai dit à l'égard des organes de la vision. Si l'une des oreilles entend ou mieux ou plus difficilement que l'autre, la sensation est confuse; si la même impression est produite à la fois dans les deux oreilles, il n'en résulte pas une double sensation; si l'un des organes manque ou est inactif, la sensation est un peu plus faible; et lorsque les deux oreilles n'ont pas le même degré d'excitabilité, il faut ne se servir que de l'une d'elles, et empêcher que l'autre concoure à l'audition en la soustrayant avec la main aux rayons sonores.

428. Il y a des individus qui ont l'ouïe d'une telle délicatesse, qu'ils perçoivent les sons à des distances très grandes; d'autres, sans avoir appris la musique, apprécient la justesse de ses accords : on dit alors qu'ils ont l'oreille musicale. Certainement cette qualité ne dépend pas de la délicatesse de l'ouïe, car des personnes qui ont l'oreille dure ont quelquefois l'oreille musicale à un degré très prononcé, et d'autres, qui sont entièrement privées de celle-ci, ont l'ouïe extrêmement fine. On ignore la raison de ce fait; mais on peut présumer qu'il dépend moins de l'organisation de l'oreille que de celle du *sensorium commune.*

429. C'est par l'audition que nous connaissons les sentiments de nos semblables, que nous jouissons du plaisir de l'harmonie. On connaît les effets étonnants de la musique : à l'aide de sons mélodieux, Pythagore parvint à modérer l'emportement d'un jeune homme plongé dans l'ivresse ; le même moyen, employé par l'habile maître de musique d'Amurat IV, émut ce prince au point de lui arracher des larmes, et de lui faire accorder la vie à ses frères et à ses amis condamnés à mourir. La harpe harmonieuse de David apaisa la fureur de Saül. Les accents de la musique excitent à la joie, adoucissent le chagrin, allègent les fatigues du travail, et excitent les guerriers aux combats. On peut observer journellement que les aveugles sont presque toujours gais, tandis que les sourds sont continuellement tristes : c'est ce que l'on remarque surtout pour les aveugles qui, avant la privation des yeux, n'étaient pas adonnés aux belles-lettres. On peut se rendre compte de cette disposition. L'aveugle conserve encore par l'ouïe des rapports avec ses semblables; le sourd, au contraire, est en quelque sorte isolé dans la nature : il peut, au moyen des signes, diminuer, à la vérité, le malheur de sa position; et l'on est parvenu aujourd'hui au point de suppléer l'audition par les signes. L'abbé de l'Épée, l'abbé

Sicard et Azzoroli de Gênes, se sont rendus célèbres dans cet art ingénieux. Les personnes qui
ont visité l'établissement de notre compatriote
n'ont pas vu sans émotion ces infortunés jeunes
gens, privés de l'ouïe et de la parole, manifester à leur maître tout leur attachement et leur
reconnaissance par l'expression de leurs yeux,
de leur figure, par leurs mains élevées vers lui,
enfin par tout leur extérieur. Combien leur sort
serait plus rigoureux, s'ils étaient privés de l'u-
sage des mouvements ! Ne devons-nous pas inférer de là que l'homme est né pour vivre en
société ?

CHAPITRE XX.

DES ODEURS.

430. Il s'exhale de la plupart des corps des
effluves extrêmement ténues, qui, portées par
l'air dans les fosses nasales, y produisent une
sensation : c'est ce que l'on désigne sous le nom
d'odeurs.

431. Boerhaave prétendait qu'il y avait dans
les plantes un principe odorant particulier, qu'il
appelait esprit recteur ; d'autres l'ont nommé

arôme. Mais il existe une variété presque infinie d'odeurs ; il ne peut donc pas y avoir qu'une seule substance qui en soit l'origine. Un grand nombre de métaux, d'ailleurs, sont réellement odorants ; et cependant personne, jusqu'à présent, n'y a admis d'esprit recteur. Fourcroy et Berthollet ont pensé, avec beaucoup plus de raison, que la faculté odorante résidait dans les molécules mêmes des corps qui se répandent dans l'air.

432. Ces molécules qui produisent les odeurs échappent à tout calcul ; un fragment de musc que l'on conserve dans une chambre y répand l'odeur la plus forte, et on lui trouve le même poids après plusieurs années.

433. Néanmoins, toutes les odeurs ne sont pas également subtiles et diffusibles : la rose ne répand d'odeur que dans une atmosphère assez circonscrite, tandis que l'odeur du musc, de la vanille et de quelques autres plantes, s'étend très loin.

434. Ordinairement c'est dans la fleur que réside la plus grande partie de l'odeur, toutefois les autres parties des plantes n'en sont pas entièrement dénuées. L'odeur appartient même à la racine seule dans l'iris de Florence. Les tiges, lorsqu'elles sont desséchées, perdent communément leur odeur peu à peu ; quelquefois on ob-

serve le contraire : on en a un exemple dans les feuilles de myrte et dans les semences de nigelle de Damas.

435. Certaines plantes sont odorantes, les unes seulement le jour, les autres la nuit. Le *geranium noctuolens*, l'*hesperis syriaca*, l'*œnothera suavescens* et *odorata*, appartiennent à ces dernières.

436. Les substances soumises à des opérations chimiques acquièrent tantôt de l'odeur, tantôt en perdent ; la propriété odorante suit alors les lois des modifications que subissent les autres propriétés dans les décompositions et les combinaisons.

437. La matière de la perspiration cutanée a une odeur très variable, suivant diverses circonstances : elle est douce chez les enfants ; après la puberté, elle est pénétrante et spermatique ; chez le vieillard, elle est fétide ; dans les fièvres dites putrides, elle est presque cadavérique ; elle est manifestement acide dans la rougeole. C'est au moyen de l'odorat seul que le chien reconnaît son maître.

438. Telle est la variété des odeurs, qu'on ne peut les classer convenablement : il est cependant utile d'établir quelque classification ; chacun a proposé la sienne. Linnæus a rapporté toutes les odeurs à sept classes : ce sont les odeurs aromatiques, fragrantes, ambrosiaques,

alliacées, fétides, vireuses et nauséeuses. Lorry distingue les odeurs en camphrées, narcotiques, volatiles et alcalines ; d'autres les ont divisées en animales, végétales et minérales : cette division ne me semble pas bonne, en ce que la même odeur peut appartenir à des corps de différents règnes. Fourcroy a reconnu cinq classes d'odeurs : ce sont les extractives ou muqueuses, les huileuses et fugaces, les huileuses et volatiles, les acides et les hydro-sulfureuses. Cette division de Fourcroy a l'avantage d'indiquer la nature chimique des corps ; toutefois celle de Linnæus me paraît préférable, parcequ'elle désigne les différences de sensations éprouvées.

439. Aux odeurs aromatiques se rapportent l'odeur des fleurs du giroflier, celle des feuilles du laurier ; aux fragrantes, les odeurs des fleurs de tilleul, de lis, de jasmin ; aux ambrosiaques, celles de l'ambre, du musc, de l'*allium moscatum*; aux alliacées, celles de l'ail, de l'assafœtida et des autres gommes résines ; aux odeurs fétides, celles de l'œillet d'Inde, et de plusieurs plantes de la famille des solanées ; aux nauséeuses, celle de l'ellébore.

440. Parmi les odeurs, les unes sont agréables, les autres nuisibles ; celles même qui sont les plus suaves, peuvent avoir des effets funestes

sur l'économie, si on y est trop fortement exposé. On connaît des exemples assez nombreux de personnes qui périrent pour s'être endormies imprudemment dans des lieux où se trouvaient des fleurs très odorantes : c'est avec raison que les auteurs de police médicale ont conseillé d'éloigner des promenades publiques les plantes qui exhalent une odeur très forte.

441. La nature, en multipliant à l'infini les odeurs, nous a créé une source abondante de plaisir et de remèdes utiles; mais les hommes ont abusé de ses dons; ils ont mêlé, concentré, étendu les odeurs afin de suppléer par leurs agréments à ceux que le vice leur a enlevés. Ainsi l'on s'émousse l'odorat, on se crée une foule de besoins qui hâtent la ruine de notre frêle machine.

CHAPITRE XXI.

DE L'ODORAT.

442. L'odorat, au moyen duquel nous percevons les émanations odorantes des corps, veille comme une sentinelle destinée à reconnaître les objets qui nous peuvent être utiles ou nuisibles,

pour nous procurer des plaisirs et nous soustraire aux impressions pénibles. Il a son siége dans la membrane muqueuse qui tapisse les cavités nasales, et dans laquelle se ramifient des nerfs nombreux, déliés et mous, provenants de la première paire cérébrale. Cette membrane est continuellement humectée par un mucus qui lui conserve sa souplesse en même temps qu'il tempère la force des émanations trop actives. Les sinus frontaux, ethmoïdaux, sphénoïdaux, palatins et maxillaires, donnent à l'organe plus d'étendue et à la sensation plus d'intensité; cette circonstance contribue pour beaucoup à la finesse de l'odorat chez les chiens : mais dans les parties même où se distribuent les nerfs olfactifs, pénètrent aussi des rameaux de la cinquième paire. Un filet né de sa première branche se répand dans les cellules ethmoïdales, les sinus frontaux et la cloison du nez; la seconde branche envoie aussi des filets à la membrane qui tapisse les cellules ethmoïdales postérieures et la partie postérieure de la cloison ; enfin, de petits filets nés de la branche palatine, se rendent à la partie inférieure des narines. Ces parties sont mises en mouvement par différents muscles; il en est un spécialement destiné à rapprocher le bout du nez de la cloison. Les élévateurs des ailes du nez les portent en haut ; les abaisseurs des ailes du nez et de la lèvre supérieure tirent en bas l'extrémité du nez. L'odorat a son siége principal dans la partie supérieure des fosses nasales, où se ramifient les nerfs de la première paire. Les nerfs de la cinquième paire paraissent appartenir à la vie organique de ces parties : nous lisons cependant que tous les physiologistes ne sont pas d'accord à ce sujet (1).

443. L'air chargé des émanations des corps pénètre dans les narines pendant l'inspiration ; les extrémités des nerfs qui sont molles et presqu'à nu reçoivent l'impression ; la modification qu'elles éprouvent est transmise au cerveau ; de là naît la sensation de l'odorat. L'air odorant pénètre dans les sinus, il s'y arrête, puis il sort par les narines ouvertes : on peut s'expliquer par là comment on a encore la sensation d'une odeur quoiqu'il n'y ait plus aucun corps odorant.

444. L'odorat semble en quelque sorte destiné à précéder le goût ; les aliments présentés à la bouche agissent d'abord sur l'odorat et décèlent leur nature avant d'avoir été portés sur l'organe du goût. Les substances fournies par la nature

---

(1) D'après des expériences récentes, M. Magendie suppose que le nerf olfactif ne serait pas l'organe de l'olfaction : des chiens sur lesquels il avait été détruit ont continué à exercer cette fonction.

sont généralement salubres quand elles ont une odeur agréable ; au contraire celles qui affectent désagréablement l'odorat doivent faire craindre de mauvaises qualités. Il faut observer cependant que les odeurs même suaves, si elles sont trop fortes, produisent des incommodités, et peuvent aller même jusqu'à déterminer la mort. On rapporte que des navigateurs, ayant abordé dans des îles fécondes en plantes odoriférantes, ont perdu la vie, suffoqués par des odeurs trop fortes.

445. Les sensations de l'odorat reviennent facilement à la mémoire ; c'est pourquoi Rousseau, ainsi que nous l'avons dit, l'appelle le sens de l'imagination. La membrane pituitaire est liée avec le diaphragme par une étroite sympathie, dont on tire parti pour rappeler à la vie les asphyxiés ; souvent, chez les noyés, l'ammoniaque présenté aux narines ranime promptement les forces vitales engourdies.

CHAPITRE XXII.

DES SAVEURS.

446. On donne le nom de sapides aux corps qui agissent sur l'organe du goût : souvent sous le nom de saveur on exprime la sensation elle-même ; mais c'est dans sa signification primitive que nous employons ce mot.

447. On supposait jadis dans les plantes un principe particulier auquel on avait donné le nom d'esprit recteur, et auquel on attribuait leur odeur et leur saveur. Les uns ont fait dépendre les saveurs d'huiles, et les autres de sels qu'on supposait partout. Bellini et Boyle ont pensé que les différentes formes des molécules déterminaient les différences de saveur. C'est ainsi qu'ils s'expliquaient pourquoi les corps qui entrent dans de nouvelles combinaisons acquièrent, perdent, ou changent de saveur. Les physiologistes modernes rejettent ces hypothèses hasardées ; ils pensent que les corps, au moyen de certaines modifications, peuvent affecter l'organe du goût ; et que cette faculté est inhérente tantôt

au corps tout entier, tantôt seulement à quelqu'une de ses parties.

448. C'est cette opinion que nous partageons:
en effet, l'esprit recteur des plantes est tout-à-fait
imaginaire; d'ailleurs les métaux eux-mêmes
ont de la saveur, et cependant, ainsi que nous
l'avons dit, on n'a jamais jusqu'ici songé à leur
attribuer un esprit recteur. Une foule de corps,
indépendamment des huiles, ont une saveur
manifeste; enfin, les sels ne sont pas les seuls
corps qui aient de la saveur, et tous les sels n'en
ont pas. Quant à ceux qui ont attribué la différence des saveurs aux formes diverses des molécules, leur théorie n'a rien de solide : car si l'on
entend parler des molécules les plus ténues, leur
forme échappe à nos sens; s'il s'agit au contraire
de celles qu'on peut examiner, on remarque que
tous les corps dont les molécules ont la même
forme n'ont pas la même saveur. Il n'est d'ailleurs point nécessaire de recourir au changement
de figure dans les combinaisons pour expliquer
les changements de saveur; il suffit de savoir
que les corps qui entrent dans de nouvelles
combinaisons prennent des propriétés nouvelles.

449. C'est une chose constante que tout
corps sapide est soluble. La salive, indépendamment de ses autres usages, a encore celui de
dissoudre les aliments, et de les étendre plus

largement sur les papilles qui sont le siége du goût.

45o. Souvent les corps sont à la fois sapides et odorants; d'autres fois on observe le contraire.

451. Les saveurs sont si variées qu'il est presque impossible de les classer : cependant les physiologistes, en les groupant d'après leurs analogies, en ont formé neuf séries; ce sont les saveurs acides, alcalines, douces, vineuses, amères, aromatiques, âcres et austères, ou astringentes. La saveur salée se retrouve dans la plupart des sels neutres, et notamment dans l'hydro-chlorate de soude; la saveur salée, dans les alcalis et les terres alcalines; la saveur douce, dans un grand nombre de fruits, le sucre, le miel, la manne. Les liqueurs fermentées présentent la saveur vineuse; l'absinthe, l'aloès, la coloquinte, ont la saveur amère. La saveur aromatique existe dans presque tous les condiments, comme la cannelle et la vanille; et la saveur âcre dans l'euphorbe, l'ognon et l'ail. Enfin on observe la saveur austère dans l'écorce du Pérou, la racine de tormentille, de bistorte, les sulfates d'alumine, de potasse et de fer.

452. Parmi les saveurs, il en est d'agréables et de repoussantes. Au reste, l'impression agréable ou pénible déterminée par les odeurs dépend

de la force différente avec laquelle les corps agissent, et des diverses circonstances accessoires.
Les substances qui plaisent à faible dose, prises
en plus grande quantité, occasionent de la douleur. Ce qui était un plaisir en santé devient une
peine dans l'état de maladie.

453. Il y a certains goûts qu'on ne saurait
expliquer : par exemple, les habitants du Ben-
gale et les Siamois mangent avec délices des œufs
couvés et à moitié pourris.

454. Une chose admirable, c'est la multipli-
cité des saveurs que la nature semble avoir pro-
diguées pour le plaisir de l'homme, en même
temps que pour lui indiquer ce qui lui est utile
ou nuisible. En général, ce qui est agréable au
goût est salutaire, et l'on doit considérer comme
nuisible ce qui produit une sensation douloureuse sur la langue ; cela doit s'entendre des aliments que la nature fournit à l'homme ; quant
aux produits de l'art, souvent leur douceur perfide produit la mort.

CHAPITRE XXIII.

DU GOUT.

455. Le goût nous fait percevoir les saveurs, comme l'odorat nous donne la sensation des odeurs. Tous les physiologistes s'accordent à regarder la langue comme le principal organe du goût; mais il n'en est pas de même pour décider si elle en est le seul organe. On ne peut pas dire que les lèvres, le palais, la luette, l'arrière-bouche, l'œsophage, et l'estomac même, ressentent l'impression de certaines substances, parceque celles-ci y occasionent certaines sensations, de même qu'elles le feraient sur une partie quelconque de la peau dénuée d'épiderme, car il s'en échappe des émanations qui parviennent à la langue, et y produisent la sensation de saveur; mais souvent on a vu le goût persister après l'ablation de la langue. On cite, dans les Mémoires de l'académie des sciences de Paris, l'exemple d'une jeune fille chez laquelle il ne restait plus qu'un tubercule à la place de la langue, et qui cependant avait le goût intact. La langue est parsemée de papilles, dans lesquelles réside parti-

culièrement le sens du goût. Il y a plusieurs espèces de papilles; elles sont villeuses à la partie
postérieure de la langue, fungiformes à sa surface supérieure, coniques à sa pointe. A la partie postérieure et supérieure de cet organe, on
rencontre plusieurs glandes muqueuses, dont
quelques unes s'ouvrent dans un crypte qu'on
nomme *trou borgne*. Des rameaux venant de
la cinquième paire de nerfs se distribuent à ces
papilles; des branches du nerf vague et de la
neuvième paire, qui s'anastomosent avec le premier ganglion cervical, avec le grand ganglion
cervical, souvent avec le nerf vague, et constamment avec le second et le troisième ganglion cervical, se rendent aux muscles qui forment la plus
grande partie de la langue. En décrivant la mastication, j'ai parlé de ces muscles et de leurs
usages.

456. Il est en question si le rameau qui vient
de la cinquième paire est seul consacré au sens
du goût, ou si les autres nerfs participent à cet
usage. Depuis Galien, tous les physiologistes ont
pensé que la huitième et la neuvième paire étaient
destinées au mouvement, tandis que la cinquième
servait à la sensation. Mais on a suivi des filets du
grand hypoglosse jusqu'aux papilles nerveuses;
et Hewermann assure que la section de la neuvième paire, faite pendant l'extirpation d'une

glande squirrheuse, avait détruit le goût. Ce fait est mis en doute par Richerand : certainement s'il était réel, ce serait une preuve que le nerf lingual n'est point destiné au goût, ce qui serait opposé à l'opinion générale. Quelques physiologistes hésitent à croire que les rameaux de la neuvième paire aient l'usage qu'on leur attribue ; mais personne ne doute que le nerf lingual de la cinquième paire ne préside à la sensation du goût. On peut douter que, dans l'opération indiquée, il n'y ait eu qu'une seule branche nerveuse coupée. Richerand a fait des expériences pour résoudre la question. Il a placé, dans l'intérieur du crâne, une plaque de zinc sous le tronc du nerf de la cinquième paire d'un chien tué récemment ; une pièce d'argent fut mise sous les muscles de la langue ; une verge de fer établit une communication entre les deux métaux. Ces muscles n'offrirent qu'un léger frémissement ; d'où l'auteur conclut que le nerf de la cinquième paire ne sert qu'à la sensation. De Humboldt pense que le courant galvanique n'excite que les nerfs moteurs, et nullement les nerfs sensitifs : mais ce savant n'est point convaincu que le nerf hypoglosse soit exclusivement destiné au mouvement ; il pense qu'il peut avoir des filets moteurs et des filets sensoriaux. Néanmoins je penche à croire que tels nerfs sont destinés au mouvement, tels autres au sentiment. Ainsi, de même que le nerf optique est consacré à la vision, la première paire à l'odorat, la cinquième est destinée à la gustation.

457. Les plaisirs du goût nous invitent à prendre des aliments. Ce sens nous sert à distinguer les substances salubres de celles qui sont nuisibles : celles que nous offre la nature, que l'art n'a point préparées, peuvent être regardées comme bonnes si elles plaisent au goût. L'odorat, comme je l'ai dit ailleurs, est l'auxiliaire du goût.

CHAPITRE XXIV.

DU TOUCHER.

458. Le toucher a un siége beaucoup plus étendu qu'aucun des sens dont j'ai parlé jusqu'à présent : la peau tout entière en est l'organe ; toutefois il appartient bien plus à la partie de la peau qui se trouve à l'extrémité des doigts. La surface de la peau présente un nombre infini de papilles, dont la configuration diffère suivant les régions : là elles sont longitudinales, ici villeuses, ailleurs coniques. C'est dans les papilles que le toucher paraît avoir son siége spécial ; de

sorte que plus elles sont nombreuses, plus le sens y a d'activité. Des filets nerveux innombrables, provenant de divers troncs, se répandent dans la peau : aussi, d'après cette disposition, il est difficile de démontrer que tels nerfs sont consacrés au sentiment, tels autres au mouvement ; on n'en peut pas cependant déduire l'opinion contraire. Le réseau décrit par Ruysch protége les papilles cutanées, et l'épiderme recouvre partout la peau. On pensait généralement qu'il y avait un enduit dans les ouvertures que présente la surface de la peau. Bichat a cherché à réfuter cette opinion. Il n'est point de notre ressort de discuter ce fait ; je dois toutefois prévenir qu'il y a des différences dans la structure et dans les fonctions des parties. Les caustiques introduits dans la vessie ne produisent pas l'excitation de cet organe ; le mucus qui recouvre sa membrane interne suffit pour la garantir. On a discuté sur la question de savoir si l'épiderme était organisé ou non ; mais peut-on concevoir qu'il y ait dans un corps organisé quelques parties qui ne le soient pas, à l'exception des humeurs qui y circulent ? Les glandes sébacées sécrètent une humeur onctueuse. La matière de la perspiration cutanée tient l'épiderme dans un état convenable de mollesse ; des poils recouvrent toute la surface du corps, si l'on excepte la paume des mains et la plante des pieds; ils sont plus longs sur la peau du crâne, aux paupières, au menton, sur la poitrine, chez l'homme, à la région pubienne; ils servent à diminuer l'effet des frottements. Des ongles, continus à l'épiderme, garnissent l'extrémité des doigts, et font ressortir leur pulpe qui doit toucher les objets. Enfin la séparation des doigts permet d'explorer les diverses parties du corps touché, et d'en connaître toutes les propriétés.

459. Au moyen du toucher, nous prenons connaissance de la figure des corps, du poli ou des aspérités de leur surface, de leur mollesse, de leur dureté, de leur sécheresse, de leur humidité, de leur température. J'ai dit plus haut que quelques physiologistes avaient admis l'existence d'un autre sens pour la perception de la chaleur et du froid; mais j'ai réfuté cette opinion.

460. Le toucher s'exerce souvent avec une délicatesse extrême; cela a lieu surtout lorsqu'on est privé des autres sens. Les aveugles, à l'aide du seul toucher, ont tellement la sensation des plus petites aspérités des surfaces, qu'ils jugent avec exactitude la variété des couleurs.

461. On a dit que le toucher était le plus parfait des sens, et qu'il corrigeait les erreurs des

autres : mais cette assertion n'est pas vraie ; les autres sens corrigent aussi ses erreurs. Si l'on touche un corps avec les doigts croisés, on aura la sensation de deux corps : c'est une expérience que l'on peut faire facilement. Le cheval, chez lequel le sens du toucher est à peine marqué, franchit, comme l'a remarqué Haller, d'un pied assuré les fossés qu'il rencontre. Tous les sens s'aident et se corrigent donc mutuellement.

CHAPITRE XXV.

DES SENS INTERNES.

462. La nature semble se plaire à exciter notre curiosité par ses merveilles, et à rendre vains les efforts que nous faisons pour les connaître. Plus les phénomènes sont étonnants, plus leurs causes sont couvertes de voiles épais. Qu'y a-t-il de plus admirable dans l'économie animale que l'encéphale, et en même temps quoi de plus obscur? Il est certain que cet organe est le siége de l'âme, qu'il est l'instrument du sentiment et des commandements de la volonté. S'il éprouve par quelque cause étrangère une compression, s'il est distendu par quelque

congestion, aussitôt cessent tout sentiment et tout mouvement. Le physiologiste qui considère les admirables fonctions du cerveau espère tirer quelques lumières de la connaissance de sa structure; il a recours à l'anatomie; il ouvre le crâne, écarte les membranes, pénètre au sein de l'organe même; il ne reste pas moins dans les ténèbres les plus profondes. C'est en vain qu'armé de son scalpel il en visite tous les recoins: dans quelques endroits des fibres lui apparaissent, mais s'il veut les séparer, tout est détruit; il soumet à divers stimulants chaque partie du cerveau chez des animaux vivants ou immolés récemment; aucun mouvement ne se manifeste. Il ne faut pas cependant se décourager. Examinons ce que l'on a fait; servons-nous du flambeau de l'analogie, sans toutefois nous abandonner avec trop de confiance à notre imagination; n'admettons que ce qui est démontré, ou du moins ce qui a la plus grande probabilité en sa faveur: si malgré cela nos efforts sont inutiles, respectons les mystères dont la nature a voulu couvrir ses opérations.

463. Je dois d'abord parler des parties qui sont destinées à protéger le cerveau. Les cheveux qui recouvrent la tête servent et d'ornement et d'abri contre les feux du soleil et les chocs des corps qu'ils amortissent. La forme

voûtée du crâne est propre à soutenir les efforts :
on sait quels poids étonnants un arc peut supporter ; cependant une violence extrême parvient à le rompre ; il fallait donc que la boîte
osseuse fût composée de plusieurs pièces qui se
servissent réciproquement d'appui, et qui fussent
disposées de manière que si l'une d'elles venait
à être brisée la fracture ne pût se propager au-
delà de leurs points d'union. Les os du crâne
sont formés de deux lames très solides séparées
par le diploé ; la force y est donc unie à la légè-
reté. Telles sont les parties qui servent extérieu-
rement d'abri au cerveau ; à l'intérieur, trois
membranes enveloppent ce viscère ; ce sont la
dure-mère, la pie-mère et l'arachnoïde. La première forme des replis entre les hémisphères du
cerveau, entre les lobes du cervelet et entre le
cerveau et le cervelet ; elle soutient les diverses
parties de l'encéphale et empêche qu'elles ne se
compriment les unes les autres. Sœmmering admet entre les substances corticale et médullaire
du cerveau une substance jaunâtre ; Vicq-d'Azyr
en admet une noire entre les cuisses du cerveau.
On décrit un grand nombre de parties dans
l'intérieur même de cet organe ; chacune a reçu
un nom particulier : nulle part on n'a signalé
autant de parties, ni on ne leur a donné de noms
si divers. Si vous considérez les travaux des ana-

tomistes à ce sujet, vous vous féliciterez de ce que la science a fait tant de progrès ; vous désirerez alors connaître l'usage de toutes ces parties, mais vous serez déçu dans votre espoir : les fonctions de beaucoup d'entre elles sont jusqu'à présent inconnues, et celles de toutes sont obscures.

464. Ce que j'ai dit dans un autre endroit prouve sans réplique que le cerveau est l'organe du sentiment et du mouvement volontaire ; mais le *sensorium commune* ne réside pas dans la masse tout entière : c'est ce que démontrent évidemment les altérations profondes que l'on observe dans le cerveau, sans que le sentiment ou le mouvement volontaire soient lésés. Y a-t-il donc quelque partie de l'encéphale qui soit le siége du *sensorium commune ?* Une obscurité profonde règne sur ce sujet : les uns ont placé ce siége dans le corps calleux, d'autres dans les ventricules latéraux, d'autres dans la glande pinéale, d'autres enfin dans le pont de Varole : mais on a vu le corps calleux détruit par une maladie, les ventricules latéraux blessés, la glande pinéale pétrifiée, sans qu'il y ait eu délire ou stupeur. Rolando, d'après ses recherches, pense que la plus noble partie du cerveau, que le siége du *sensorium commune* est le pont de Varole : la mort survient aussitôt que cette par-

tie est blessée ; ce physiologiste l'a considérée comme la condition de la vie. La situation du pont de Varole conduirait assez à adopter cette opinion ; en effet il est le point de jonction de la substance médullaire du cerveau et de celle du cervelet.

465. Mais le *sensorium commune* ne réside pas en un seul point, en quelque endroit qu'on le place. En effet, une attaque d'apoplexie efface certaines idées ; or, si le *sensorium commune* avait son siége dans un seul point, toutes les idées devraient être détruites à la fois. On doit donc admettre plusieurs organes internes des sens, autant du moins qu'il y a de sens exter-nes ; bien plus, il faut en admettre autant qu'il y a de perceptions diverses ; et le *sensorium commune* résulte de la réunion de tous ces or-ganes sensoriaux. Certainement on ne peut dis-tinguer ce nombre infini d'organes internes des sens ; mais le raisonnement démontre leur exis-tence : il est en mon pouvoir de reproduire en moi les idées d'Alexandre ou de César, et de les reproduire à la fois et séparément. Il est donc évident qu'il y a différents filets médullaires dont le mouvement détermine les diverses idées et les reproduit : s'il n'y avait qu'un seul or-gane, toutes les idées devraient être rappelées à la fois.

466. La sensation est la modification déterminée dans le *sensorium commune*, lorsqu'une impression est produite par quelque objet extérieur sur quelque organe des sens externes, et communiquée par l'intermède des nerfs au cerveau, ou lorsqu'en raison de quelque modification interne, ou par suite des commandements de la volonté, il se produit dans le *sensorium commune* certains mouvements analogues à ceux qui ont été causés par l'affection d'un sens externe.

467. Mais il règne beaucoup d'obscurité sur cet objet. Il est certain que, pendant notre vie mortelle, l'âme ne peut agir par elle-même, qu'elle a besoin du ministère du corps. Durant le sommeil, dans le cours de l'apoplexie et des autres affections soporeuses, le *sensorium commune* est inactif; la pensée est nulle. Il est certain aussi qu'il peut s'opérer, dans l'intérieur des organes, certains changements en vertu desquels l'esprit s'occupe de ce qui se présente à lui, à son insu et même malgré lui. Le foie est-il engorgé, des pensées tristes assaillissent l'esprit: c'est en vain que l'on s'efforce de les chasser, elles reviennent irrésistiblement. Ce fait démontre l'influence du physique sur le moral; mais aussi nous avons le plus souvent le pouvoir de rappeler les idées qui nous plaisent le plus.

Nous pouvons penser à Homère, à Virgile ou au Tasse : d'où il suit qu'il y a un certain état de l'esprit qui précède celui du corps, et qui même le détermine.

468. Cependant l'esprit ne perçoit pas seulement les impressions produites par les objets extérieurs ou par les modifications internes ; il en éprouve du plaisir ou de la peine : il n'est guère de sensation qui ne soit ni agréable ni désagréable, qui soit neutre ou indifférente : le plaisir est cet état que nous voudrions prolonger ; la douleur est au contraire l'état que nous voudrions ne pas ressentir, et que nous fuyons. Le plaisir, ainsi que la douleur, peut être physique ou moral, suivant la cause qui y donne lieu ; mais, dans ces deux cas, on peut réduire les phénomènes à la même condition. Lorsqu'une cause matérielle affecte agréablement notre corps, il s'opère un changement qui, communiqué au *sensorium commune*, y produit une sensation agréable. Si la cause est morale, il se fait dans le corps, mais secondairement, un changement semblable. Il est donc probable que, dans le plaisir et dans la douleur produits par une cause morale, il y a quelque modification concordante ou désordonnée dans les filets nerveux.

469. On s'est livré à beaucoup de discussions,

plutôt curieuses qu'utiles, pour savoir si le nombre des plaisirs surpassait celui des genres de douleur, ou si c'était le contraire. Je dirai quelques mots à ce sujet. Il faut d'abord distinguer les affections physiques des affections morales : s'il s'agit des physiques, je crois que le nombre des plaisirs est plus grand que celui des douleurs. En effet, si l'on considère un individu sain, la sensation désagréable qui l'atteint change son état. La douleur est fugace, tandis que le plaisir se prolonge davantage. La faim qui survient avertit du besoin de prendre des aliments : elle cesse bientôt si l'on n'y satisfait pas ; elle devient pénible ; mais les aliments l'apaisent aussitôt. Au contraire, le plaisir qui suit l'ingestion des aliments est beaucoup plus durable. Mais si l'on parle des affections morales, il n'y a rien de constant : Démocrite rit toujours, tandis qu'Héraclite se lamente sans cesse. Puisque la cause du plaisir, comme de la douleur, n'a pas toujours les mêmes caractères, qu'elle est subordonnée à l'état de l'âme, il est impossible de décider si les hommes ont plus de plaisirs que de peines : cela dépend des circonstances diverses dans lesquelles chacun se trouve. Du reste, la plus grande partie de nos maux proviennent de nous, et non de la nature, que nous accusons si souvent et si injustement de nous traiter en marâtre. Nous nous créons tous les jours de nouveaux besoins : à peine avons-nous satisfait nos désirs, que nous en formons d'autres plus ardents ; certainement nous devons alors éprouver plus de peines que de plaisirs : tandis que nous pourrions jouir, nous nous faisons de nouveaux souhaits, et nous craignons de mourir ; mais, comme tous nos vœux ne peuvent être remplis, il arrive quelquefois que la satiété et l'ennui nous atteignent : ce n'est pas là l'intention de la nature. Certainement, quel besoin avait Alexandre, roi de Macédoine, d'acquérir de nouveaux royaumes ? Pourquoi nous jouer ainsi de notre destinée, et diriger tous nos efforts à obtenir quelque vaine fumée de gloire ? Tirons donc cette conclusion, que, d'après les lois de la nature, il y a, pour l'homme, plus de plaisirs que de peines ; que la douleur même conduit au plaisir ; mais que l'homme qui ne suit pas ces lois se voit atteint d'un plus grand nombre de maux ; et que les plaisirs ont eux-mêmes quelque chose d'amer et d'empoisonné, que cachent des attraits trompeurs.

470. Mais le plaisir et la douleur ne résultent pas seulement des diverses impressions causées par les objets extérieurs, et des diverses affections des sens, ils sont encore liés à la vie organique. Si toutes les fonctions s'exercent avec régularité, il s'ensuit un état de bien-être qui

ne montre l'image d'aucun objet, mais qui n'en affecte pas moins agréablement le corps et l'âme. De même, nous nous plaignons souvent de quelque malaise qui rend notre existence pénible, sans que nous puissions accuser de douleur dans aucun endroit : ce sentiment est ce qu'on désigne sous le nom de *coënesthesis*, comme je l'ai dit ailleurs.

471. Chacun peut éprouver que l'on n'a pas seulement la perception des objets qui s'offrent aux sens, mais qu'on a le pouvoir de rappeler les sensations que l'on a eues une première fois : cette faculté de l'esprit est la faculté d'imaginer, qui, transformée en acte, constitue ce qu'on appelle imagination. Les objets qui sont reproduits par l'imagination sont désignés sous le nom de visions. Il est facile, d'après ce que j'ai dit plus haut, de concevoir l'imagination ; elle consiste dans la répétition des mouvements du *sensorium commune*, déterminés auparavant par l'impression reçue par les sens externes, et transmise au cerveau, où elle a produit la sensation.

472. Il suit de là que l'imagination ne peut rien figurer qui n'ait passé auparavant par quelque sens : cette faculté peut, à la vérité, réunir, séparer, développer ou réduire les idées ; mais les idées simples qui composent celles-ci sont, sans aucun doute, fournies par quelque sens.

473. L'imagination nous représente souvent les objets aussi vivement que s'ils étaient devant nos yeux. Lisez Homère, vous vous croyez au milieu des combats, vous entendez le son des trompettes, vous voyez la terre ensanglantée; que de fois ne vous surprenez-vous pas à désapprouver à votre insu les actions d'Agamemnon, à pleurer la mort d'Hector, à être ému de compassion à la vue d'Andromaque!

474. La faculté de reproduire ce que l'imagination a formé est la mémoire. On a discuté si elle réside dans le cerveau ou dans l'esprit; mais c'est une vaine dispute : en effet, on ne doit pas établir de distinction entre l'esprit et l'organe dont il se sert pour remplir ses fonctions. Séparé de son enveloppe terrestre, il pourra agir par lui-même, sans que nous connaissions comment cela se fera; mais ici-bas, il est certain qu'il ne peut agir par lui-même, ou du moins qu'il ne peut agir sans déterminer dans le corps quelque modification physique. Ainsi la mémoire est une faculté de l'esprit, mais elle s'opère au moyen d'un organe. Les physiologistes avaient supposé qu'il y avait comme des espèces de sillons tracés dans le cerveau, et que l'esprit reproduisait au besoin dès que son attention était dirigée de ce côté. On croyait ainsi pouvoir expliquer facilement les modifications

que présente la mémoire dans les divers âges. Les hommes naissent avec un cerveau mou et presque diffluent; les lignes s'y tracent aisément, mais s'en effacent avec la même facilité. Par les progrès de l'âge, le cerveau acquiert de la fermeté, les traces des sensations s'y impriment avec plus de peine, mais y restent plus long-temps. Dans la vieillesse, le cerveau se durcit, il reçoit plus difficilement encore l'impression des idées, et celles qui y avaient été tracées auparavant y restent plus profondément gravées : voilà pourquoi les vieillards se rappellent facilement les événements de leur jeunesse. Enfin vient cet âge où le système nerveux semble se décomposer; dans ce période de la vie, les sensations sont faciles, mais très fugitives. L'homme, dans cet état de décrépitude, a la mobilité de l'enfant; il pleure pour le moindre sujet, et quelques moments après, oubliant son chagrin, il éclate en rires immodérés. Quoique cette hypothèse ne paraisse pas trop déraisonnable au premier examen, il s'élève cependant contre elle plusieurs objections lorsqu'on y réfléchit sérieusement. Une attaque d'apoplexie détruit la mémoire; d'autres maladies du cerveau produisent aussi cet effet : les exemples de ce fait ne sont pas rares. Dans la peste d'Athènes, si bien décrite par Thucydide, plusieurs hommes perdirent la mémoire ; le poëte ne pouvait même plus reconnaître les vers qu'il avait composés; Hermogène, Artémidore, Messala, Corvinus, Orbilius, Georgius de Trébisonde, Curio, distingués par leurs connaissances dans tous les genres de sciences, étaient réduits à ne pouvoir plus distinguer les lettres mêmes de l'alphabet. Quelquefois on recouvre la mémoire que la maladie a détruite : comment alors concevoir de quelle manière ces traces effacées dans le cerveau ont pu se reproduire sans qu'il y ait eu aucune impression d'objets extérieurs? Mais tout s'explique parfaitement avec la théorie que j'ai proposée en décrivant le système nerveux. Les filets nerveux sensoriaux ont dans chaque individu une mobilité différente qui varie, tantôt augmente, tantôt diminue dans les divers périodes de la vie. Un état morbide peut exciter dans ces filets des mouvements désordonnés ou les rendre inactifs; dans le premier cas il y a délire; dans le second, oubli et imbécillité : la maladie passée, les filets recouvrent leur mobilité régulière, et l'esprit jouit de nouveau de ses facultés.

475. L'imagination et la mémoire nous présentent les phénomènes les plus admirables. Il est réellement étonnant que chacune puisse à volonté disposer les idées dans l'ordre qui lui convient, et que l'une d'elles rappelle toutes les

autres. Une rose vous rappelle des fleurs blanches ; le son de la trompette peut faire penser aux accords du violon : c'est ainsi que la mémoire se forme des soutiens. On a beaucoup parlé de l'art de la mnémonique ; certainement il ne consiste que dans l'habitude de lier certaines idées, et de les ranger en diverses classes. Telle est l'utilité du langage et de l'écriture, que certains sons ou certains mots représentent certaines idées, ou les rappellent. Le mot de printemps vous représente aussitôt de riantes prairies, le spectacle charmant des feuilles et des fleurs, la douce haleine des zéphyrs et le chant harmonieux du rossignol. Au seul nom de Cicéron, vous vous figurez tout le pouvoir de l'éloquence armée pour sauver l'innocence, les coupables projets de Catilina déjoués par la prévoyance de ce grand orateur, et sa fermeté d'âme à l'approche de la mort. Les langues doivent être regardées comme d'autant plus parfaites qu'elles expriment plus de choses en peu de mots ; sur ce point, la langue grecque l'emporte sur toutes les autres langues : par un seul de ses mots, elle exprime souvent un grand nombre d'idées. Le mot ἄνθρωπος nous donne la plus belle image de l'homme ; il n'exprime pas seulement la fin mortelle à laquelle il est assujetti, il le dépeint encore comme le maître de la terre, voyant tout au-dessous de lui, et ayant les regards élevés vers le ciel.

476. On distingue ordinairement différentes sortes de mémoire : on dit qu'elle est bonne lorsqu'elle rappelle promptement et facilement les idées; elle est étendue lorsqu'elle en rappelle un grand nombre; forte, lorsqu'elle retient long-temps ce qui lui a été confié; énergique, quand elle le reproduit avec netteté : la mémoire heureuse est celle qui réunit toutes ces qualités. On peut comparer en quelque sorte la faculté de produire les idées avec les mouvements musculaires. Il y a des individus dont les mouvements sont prompts, mais peu étendus et de peu de durée; d'autres peuvent exécuter à la fois beaucoup de mouvements; l'habitude fait que nous continuons long-temps à faire les mouvements d'après un ordre constant, et que nous les reproduisons dans le même ordre.

477. L'imagination peut être utile et funeste : cette faculté nous fait embrasser à la fois le passé, le présent et l'avenir; elle nous rappelle ce que nous avons éprouvé, et elle soulève en quelque sorte le voile épais qui cache notre avenir : souvent même elle crée ce qui ne doit jamais nous arriver, et elle affecte l'âme avant que la cause qui doit la réjouir ou l'affliger soit survenue. Ces sentiments persévèrent lorsque la

cause qui les a produits n'existe plus ; ils s'exaspèrent ou diminuent tour à tour : l'espoir d'un sort plus heureux allège les chagrins, et souvent la crainte du malheur empoisonne le bonheur actuel. La vertu consiste à ne pas trop s'enorgueillir dans la prospérité, et à ne pas se laisser abattre par les traits de l'adversité. On doit avoir devant les yeux que l'Être suprême veille sur cet univers : tout provient de sa volonté. Préparé au bien comme au mal, le sage se confie dans la divine providence ; il conserve son égalité d'âme, sa fermeté dans toutes les positions où il se trouve ; il est toujours heureux.

478. Lorsque plusieurs idées se présentent à la fois à notre esprit, il est en notre pouvoir de nous occuper particulièrement de quelques unes d'entre elles, et de négliger les autres : c'est ce que nous appelons diriger notre attention. L'attention est favorisée par le repos du corps, par l'inaction des sens externes, excepté de celui qui nous sert à considérer l'objet vers lequel nous portons notre attention. Lorsque l'esprit se recueille en lui-même pour développer les idées qu'il a reçues, il convient d'éloigner tout ce qui peut faire impression sur les sens externes ; les enfants eux-mêmes savent parfaitement cela : lorsqu'ils répètent en eux-mêmes ce qu'ils veulent confier à leur mémoire, ils ferment les

yeux, et recherchent la solitude. La plupart des immortels chefs-d'œuvre de l'esprit humain ont été composés dans le silence de la nuit, ou au milieu des charmes de la campagne, loin du tumulte de la ville. On observe quelque chose d'analogue à l'égard des mouvements musculaires : il est beaucoup de mouvements qu'on ne peut exécuter avec régularité ; il faut que, pendant que les parties qui les exécutent sont en action, les autres gardent le repos : aussi avons-nous déjà dit que c'était une loi de l'économie animale, que l'action soutenue de quelque organe entraînait l'inactivité de tous les autres.

479. Lorsque nous considérons un objet composé, nous passons successivement en revue toutes ses parties ; lorsque nous nous livrons à cet acte, nous disons que nous réfléchissons : la réflexion est donc l'attention dirigée sur chaque partie d'un objet.

480. Quand l'esprit considère plusieurs idées, il forme une comparaison ; c'est en cet acte que consiste le jugement : celui-ci appartient tout-à-fait à l'âme. Les sensations sont produites par les mouvements des filets sensoriaux : ici, l'âme est en quelque sorte passive ; que la lumière frappe la rétine, l'âme ne peut pas ne pas sentir. Elle est plus évidemment active lorsqu'elle se livre à l'attention ; mais lorsqu'elle compare

les images des objets qui lui sont offerts, qu'elle recherche leur similitude ou leurs différences, elle paraît agir tout-à-fait seule. Toutefois, il faut mettre de la réserve dans l'interprétation de ce phénomène. J'ai dit que, pendant la vie terrestre, l'on ne pouvait pas considérer l'âme séparée du corps. De la comparaison des jugements résulte le raisonnement ; ici s'applique ce que j'ai dit du jugement. J'ai exposé les phénomènes intellectuels qui sont du ressort de la physiologie ; c'est à l'idéologie qu'appartiennent de plus grands développements.

CHAPITRE XXVI.

DU MOUVEMENT VOLONTAIRE.

481. L'animal ayant la conscience des changements qui s'opèrent dans son économie, devait, par une conséquence nécessaire, posséder la faculté d'exercer des mouvements volontaires : sans cette faculté, la première n'eût été pour lui d'aucun avantage ; bien plus, elle eût été pour lui une cause continuelle de douleur, en lui présentant des objets agréables qu'il n'aurait pu atteindre, et des choses nuisibles dont il n'au-

rait pu se garantir. Les mouvements volontaires sont exécutés par des muscles auxquels se rendent des nerfs cérébraux.

482. On pense, et cette opinion paraît assez vraisemblable, que les nerfs du sentiment, ainsi que nous l'avons dit ailleurs, se distinguent de ceux du mouvement : supposons cette idée admise (1). Il existe entre ces deux sortes de nerfs une différence telle, que les nerfs du sentiment perçoivent et transmettent au cerveau les impressions reçues par les organes des sens externes placés à la circonférence du corps ; au contraire, les nerfs moteurs portent, du cerveau jusqu'aux muscles, une modification produite par la volonté ou par quelque autre cause.

483. Il ne faut pas douter que les nerfs moteurs ne puissent aussi faire éprouver de la douleur lorsqu'ils sont le siége de quelque lésion mécanique ; d'ailleurs, ce phénomène s'observe non seulement dans les nerfs qui président au mouvement volontaire, mais encore dans ceux qui dirigent les actes organiques.

484. La plupart des muscles ont des antagonistes avec lesquels ils agissent d'une manière

------

(1) Ce que M. Martini met ici en doute a été démontré d'une manière rigoureuse par les belles recherches de MM. Magendie, Flourens, Desmoulins, etc., etc.

alternative. C'est un fait digne de remarque que les muscles fléchisseurs l'emportent en force sur les extenseurs ; et les auteurs sont partagés sur la cause de cette disposition. Borelli pense que cela tient à ce que les fléchisseurs d'une articulation sont plus courts que les extenseurs : on ne saurait admettre cette explication, pour peu qu'on examine la portion charnue des muscles. En effet, Richerand ne considère pas les tendons comme partie intégrante du muscle, mais plutôt comme un accessoire ; en conséquence, il veut qu'on ne compte comme muscle que la portion charnue, la seule qui soit capable de se contracter : cela étant établi, il fait observer que les fléchisseurs ont les fibres les plus nombreuses et les plus longues ; ainsi, en comparant le biceps crural, le demi-tendineux, le demi-membraneux, le droit interne, le couturier, les jumeaux, le plantaire grêle et le poplité, muscles qui concourent à la flexion de la cuisse et de la jambe, avec le triceps crural et le droit antérieur, qui en opèrent l'extension, on voit de suite que ces derniers ont des fibres plus petites et plus courtes : joignez à cela que, comme le remarque avec justesse ce physiologiste distingué, les muscles fléchisseurs s'attachent aux os qu'ils sont destinés à mouvoir loin du centre de mouvement, et que les surfaces articulaires sont presque partout inclinées dans le sens de la flexion. Peut-être doit-on accorder quelque chose à la flexion continuelle qui a lieu chez le fœtus ; toujours est-il que, dans le premier âge, il existe une grande tendance à la flexion, et que l'équilibre entre les muscles extenseurs et les fléchisseurs ne s'établit qu'à une époque plus avancée de la vie.

485. Les muscles sont doués d'une force énorme et presque incroyable. Borelli avait prétendu qu'elle était en raison du volume de la masse musculaire ; ainsi, de deux muscles, celui qui aura le double de volume devra aussi posséder le double de force, ce qui est inexact. Le volume et le poids des muscles dépendent en grande partie de la graisse qui peut être plus ou moins abondamment répandue dans le tissu cellulaire ; mais leur force réside dans les fibres irritables, et non dans le tissu qui leur est interposé. Toutes choses égales d'ailleurs, la force des muscles paraît être en raison du nombre et de la longueur des fibres contractiles ; mais il faut accorder beaucoup au degré d'excitation. Il existe une très grande différence entre la force musculaire, considérée chez les différents sujets ; cependant on ne saurait croire qu'il y en ait autant dans la longueur et le nombre des fibres irritables : la dif-

férence est donc dans le plus ou le moins d'excitation.

486. Le muscle en contraction ne perd pas sa rougeur; la nature, pour empêcher que les vaisseaux sanguins ne fussent comprimés, les a recouverts d'une tunique capable d'opposer une grande résistance.

487. Un muscle qui se contracte se gonfle. On s'est demandé, à ce sujet, si l'accroissement qu'il prenait en largeur compensait ce qu'il perdait en longueur. Borelli a pensé que le volume des muscles en contraction ne changeait pas. Pour le prouver, il plaçait un homme en équilibre sur une pièce de bois formant un angle aigu : alors il lui ordonnait de contracter les muscles des membres inférieurs : cependant cette contraction ne rendait pas plus pesante la partie du corps qui en était le siége. Swammerdam croit que le volume des muscles qui se contractent diminue. En effet, ayant plongé un cœur dans l'eau, il vit que, pendant la contraction, son volume diminuait de manière à faire abaisser assez évidemment le niveau du liquide; mais cet auteur lui-même doute de l'exactitude de son expérience : en effet le cœur, en se contractant, chasse l'air qu'il peut contenir; ce qui explique l'abaissement du liquide. Glisson se plongeait dans l'eau, et contractait fortement

ses muscles : il assure avoir vu monter le liquide ; mais cette expérience a offert des résultats différents à d'autres observateurs.

488. Les mouvements musculaires sont extrêmement variés, et ils ont tous une grande utilité. D'abord, sous l'influence de la volonté, ils transportent d'un lieu dans un autre, soit le corps tout entier, soit quelqu'une de ses parties. C'est ce mouvement de progression qui nous fournit un caractère de l'animalité. En effet, les animalcules mêmes, que leur petitesse soustrait à notre vue, ont cependant quelque organe, siége du mouvement volontaire. Examinez un polype au microscope, vous le verrez exécuter quelques mouvements pour saisir les substances destinées à sa nourriture. Nous refusons aux plantes la conscience de leur être, ou l'animalité, ainsi que nous le disons, parceque leurs mouvements ne sont pas spontanés, mais constamment liés aux causes extérieures.

489. La station paraît appartenir presque exclusivement à l'homme, au moins l'homme est-il le seul qui garde constamment cette position. L'ours et le singe, à la vérité, se redressent pour combattre. mais, dans l'état ordinaire, la station est une position gênante pour eux. Au contraire, les hommes qu'on a trouvés dans les déserts, séparés de tout individu de leur espèce, n'en gardaient

pas moins une situation verticale. Pour que la station ait lieu, il faut qu'une ligne perpendiculaire, traversant le centre de gravité, c'est-à-dire l'espace compris entre l'os pubis et les fesses, vienne tomber dans le carré que forment les plantes des deux pieds, ou bien sur la plante elle-même, lorsqu'on ne se tient que sur un seul pied. Cependant un cadavre placé dans cette situation ne saurait la conserver; il faut donc pour cela le concours d'un grand nombre de muscles. L'écartement médiocre des pieds rend la station plus ferme; les muscles gastro-cnémiens et soléaires empêchent le tibia et l'extrémité inférieure du fémur de se porter trop en devant; le mouvement trop étendu en arrière des mêmes os est arrêté par les muscles tibial antérieur, péronier antérieur, et extenseur des orteils, qui affermissent l'articulation du pied avec la jambe. Les tibiaux antérieurs et postérieurs, le long péronier et le fléchisseur des orteils, placés sur les côtés, fixent la jambe sur le pied, et l'empêchent de vaciller. Les muscles vaste interne et externe, et crural, la jambe étant fixée par les puissances précitées, la portent en avant, et s'opposent à la flexion du genou. Les fléchisseurs de la jambe, les biceps, le demi-tendineux, le demi-membraneux et le grêle interne tirent en arrière le bassin et la cuisse, et bornent son

mouvement en avant; en même temps ils garnissent l'articulation du genou, et s'opposent à
ce que le fémur ne se dévie latéralement. Les
cuisses, chez l'homme, sont plus écartées que
chez les quadrupèdes : cette disposition rend
plus large la base de sustentation par laquelle le
bassin appuie sur les os fémoraux. Les muscles
fessiers fixent en arrière le bassin, qui est re-
tenu en avant par les extenseurs de la jambe,
et soutient tout le reste du corps. Le tronc est
maintenu immobile par des muscles très forts:
tels sont, en arrière, les sacro-lombaires, les
longs du dos, et d'autres muscles qui s'insèrent
à la partie postérieure de l'épine; et, en avant.
l'iliaque, le psoas, et les muscles droits de l'abdomen. C'est sur les vertèbres portées en arrière
par leurs extenseurs que la tête repose : elle est
portée en arrière par un grand nombre de muscles fixés aux apophyses épineuses et transverses, muscles qui ont pour antagonistes le
grand et le petit droit, et le long du cou. Sur
les côtés sont situés les scalènes, et d'autres
muscles qui s'attachent aux apophyses transverses. Il résulte de ce qui vient d'être dit, que,
dans la station, un grand nombre de muscles
se contractent; c'est ce qui rend cette position
très fatigante. Pour diminuer ce qu'elle a de
pénible, tantôt nous nous appuyons alternati-

vement sur un pied et sur l'autre, tantôt nous faisons quelques pas : par ce moyen, nous permettons à quelques muscles de prendre quelques instants de repos.

490. On a discuté la question bizarre de savoir si l'homme était destiné par la nature à marcher à quatre pieds : de nos jours, Moscati s'est rangé à cette opinion ; mais, sans nous en laisser imposer par l'autorité d'un homme si célèbre, nous ferons observer que les plus grands hommes peuvent tomber dans les plus graves erreurs. Il suffit d'examiner, en passant, la disposition des parties chez l'homme, pour se convaincre que la nature l'a destiné à la station. Sa tête est volumineuse : elle pencherait vers la terre, s'il marchait à quatre pieds ; ce qui serait une cause d'apoplexie. Le ligament cervical, ou occipito-vertébral, qui se retrouve chez tous les quadrupèdes, manque dans l'espèce humaine, ainsi que la pannicule charnue sous-cutanée : Galien en a fait mention, et cela prouve que cet auteur n'a disséqué que des singes. Dans les quadrupèdes, les artères carotides internes se divisent en un grand nombre de petites artères, pour prévenir un abord trop abondant et trop violent du sang au cerveau : c'est Vésale qui le premier a remarqué cette disposition, qui n'a pas d'analogue chez l'homme. Il n'a de même que six

muscles de l'œil, tandis que les quadrupèdes en ont un septième destiné à suspendre le globe de cet organe. Chez eux, le grand trou occipital est placé presque sur la même ligne que la face; chez l'homme, il se trouve à la base du crâne : il n'existe point d'ailleurs, chez lui, de proportion pour la longueur entre les membres supérieurs et inférieurs; il ne pourrait marcher à quatre pieds sans que les genoux posassent à terre, d'où résulterait une gêne extrême. De plus, ses membres se fléchissent dans un tout autre sens que chez les quadrupèdes : chez eux, en effet, les membres antérieurs se fléchissent en arrière, et les postérieurs en avant; au contraire, dans l'espèce humaine, les extrémités supérieures qui répondent aux membres antérieurs des quadrupèdes se fléchissent en avant, et les extrémités inférieures en arrière. L'homme a la poitrine large, et les épaules disposées de manière à ne pouvoir pas soutenir le corps sur les bras. Le muscle grand dentelé, chez les quadrupèdes, embrasse le thorax comme une ceinture, et le tient suspendu entre les deux membres antérieurs; il est beaucoup plus faible chez l'homme. Le cœur, dans les animaux, est situé de manière à ce que sa pointe touche au sternum, et sa base aux vertèbres dorsales; chez l'homme, au contraire, le péricarde est fixé au médiastin de telle sorte que la pointe du cœur descend obliquement et à gauche sur le diaphragme, tandis que sa base se porte en haut et à droite. L'homme n'a pas de queue pour couvrir l'anus; son dos n'est pas couvert de poils pour le garantir de la pluie; le volume de la tête et le grand trou occipital placé fort en avant l'empêchent de marcher appuyé sur ses quatre membres; sa face est aplatie, et ses yeux disposés de manière à exiger la situation verticale. Nous avons besoin que nos mains soient libres pour porter les aliments à notre bouche. La main est d'ailleurs merveilleusement adaptée à la préhension des objets par l'organisation des doigts, qui sont longs, séparés, flexibles, et par la disposition du pouce, qui est opposé aux autres doigts. Les singes saisissent aussi les corps avec leurs mains, mais d'une manière moins parfaite, parceque leur pouce a peu de longueur, et que leurs doigts ne peuvent point agir isolément. Chez l'homme, l'articulation du radius avec l'humérus est telle, qu'elle permet plutôt les mouvements de supination que les mouvements de pronation; un bassin large fournit au tronc un appui solide; les fessiers, muscles très forts, favorisent la station : il en est de même des gastro-cnémiens, qui, chez l'homme, ont une grande énergie. Concluons donc de tout cela que l'homme a été créé pour la station.

491. Dans la progression, l'un des pieds reste immobile pour fournir un appui à tout le corps, tandis que l'autre est élevé au moyen de ses extenseurs, les tibiaux antérieur et postérieur, le péronier, et les extenseurs des orteils. La jambe est également élevée par ses extenseurs ; la cuisse est élevée d'une manière plus évidente encore par les muscles psoas et iliaque, afin de porter le genou en avant : alors, en relâchant les muscles qui avaient élevé l'extrémité, nous abaissons le pied, et nous l'appuyons sur le sol, où il est assuré d'une manière stable par la contraction des fléchisseurs des orteils. Nous élevons le talon en arrière, nous étendons modérément la jambe, en même temps que nous fléchissons la cuisse, et par ce moyen nous portons en avant toute l'extrémité inférieure. Dans la marche, nous inclinons en devant la tête et le tronc tout entier, afin que le centre de gravité tombe constamment sur la base de sustentation.

492. La course diffère de la marche, non seulement par la célérité des mouvements, mais encore par la manière dont ils s'exécutent : le pied est élevé par les muscles soléaires et gastrocnémiens, de telle sorte que la plante est dirigée

en arrière; la jambe est portée en haut, le genou est plus saillant en avant, la cuisse est plus fortement fléchie, le corps est plus penché en avant, les bras se balancent d'avant en arrière.

493. Dans le saut, les mouvements de flexion sont plus énergiques : le pied se fléchit obliquement contre le sol, la jambe se fléchit en avant sur le pied, le genou se porte fortement en avant, la cuisse se fléchit sur la jambe; bientôt le corps s'étend avec force et tout d'un coup, les muscles soléaires élèvent le pied en arrière; les extenseurs agissent en avant sur la jambe, les fessiers sur la cuisse en arrière; tout le tronc est également porté dans ce sens, et par ce moyen le corps tout entier est poussé en haut par la résistance du sol.

494. Dans la natation, les membres supérieurs et inférieurs agissent alternativement pour écarter l'eau et s'appuyer sur elle : dans les divers mouvements qu'exige cet exercice se trouvent la flexion, l'extension, l'abduction; la plupart des muscles entrent en contraction, ce qui explique la prompte fatigue qu'on éprouve lorsqu'on nage.

495. Chaque espèce d'animaux exerce des mouvements qui lui sont propres: les poissons nagent, les oiseaux volent, les reptiles rampent, d'autres enfin grimpent sur les arbres. Ne devant

nous occuper que de l'homme, nous ne nous arrêterons pas à décrire ces divers mouvements des animaux; nous renverrons les personnes qui veulent approfondir ce sujet à l'ouvrage de Borelli.

496. Les mouvements que nous avons décrits jusqu'à présent appartenaient au corps tout entier; nous allons ajouter quelque chose touchant ceux qu'exercent les membres supérieurs. S'agit-il de pousser, l'homme se place entre le sol et l'obstacle, puis il se redresse, et le chasse en avant comme le ferait un ressort. Lorsque nous voulons attirer à nous quelque chose, nous le saisissons avec les bras étendus; alors nous nous fléchissons d'une manière subite. Dans l'action de lancer, les bras étant pendants sur les côtés du corps, on leur imprime un mouvement d'oscillation ou de circumduction, semblable à celui de la fronde: les muscles qui du tronc vont s'insérer aux membres sont alors en action; il y a d'abord flexion, puis extension subite du bras; les balancements répétés du bras contribuent à rendre plus énergique l'action de lancer. Barthez a remarqué que, dans l'action de pousser et de jeter, le jeu des extrémités supérieures était tout-à-fait analogue à celui du corps tout entier dans le saut. Le mouvement de préhension est favorisé par la rotation du radius sur

le cubitus, par la mobilité du poignet, par les mouvements obscurs des os du carpe, par les mouvements d'opposition et de circumduction exécutés par le pouce et le petit doigt, enfin par le grand nombre de phalanges.

497. Il ne nous paraît pas nécessaire de décrire les mouvements innombrables qu'exécutent les diverses parties : celui qui connaît exactement la structure du corps humain peut facilement se les expliquer.

CHAPITRE XXVII.

DE LA VOIX, ET DE LA PAROLE.

498. C'est encore aux mouvements volontaires que se rapportent ceux des organes de la voix. Le larynx est pourvu d'un grand nombre de muscles qui lui font exécuter des mouvements très variés : il est porté en haut par les digastriques, les génio-hyoïdiens, les génio-glosses, les stylo-glosses, les stylo-hyoïdiens, les stylo-pharyngiens, les thyro-palatins, les hyo-thyroïdiens, qui agissent tantôt ensemble et tantôt séparément. Quand le larynx est élevé, la glotte est rétrécie, et les ligaments se rapprochent : si alors les aryténoï-

diens viennent à se contracter, la glotte se ferme
tout-à-fait. Les muscles qui concourent à l'a-
baissement du larynx sont les sterno-hyoïdiens,
les sterno-thyroïdiens, les coraco-hyoïdiens, et
les crico-thyroïdiens antérieurs et postérieurs.
Dans ce mouvement, les cartilages aryténoï-
diens s'écartent, et la glotte se dilate; il est favorisé par l'action des muscles, qui s'attachent
aux cartilages aryténoïdes, et les crico-aryténoï-
diens postérieurs et latéraux : les thyro-aryté-
noïdiens peuvent comprimer les ventricules du
larynx. L'action du larynx dépend des nerfs ré-
currents, ainsi que Galien l'a établi le premier.
L'air, chassé à travers la glotte contractée, frappe
les ligaments de cette partie; le larynx est ébran-
lé : telle est la source du son qu'on nomme voix.
Lorsque le larynx n'éprouve pas cet ébranlement, on n'entend, au lieu de la voix, qu'un
murmure. Dodart a comparé l'organe de la voix
à un instrument à vent, et il a pensé que la différence du son tenait à divers degrés d'ouverture
de la glotte. Ferrein a fait observer que le diamètre de la glotte restant le même, la voix éprouvait cependant des modifications, suivant que les
ligaments se tendaient plus ou moins; qu'au contraire, elle n'en offrait aucune lorsque ces ligaments restaient dans un état d'immobilité complète. Chez les animaux qui ont les ligaments du

larynx lâches et membraneux, la voix est rauque : elle est également altérée dans les maladies qui affectent ces parties. On peut objecter, il est vrai, que ces ligaments sont plus forts chez l'homme que chez la femme, et que cependant le premier a la voix plus grave que l'autre ; mais on doit calculer que, chez la femme, les parties se fatiguent promptement, mais que le mouvement est très rapide : en conséquence, les ligaments du larynx, chez elle, se mouvant avec une grande célérité, déterminent la voix aiguë. Il paraît cependant plus raisonnable de croire que les variations dans le diamètre de la glotte contribuent à modifier la voix ; mais que les divers degrés de tension des cordes vocales jouent le principal rôle dans la production de ce phénomène.

499. La voix, passant tour à tour des tons graves aux tons aigus, par suite des ébranlements de l'organe mû par des puissances contraires, constitue le chant : la parole est la voix modifiée et articulée par les diverses parties de la bouche : la voix, en traversant la bouche seule, donne les voyelles ; les consonnes sont produites par le choc de la voix contre les différentes parties de la bouche. Le chant dissipe les soucis, il peint le plaisir et la joie : l'homme enfin, au moyen de la parole qui lui a été départie à lui seul, transmet à ses semblables ses sentiments,

et partage les leurs ; il acquiert une grande masse de connaissances ; il les multiplie à l'infini ; et, par cette voie de communication, l'espèce humaine tout entière semble ne former qu'une seule et même famille.

500. Les stimulants qui agissent sur les organes des sens externes, les méditations, les inquiétudes, consument et détruisent les forces de la vie ; il était donc nécessaire que des intervalles de repos vinssent les réparer : c'est le but du sommeil. Dans cet état, les organes des sens externes sont comme couverts d'un voile qui les défend de l'impression des agents extérieurs, et plonge le cerveau dans un oubli qui n'est pas sans attraits. Le jeu des fonctions organiques n'est cependant pas interrompu ; bien plus, il en est quelques unes qui semblent s'accomplir mieux pendant le sommeil. Lorsqu'enfin les forces du système nerveux sont réparées, le sommeil, qui avait commencé doucement, finit de la même manière, pour faire place à la veille et au travail.

501. Le sommeil s'annonce par des signes qui lui sont propres : ce sont une fréquence presque fébrile du pouls, une faiblesse douloureuse dans les muscles, un engourdissement pénible des genoux, des bâillements fréquents ; bientôt le pouls se ralentit, l'intelligence devient pares-

seuse, les organes des sens externes s'engourdissent, l'œil ne voit plus que confusément, l'ouïe est moins fine ; on éprouve de la chaleur à la conjonctive, on a les yeux pesants, on a peine à les tenir ouverts, quelquefois même on les sent se fermer malgré soi ; la tête se penche, la bouche s'ouvre, les idées n'ont plus de liaison, il survient une sorte de délire ; enfin, un profond sommeil s'empare de l'individu, et la vie animale est tout-à-fait suspendue. La fin du sommeil s'annonce par des mouvements de flexion et d'extension de la tête et des membres ; les yeux s'ouvrent, on bâille, on s'étend, et peu à peu les sens reprennent leur activité.

502. Dans le sommeil parfait, les organes de la vie animale sont dans un repos complet, mais il est rare que l'on dorme si parfaitement ; le plus souvent l'âme repasse les perceptions que lui ont fournies les sens externes, et l'imagination a souvent plus de vivacité pendant le sommeil que pendant la veille. L'imagination chez l'homme endormi prend le nom de songe ; quelquefois on voit en songe des images distinctes, mais c'est le cas le plus rare ; il est plus ordinaire qu'elles soient confuses et bizarrement associées. Cependant, quoiqu'en général dans les songes l'imagination semble errer sans frein, le plus souvent elle paraît reconnaître quelques lois ; ainsi

les objets qui ont vivement frappé l'attention se retracent pendant le sommeil ; le guerrier voit en songe des armes, des clairons, des soldats, des batailles, des victoires ; le chasseur, des bois, du gibier, des chiens ; le jurisconsulte rêve aux lois, et le médecin aux maladies ; l'ambitieux se croit au milieu des honneurs, l'avare près de son coffre-fort, et l'amant près de l'objet de sa tendresse. L'association des idées joue un grand rôle dans la production des songes : une mauvaise position du corps, un état de langueur suscite des songes pénibles, comme des chutes, des incendies ; au contraire, dans un état de santé parfaite, et sur un bon lit, on rêve à l'amitié, à la bonne chère, et à d'autres idées riantes. Le fébricitant, consumé par la soif, voit en songe une source pure jaillissant d'un rocher, et l'homme en proie aux tourments de la faim s'imagine être à une table bien servie.

503. Il y a des individus qui, pendant le sommeil, se lèvent, se promènent et se livrent à tous les actes qui appartiennent à l'état de veille ; on les nomme somnambules ou noctambules. On rapporte sur leur compte des choses qui sembleraient incroyables si elles n'étaient confirmées par une expérience journalière. Les uns jouent aux cartes, les autres traversent des ponts très étroits ; quelques uns écrivent ou répondent

exactement aux questions qu'on leur adresse, et tiennent même des conversations assez longues : on en a vu préparer des médicaments. Ces faits prouvent que, dans le somnambulisme, quelques organes restent accessibles aux impressions, tandis que les autres sont plongés dans le sommeil. Il faut observer encore que les somnambules, à leur réveil, ne conservent aucun souvenir de ce qu'ils ont fait dans leur sommeil.

504. Ce que nous avons dit de l'imagination se rapporte également aux songes; savoir, que si la modification qui a été produite sur les organes des sens par les agents extérieurs vient à s'opérer sur l'origine des nerfs, dans le cerveau ou sur les organes internes des sens qui concourent à former le *sensorium commune,* elle donnera naissance à la même idée. Or, des faits que nous venons de rapporter, il résulte évidemment que cette modification pendant les songes se renouvelle dans le cerveau à l'insu de l'âme ; tandis que, pendant la veille, elle excite d'elle-même ces mouvements dans les fibres sensitives du cerveau.

505. Nous avons dit que la fatigue provoquait le sommeil ; mais il y a encore d'autres conditions propres à le faire naître : ce sont, par exemple, un bruit monotone, le murmure d'un ruisseau, le bourdonnement des abeilles, le silence, l'obscurité, un bain tiède, un doux balance-

ment, l'absence de toute inquiétude et de toute réflexion ; toutes ces circonstances se rapportent à l'absence des excitants actifs.

5o6. Quelques circonstances ont été considérées comme pouvant provoquer le sommeil, et ont en conséquence reçu le nom de narcotiques. Mais remarquez d'abord qu'il faut un certain degré d'excitation du cerveau pour que le sommeil ait lieu ; qu'un degré de plus ou de moins peut amener l'assoupissement, ou au contraire l'insomnie ; et vous reconnaîtrez que rien ne peut être considéré d'une manière absolue comme capable de produire le sommeil. Supposez une insomnie produite par une excitation trop vive, il faudra la diminuer ; supposez maintenant que les forces soient abattues, il conviendra de les relever : c'est pour cela que l'opium procure du sommeil aux individus débiles, et qu'il l'éloigne de ceux qui sont dans un état violent d'excitation.

5o7. Il est très commun que le sommeil survienne après le repas. On avait coutume d'expliquer ce phénomène par la pression que l'estomac rempli d'aliments exerçait sur l'aorte ; mais, s'il en était ainsi, ce serait un assoupissement plutôt qu'un véritable sommeil ; d'ailleurs l'estomac, lorsqu'il est rempli, se tourne de manière à ce que sa petite courbure embrasse l'aorte, sur laquelle elle ne peut exercer aucune pression. Il est plus raisonnable de penser que pendant la digestion elles sont plus actives dans l'estomac, et qu'elles laissent le cerveau dans une sorte d'engourdissement. Il est presque impossible de s'occuper alors de choses qui exigent de l'attention, et, lorsqu'on le fait, la digestion est troublée.

508. On ignore complètement quelle est la cause prochaine du sommeil; ce n'est pas, à coup sûr, un défaut dans la quantité et la mobilité des esprits, si tant est qu'on admette des esprits nerveux; ce n'est pas non plus une compression du cerveau, qui, dans l'état naturel, n'a jamais lieu, et qui, lorsqu'elle existe, amène l'assoupissement et non pas le sommeil. Je pense que les forces vitales se reposent dans les organes de la vie animale pour s'exercer avec plus de suite et d'énergie dans les agents de la vie organique destinés à réparer les pertes de l'incitabilité. Examinons avec détail cette opinion. Il existe entre les divers systèmes, les divers appareils et les divers organes, une opposition en vertu de laquelle, lorsque les forces vitales sont très actives d'un côté, elles semblent être de l'autre dans un repos presque complet. L'incitabilité, ainsi que nous l'avons établi en réfutant le système de Brown, se consume et se répare; mais, pour que

cette réparation ait lieu, il faut que la chylification fournisse des principes nutritifs, et que la respiration maintienne le sang dans un état convenable; il faut, de plus, que quelques parties se
reposent pendant un certain temps, pour qu'il
n'y ait pas une trop grande perte de forces, et
pour que le principe vital ne soit pas occupé à
un trop grand nombre d'actions. Le sommeil
paraît avoir pour but de remplir toutes ces in-
dications; il donne du repos aux organes des
sens, et empêche une trop grande disposition de
leur incitabilité. Mais le système nerveux ne se
repose pas tout entier pendant le sommeil; c'est
seulement la portion qui préside aux actes de la
vie animale. Tandis que son action est momenta-
nément suspendue, la partie qui appartient à la
vie organique continue d'agir, et même le peu
de forces qui reste à l'autre portion semble refluer sur celle-ci : beaucoup de faits prouvent
que tels sont les résultats du sommeil. D'abord
je ne vois pas pour quelle raison le sommeil
dure si long-temps, s'il n'a pour but que de réparer l'incitabilité du système sensitif; et pourquoi il aurait lieu également chez les sujets
qui exercent très peu les organes des sens. Joignez à cela que tout ce qui affaiblit la vie organique entraîne le besoin de sommeil. Il est
reconnu que les convalescents dorment long-

temps ; et le sommeil prolongé dans le premier âge de la vie n'aurait-il pas la même cause? On objectera sans doute que les vieillards dorment fort peu, bien qu'ils aient peu de force ; la réponse est facile : chez les vieillards, la vie organique, la nutrition et les autres fonctions de la vie intérieure sont dans une sorte de paresse. En conséquence, comme les pertes sont moins considérables, il est naturel qu'il y ait moins besoin de réparation. Au reste, il ne faut pas avoir d'idées exclusives ; car les vieillards décrépits sont souvent plongés dans un sommeil presque continuel ; mais on ne saurait rien conclure de l'exemple des vieillards décrépits ni de celui des malades : dans ces deux cas, en effet, ou le sommeil est empêché par la lésion de quelque fonction, ou bien l'individu est plutôt assoupi qu'il ne dort.

5o9. La durée du sommeil est variable ; elle est longue dans l'enfance, courte dans la vieillesse : chez l'adulte, elle est de six à huit heures ; elle peut être puissamment modifiée par l'empire de l'habitude.

51o. Le sommeil trop long ou trop court est également nuisible. Dans le premier cas, les forces s'affaissent, les sens deviennent moins délicats, l'esprit est moins ouvert ; il survient un embonpoint excessif : dans l'autre, les forces se consument, l'imagination prend une extrême activité, la maigreur s'empare du corps. En tout état de choses, on doit savoir qu'une somnolence ou une insomnie inaccoutumée annoncent une maladie prochaine.

ORDRE III.

DES FONCTIONS GÉNITALES.

CHAPITRE XXVIII.

DE LA PUBERTÉ.

511. La nature, toujours admirable, se présente à nous plus brillante et plus magnifique par le soin qu'elle prend sans cesse de renouveler les corps vivants, et de conserver les espèces, en détruisant les individus. Les corps inorganiques subissent eux-mêmes des transformations; ils sont brisés, dissous; ils entrent dans de nouvelles combinaisons, et produisent des corps infiniment variés: mais les phénomènes de la génération dans les corps vivants sont bien plus sublimes. Le corps naît d'un germe petit, et n'ayant d'abord aucune forme appréciable; bientôt il montre une organisation admirable: animé d'une force intérieure et secrète, il s'accroît, et accomplit des actes très multipliés, dont le plus

étonnant est celui par lequel il reproduit et multiplie des êtres semblables à lui-même, et contribue ainsi au renouvellement continuel de la nature organique. Étudions les fonctions qui concourent à la propagation de l'espèce, et commençons par l'examen des phénomènes qui se manifestent dans chaque sexe à l'époque où il devient apte à la génération.

512. Avant la puberté, la différence entre les deux sexes est à peine sensible, et il est difficile de distinguer, au premier coup d'œil, un petit garçon d'avec une petite fille. J'ai dit au premier coup d'œil, car, dès l'enfance, la différence de caractère et de goût fait reconnaître les sexes : dès lors les garçons se montrent courageux; ils recherchent les armes, ils simulent des combats, montent à cheval sur des bâtons; ils gouvernent, ils rendent la justice : les petites filles, au contraire, comme si elles prévoyaient le sort auquel elles sont destinées, au lieu de la bouillante audace des garçons, ont de la candeur et de la modestie; elles fuient les armes; elles sont très attentives auprès des enfants, et, à défaut de la réalité, elles s'attachent à l'image; elles ont des poupées, les bercent, leur parlent et les caressent. Dès lors aussi les deux sexes commencent à se rechercher; déjà les garçons offrent leur appui aux petites filles, et les environnent de

toute sorte de soins. Mais à l'approche de la puberté, la différence des sexes devient plus évidente. Chez l'homme, la sécrétion du sperme commence ; la barbe paraît, et donne à la face de la dignité ; la voix devient grave et altière ; les yeux sont étincelants ; les forces prennent un accroissement rapide ; le geste, la démarche, les pas et les actions portent un certain caractère d'audace. Les changements qui surviennent chez les jeunes filles ne sont pas moins importants. Les menstrues paraissent, les mamelles se développent ; les yeux, muets jusque là, prennent une éloquence invincible ; tantôt ils attirent par leur douceur, tantôt ils sont sévères et menaçants : leur colère fait aux cœurs des blessures qu'ils guérissent en s'apaisant. Sur les joues d'une jeune beauté, les grâces mêlent les lis et les roses, et l'amour réside triomphant sur ses lèvres purpurines. En même temps le caractère présente des changements remarquables ; de nouveaux goûts, de nouveaux désirs, se font ressentir ; le cœur est agité, sans connaître la cause de son trouble ; les deux sexes se regardent mutuellement avec émotion ; enfin le cœur aime déjà sans savoir ce que c'est que l'amour. Bientôt la flamme s'accroît au point de ne pouvoir plus se cacher ; les soupirs, les larmes, les songes, le délire, attestent le feu dont on est brûlé, et qui

ne s'apaise que quand l'hymen vient unir, par
un lien indissoluble et sacré, deux cœurs faits
l'un pour l'autre. Ceux qui ont reçu, dès leur
enfance, une éducation sage et religieuse, trou-
veront dans un mariage embelli par un chaste
amour, une source intarissable de plaisirs vrais.
En effet, la nature, attentive à propager l'espèce,
ne s'est pas contentée d'inspirer à l'homme un
désir très vif de se reproduire, elle a de plus
attaché à l'acte important de la génération un
plaisir extrêmement vif; les animaux eux-mêmes
semblent éprouver du bonheur à perpétuer leur
espèce. Peut-on n'être pas pénétré d'admiration
en voyant l'industrieuse sollicitude avec laquelle
ils nourrissent, réchauffent, élèvent et défendent
leur progéniture? L'homme, créé pour une plus
noble destinée, goûte aussi des plaisirs plus purs.
Qui peut, en effet, peindre le bonheur parfait
d'un chaste hymen? Quoi de plus doux que de
rendre à une épouse vertueuse l'amour qu'elle
a pour nous; de partager avec elle les peines et
les jouissances de la vie; de voir croître sous ses
yeux d'aimables enfants; de s'entendre appeler
du nom si doux de père, de se mêler à leurs
jeux, et de leur prodiguer les plus tendres
caresses?... La nature, ainsi que nous l'avons
dit plus haut, suscite chez l'homme de grands
changements, à l'époque où la faculté généra-

trice commence à se manifester; à mesure qu'elle s'éteint, on voit les forces et la beauté s'évanouir peu à peu. Cette perte se fait remarquer surtout dans le sexe féminin; en effet, une femme, arrivée à l'âge de cinquante ans, est changée au point d'être méconnaissable : les yeux sont muets; aux roses et aux lis succède un teint livide; la voix n'a plus cet attrait qui troublait les cœurs; un embonpoint considérable remplace l'élégance des formes; tout le charme s'évanouit : ainsi les fleurs, à l'approche de l'automne, se fanent, languissent, et tombent desséchées.

513. Il nous reste maintenant à rechercher la cause des phénomènes qui accompagnent la puberté. D'abord on pourrait demander, relativement au sexe masculin, pourquoi la sécrétion de la semence commence seulement à cette époque, et si la gravité de la voix et les autres changements qui surviennent alors dans l'économie dépendent de la résorption de cette humeur; il serait inutile de chercher à résoudre ces questions. En effet, en étudiant l'économie animale, nous voyons que les forces vitales abondent dans tel ou tel organe, suivant les différentes époques de la vie; que l'action de certaines parties cessait graduellement; que d'autres, au contraire, devenaient de jour en jour plus acti-

ves ; que d'autres, enfin, restaient plongées dans une sorte d'assoupissement jusqu'à ce qu'elles en fussent tirées tout-à-coup, et mises en action par un excitant approprié : l'effet est évident, mais il serait superflu de rechercher la cause qui le détermine. Ceux qui cultivent d'autres sciences ne sont pas plus heureux à cet égard que ceux qui se livrent à l'étude des phénomènes naturels. Pourquoi, par exemple, une terre produit-elle un fruit plutôt que l'autre? Pourquoi tel fruit mûrit-il de préférence dans telle ou telle saison? Reconnaissons donc comme une loi de l'économie animale, que les organes destinés à la génération doivent rester oisifs pendant les premiers temps de la vie; qu'à une époque déterminée ils doivent se développer et entrer en action : mais avouons que la cause de ce phénomène est enveloppée d'une obscurité profonde.

514. Il est certain que le développement des organes génitaux, et l'orgasme dans lequel ils entrent, est la cause de la plupart des phénomènes qui se manifestent à l'époque de la puberté; en effet, il manque chez les eunuques. Examinons ces malheureux que la soif de l'or a privés du noble privilége de se reproduire, pour les faire monter sur un théâtre; pourrons-nous les voir sans douleur privés de barbe, chargés d'embonpoint, faibles, timides, n'é-

tant ni hommes ni femmes, mais le rebut et la honte des deux sexes? Il est donc évident que les phénomènes dont l'ablation des organes génitaux empêche l'apparition, doivent être rapportés à l'influence de ces organes; mais on demande si la source de ces changements est l'absorption du sperme, ou seulement l'organe des parties génitales: on doit regarder l'une et l'autre cause comme contribuant à les produire. L'odeur fétide et les qualités nuisibles que prennent les chairs des animaux pendant le temps du rut paraissent devoir être rapportées à la résorption du sperme; mais les autres phénomènes, tels que l'éruption de la barbe, la gravité de la voix, semblent plutôt dériver de l'influence des testicules. Ceux qui usent fréquemment des plaisirs vénériens, sans en abuser cependant au point de s'épuiser, présentent d'une manière très marquée les phénomènes qui s'observent à l'époque de la puberté. Dans ce cas, assurément, ce n'est pas la surabondance du sperme qu'il faut accuser, mais bien plutôt l'orgasme des organes génitaux.

515. Dans l'espèce humaine, à l'âge de puberté, les personnes du sexe féminin ont par intervalles un écoulement sanguin par les parties génitales, écoulement qui a reçu le nom de flux menstruel ou cataménial. Dans les pays chauds, où la puberté est précoce, le flux men-

struel paraît aussi plus tôt ; dans notre climat il paraît vers l'âge de douze à quatorze ans, et dure jusqu'à quarante-cinq ; sa cessation a lieu dans les pays chauds plus tôt que dans les pays froids : il est suspendu pendant la grossesse, et cette règle n'a que des exceptions fort rares ; chez les femmes qui allaitent, il est nul ou peu abondant.

516. L'imminence des règles est annoncée par des douleurs dans les lombes, de la lassitude dans les jambes, des coliques fréquentes, un gonflement du bas-ventre. On éprouve de la chaleur aux parties génitales, des taches rouges paraissent à la figure, le pouls s'accélère, il n'y a pas de sommeil la nuit, la tête est pesante, il y a des vertiges. Bientôt commence à couler goutte à goutte un sang soit pur et vermeil, soit séreux, quelquefois épais. L'écoulement dans l'état de santé parfaite dure environ quatre jours ; il est moins abondant pendant la nuit ; sa quantité totale égale rarement une livre ; il s'accompagne d'un affaiblissement plus ou moins marqué, et d'une sorte de langueur de toute l'économie.

517. On a sur les règles des opinions très variées ; quant à leur source, les uns la placent dans les artères, et les autres dans les veines ; d'autres, enfin, dans les deux sortes de vaisseaux :

le premier avis est le plus généralement adopté. En effet, le sang menstruel est vermeil, il n'est pas noir et livide, comme il devrait être s'il était fourni par les veines ; cependant je n'oserais point affirmer que les veines n'ont aucune part à cette fonction. C'est la matrice qui, dans l'état de santé, fournit le sang des règles; c'est ce que prouvent et les renversements de cet organe et les ouvertures de corps chez les femmes mortes dans le temps de l'écoulement menstruel. Mais quelquefois aussi le sang paraît s'écouler du vagin ; ce qui a lieu surtout lorsque les menstrues persistent pendant la grossesse. On doit remarquer à ce sujet que le flux périodique s'est maintenu quelquefois, quoique l'utérus fût squirrheux.

518. On a débité mille fictions sur le sang menstruel, qu'on a regardé tantôt comme un remède, tantôt comme un poison ; quelques personnes, parmi lesquelles on compte Sprengel, se bornent à le considérer comme contenant quelque chose d'excrémentitiel; d'autres pensent qu'il n'a rien que de naturel. Tout récemment, Lavagna le jeune a écrit que ce sang était dépourvu de fibrine, ce qui expliquerait pourquoi il ne se coagule pas ; si ce fait était bien établi, il prouverait que le sang subit quelques modifications dans les vaisseaux utérins : je désire vi-

vement que cette opinion soit éclaircie par des observations et des expériences multipliées.

519. Il est facile de s'expliquer pourquoi le flux menstruel ne s'observe que dans l'espèce humaine et seulement chez la femme, en remarquant que les lois de l'économie sont différentes dans l'espèce humaine et dans les animaux, dans l'homme et dans la femme. J'accorde qu'il y a de grandes analogies entre l'homme et les animaux, entre ceux-ci et les plantes; toujours est-il qu'il existe des différences, et c'est dans cette classe qu'il faut ranger le flux menstruel. Sprengel pense qu'il n'a pas lieu chez les animaux parceque les parties génitales sont situées sur le même plan que le tronc et non point dans une position déclive; tandis qu'au contraire, chez l'homme, la situation verticale porte le sang vers les parties inférieures en vertu de son propre poids. Cependant il ne considère cette cause ni comme l'unique, ni comme la plus importante; il aurait mieux fait de ne lui accorder aucune influence. En effet, si les règles dépendaient de la position verticale du corps, elles devraient avoir lieu également chez l'homme; si elles devaient être attribuées à l'impétuosité du sang, assurément cette impétuosité est plus marquée dans le sexe masculin. On observera peut-être que la femme a une mollesse

dans les tissus qui favorise l'évacuation menstruelle, qu'au contraire il existe chez l'homme
une raideur qui s'oppose à leur établissement.
Je l'avoue, mais je dis que des individus mâles
peuvent avoir cette laxité de tissu, sans jamais
être réglés, et qu'on voit des femmes avoir la
vigueur d'un homme, sans pour cela que les
règles cessent de paraître chez elles. Il est vrai
qu'il existe entre les deux sexes plusieurs points
de ressemblance ; mais il y a aussi des différences dont la principale réside dans la structure
des organes génitaux. Il n'est donc pas étonnant
qu'avec une si grande différence d'organisation,
il n'y ait pas le même degré de force, de mobilité et d'énergie ; que la faiblesse et la mobilité
soient chez la femme plus marquées que l'énergie :
il n'est point étonnant qu'elle ait des fonctions
spéciales, et qu'elle ait par intervalles un écoulement sanguin par les parties génitales.

520. On ignore absolument pourquoi les menstrues commencent et finissent à un âge déterminé ; il n'y a qu'une seule chose à dire, c'est
que c'est une loi de la nature. Sprengel pense
que, chez les femmes qui vieillissent, la force
des artères diminue, tandis que celle des veines
augmente ; que la quantité du sang décroît, que
les vaisseaux s'endurcissent, et que ces changements amènent la cessation du flux menstruel.

Toutes ces explications sont peu satisfaisantes; en effet, souvent à l'époque où les règles cessent de couler, il existe un état pléthorique. Si l'on veut soutenir que la force des artères diminue au profit de celle des veines, ne peut-on pas demander pourquoi alors les veines ne versent pas de sang? Si la raideur des parties s'oppose à l'écoulement des règles, pourquoi les voit-on souvent suspendues par suite de la laxité des tissus? pourquoi ne paraissent-elles pas avant la puberté, puisque dans le jeune âge toutes les parties ont moins de résistance? Or, puisque les menstrues paraissent chez les femmes qui jouissent de la plus parfaite santé, il est convenable de les considérer comme le produit d'une fonction naturelle, plutôt que comme celui d'une maladie.

521. Il y a eu des auteurs qui ont rapporté le flux menstruel à un état maladif; et c'est l'opinion de Roussel. Il est à peine nécessaire de combattre ses raisonnements, qui tombent d'eux-mêmes; mais il est bon de connaître les erreurs des hommes recommandables pour sentir combien il est important de ne pas se laisser entraîner par une imagination ardente et par le goût de la nouveauté. Roussel fait remarquer la grande analogie qui existe entre les animaux et l'espèce humaine; il fait voir que le flux menstruel n'existe pas chez eux; qu'il est inconnu chez certains peu-

ples; qu'on peut croire que les premiers mortels ne l'ont pas connu : en conséquence, il est porté à penser que ce n'est pas un acte naturel, mais que l'intempérance et le libertinage avaient produit une pléthore, d'où était née la nécessité d'un écoulement sanguin; qu'à l'âge de puberté, il devait exister une disposition à la pléthore et à l'orgasme, qui expliquait pourquoi il survenait alors une évacuation de sang. L'utérus, doué d'une texture lâche, est placé à la partie inférieure du corps; de là la facilité avec laquelle il répand du sang. Les parents transmettent à leurs enfants leur organisation, leurs maladies, ou plutôt leurs prédispositions morbides; conséquemment, la disposition pléthorique, et le flux menstruel qui en est la suite, sont héréditaires. Enfin, l'économie s'accoutume à certains mouvements, même pathologiques, et tend à les réitérer; ainsi, peu à peu l'ordre des fonctions change de telle sorte que ces mouvements deviennent pour ainsi dire nécessaires et naturels; par exemple, le flux hémorrhoïdal, lorsqu'il est ancien, ne saurait être arrêté sans peine ni sans danger. Il en est de même du flux menstruel; il n'est pas naturel primitivement, mais, par suite de l'habitude, il s'assimile aux phénomènes naturels; dès lors, il n'est pas étonnant que sa suppression amène des désordres si nombreux et si graves. Tels sont les raisonnements sur lesquels Roussel appuie son opinion ; ils sont plus ingénieux que réels, et faciles à réfuter. Quoiqu'il existe entre l'espèce humaine et les animaux une grande analogie, il y a cependant, ainsi que nous l'avons dit plus haut, des points de différence absolue ; or donc on ne saurait conclure de ce que le flux menstruel n'existe pas chez les animaux, que ce soit une maladie chez l'homme. Quelques auteurs font observer que, chez les singes, ce flux a lieu quelquefois ; mais il n'existe pas chez tous les animaux de la même espèce, et il n'affecte pas de retours réguliers ; d'où il résulte que c'est un écoulement accidentel, et qu'on ne saurait assimiler au flux menstruel. Il n'est pas prouvé qu'il existe des peuples chez lesquels on ne trouve aucune trace de cette évacuation. Au reste, il en pourrait être ainsi des habitants d'une région circonscrite, à raison d'un état maladif. On trouve chez les nègres des Albinos, dont la couleur blanche, loin d'être naturelle, est au contraire la preuve d'un état vicieux de l'économie. Rien ne prouve que le flux périodique ait été inconnu de nos premiers parents ; ce qu'il y a de certain, c'est qu'il en est question dans les écrits de Moïse, auteur fort ancien. On y voit, en effet, que Laban ayant conçu des doutes sur la fidélité de Jacob, et pensant qu'il lui avait ravi des objets précieux, le poursuivit lorsqu'il s'en allait avec ses deux épouses; et que quand il s'approcha de Rachel, elle sut se soustraire aux recherches, en alléguant qu'elle était au moment de l'évacuation périodique. Les parents ne transmettent à leurs enfants que des prédispositions morbides, qui ont besoin, pour se développer, de l'action d'une cause occasionelle: il résulte de là que tous les enfants n'ont pas les maladies dont leurs parents ont été affectés, et qu'ils peuvent les éviter, en ayant soin de se soustraire aux causes occasionelles. Mais les femmes sont soumises à l'évacuation menstruelle, quels que soient et leur régime et le peu d'abondance de leurs humeurs: ainsi donc on ne saurait trouver aucune ressemblance entre le flux menstruel et les maladies héréditaires. Quant à ce qui concerne les écoulements qui, par suite de l'habitude, ont des retours périodiques, il me semble que, pour que l'habitude s'établisse, il faut qu'il y ait eu plusieurs retours: on pourrait, s'il en était ainsi, arrêter les règles à leur début, et les empêcher de reparaître; mais on voit au contraire des troubles très graves survenir dans l'organisme lorsque les règles ne paraissent pas à l'époque de la puberté, ou lorsque plus tard elles sont supprimées. Il est donc évident que l'opinion de Roussel est tout-à-fait inexacte.

522. Il nous reste encore à parler de la cause des menstrues, sur laquelle les avis sont partagés. Les uns, ayant observé qu'elles revenaient tous les mois, ont pensé qu'elles étaient sous l'influence des phases lunaires; les autres, caressant des théories chimiques, les ont fait dériver d'une sorte d'ébullition ou de fermentation; d'autres enfin les rapportent à la pléthore. Les deux premières opinions sont tout-à-fait abandonnées; elles n'ont en effet aucune vraisemblance. Supposons, en effet, l'influence des phases lunaires; on demandera pourquoi les règles ne viennent qu'à l'âge de puberté, et finissent vers quarante-cinq ou cinquante ans; pourquoi elles n'ont pas, chez toutes les femmes, la même durée. Nous avons eu déjà plusieurs occasions de remarquer que les corps, pendant toute la durée de la vie, étaient régis par le principe vital, et que les phénomènes des corps vivants différaient beaucoup de ceux qui sont produits par les lois de la mécanique, de la physique ou de la chimie. La troisième opinion se rapproche davantage de la vérité; mais elle montre plutôt un des effets que la cause du flux menstruel. Ce n'est pas assez, en effet, que de faire naître les règles de la pléthore, il faut encore chercher la cause de cette pléthore. Ajoutons quelques mots à ce sujet. La pléthore est générale ou partielle :

32.

assurément ce n'est pas de la pléthore générale
que viennent les menstrues; car elles ont lieu
chez des femmes épuisées, et quelquefois même
plus abondamment que chez d'autres. Est-ce
donc de la pléthore utérine? Mais il me semble
que l'afflux du sang vers la matrice est l'effet de
l'orgasme de ce viscère : c'est pourquoi il est permis de considérer cet orgasme comme la cause
prochaine de la menstruation. On demandera
peut-être encore pourquoi cet orgasme ne vient
qu'à une époque déterminée, pourquoi il a des
retours périodiques; mais, jusqu'à présent, tous
ces actes sont couverts d'un voile mystérieux.

CHAPITRE XXIX.

DE LA GROSSESSE.

523. Au moment de la conception, la femme
éprouve un frisson suivi de chaleur et de spasmes
légers, une sensation de prurit aux parties génitales; à cet état succède une langueur qui n'a
rien de pénible, quelquefois du sommeil; les
yeux perdent leur éclat, les pupilles se resserrent, les paupières sont gonflées et livides; le
plus souvent la face est pâle, quelquefois elle

est rouge et présente des taches désagréables ;
le tissu cellulaire se gorge de sérosité et d'une
graisse molle, le nez paraît se gonfler et la bouche s'élargir, les artères temporales battent avec
force, le cou enfle d'une manière plus ou moins
marquée ; au bout de quelque temps la femme
enceinte ressent de la lassitude dans la région
de l'utérus, des douleurs lombaires, des coliques ;
la transpiration cutanée a une odeur fétide, les
mamelles se gonflent, un cercle livide entoure
le mamelon, les règles cessent de couler, il survient du dégoût pour les aliments, et souvent
des appétits bizarres. Alors aussi on observe une
sécrétion abondante de salive ; les dents sont
agacées ou douloureuses ; des nausées, des vomissements, des ardeurs d'estomac, qu'on nomme
fer chaud, tourmentent la malade. Il existe quelquefois une soif violente, excitée par un sentiment d'ardeur répandu tout le long de l'œsophage ; le cœur palpite ; il survient des syncopes
pour la plus légère cause ; le pouls devient irré-
gulier ; il se manifeste des hémorrhagies par le nez
ou par les poumons. Ce sont des phénomènes
fréquents dans la grossesse, que la toux, l'es-
soufflement, les sanglots, les bâillements, l'en-
rouement et l'extinction de voix ; souvent alors
la peau est chaude, sèche, rugueuse, et parsemée de boutons. Lecat, Bordeu et Camper ont

vu la jaunisse survenir pendant la grossesse. Le caractère pendant cette époque est triste et morose, l'imagination s'anime ; il se développe des antipathies telles qu'on voit fréquemment des femmes grosses, à part toute idée coupable, ne pouvoir souffrir la présence de leurs maris. Il n'est pas rare non plus de voir la grossesse accompagnée d'un délire maniaque ou mélancolique. Il faut remarquer cependant que les signes de la grossesse que nous venons d'énumérer ne sont pas constants : souvent elle se passe sans causer la plus légère incommodité. La preuve la plus positive semblerait être la suppression des règles ; mais quelquefois elles continuent de couler : c'est cependant un fait rare. Viennent-elles alors du vagin ? il est permis de le croire : on risque moins de se tromper en prenant pour base les changements qui surviennent dans l'utérus même. Dans les deux premiers mois son volume s'accroît ; il s'arrondit et descend dans le petit bassin ; son orifice se tourne en arrière et se ferme, sa lèvre antérieure se raccourcit, ou, ce qui est plus vraisemblable, la lèvre antérieure s'alonge ; l'abdomen est légèrement aplati. Au troisième mois, la matrice remplit l'excavation pelvienne, son fond repousse les intestins dans l'abdomen ; de là le gonflement de la région hypogastrique. Vers la fin du même mois, la matrice s'élève au-dessus du détroit supérieur; elle presse la vessie et l'intestin rectum; les mouvements du fœtus sont alors évidents; les vomituritions persistent. Au quatrième mois, les nausées et les vomissements cessent; l'utérus monte au point que son fond atteint presque l'ombilic; son col s'élève également; les mouvements du fœtus sont encore plus apparents. Le cinquième mois voit survenir de fréquents vertiges et une sensation de gêne, produite par la compression qu'exerce l'utérus sur les organes voisins; l'orifice devient plus haut, le fond atteint le niveau de l'ombilic, qu'il dépasse au sixième; à cette époque, le col utérin a plus de mollesse, et les mouvements du fœtus sont plus violents. Au septième mois, le fond de la matrice se fait sentir dans la région épigastrique; son col se raccourcit: on sent évidemment la tête du fœtus au détroit supérieur; la région ombilicale est très proéminente: alors la marche devient difficile; il y a de l'œdème aux membres inférieurs, des besoins fréquents d'uriner, et une excrétion peu considérable d'un liquide séreux par les mamelles. Dans le huitième mois, la matrice comprime l'estomac; de là naissent l'anorexie, la dyspepsie, les nausées, les vomissements. Le diaphragme ne s'abaisse qu'avec peine, mais l'expiration en est peu entravée, en raison de ce que chez la femme le sternum est plus élevé et les cartilages des côtes inférieures sont plus alongés. La tête du fœtus descend ; alors il survient des lassitudes spontanées, des douleurs dans les lombes et dans les aines ; la femme, en marchant. afin de conserver l'équilibre, porte en arrière la tête et la poitrine. Au neuvième mois, le fond de la matrice redescend à l'ombilic ; il s'élargit. et, en pressant les parties voisines, il donne lieu à des besoins d'uriner, à des épreintes, à des douleurs de reins, à de l'engourdissement dans les jambes et dans les hanches. La marche est très pénible ; il survient des hémorrhoïdes, des varices, et un gonflement œdémateux des grandes lèvres ; en même temps, la digestion et la respiration deviennent plus faciles ; souvent aussi l'orifice de l'utérus est dilaté au point de laisser sentir au doigt les membranes qui enveloppent le fœtus. Il était naturel de penser que les parois de l'utérus s'amincissaient à mesure qu'elles prenaient plus d'étendue : on l'avait cru ainsi fort long-temps ; mais une observation plus exacte a démontré le contraire. Norwyck a découvert que les parois de la matrice avaient toujours la même épaisseur, soit pendant la grossesse, soit à toute autre époque ; Littre l'a trouvée plus considérable pendant la gestation. On a expliqué de différentes manières le développement de la matrice; quelques auteurs ont supposé qu'il y naissait des fibres nouvelles, ou, pour être plus exacts, que le nombre des fibres restant le même, ces fibres, par suite de la turgescence vitale, prenaient un accroissement rapide. Les physiologistes avaient cru que dans les premiers mois de la grossesse le fœtus avait la tête en haut, et que vers la fin il faisait la culbute; cette opinion, que son ancienneté avait en quelque sorte consacrée, fut victorieusement réfutée par Baudelocque. En effet, pourquoi la tête du fœtus, qui est très volumineuse, ne gagnerait-elle pas la partie inférieure de la matrice?

524. Quelquefois il se développe deux ou plusieurs fœtus en même temps: c'est ce qu'on appelle grossesse composée. Il est assez commun de voir naître deux jumeaux, mais il est rare d'en voir un plus grand nombre. On rapporte que les Horaces et les Curiaces étaient trijumeaux. Mauriceau a connu une femme qui eut quatre enfants d'une seule couche ; Gottlob en cite une autre qui en eut onze en trois grossesses, et Aristote rapporte qu'une femme en cinq couches en eut près de quatre fois autant. On trouve des exemples de couches encore plus nombreuses dans Avicenne, Albucasis, Carpi, Albert le Grand et Ambroise Paré. Mais parmi ces faits, il en est sans doute un grand nombre qui sont

exagérés, et au moins ce sont des exemples fort rares. En général, plus le nombre des fœtus est grand, moins chacun d'eux a de volume; chacun a ses membranes, son placenta et son cordon ombilical: ils sont tellement indépendants l'un de l'autre, que l'un peut être malade, tandis que l'autre est bien portant; qu'ils se développent d'une manière inégale, et que même ils peuvent naître à des époques différentes. Il y a cependant des exemples de jumeaux enfermés dans les mêmes membranes, et ayant un placenta commun; mais toujours ils avaient chacun son cordon ombilical. On a cherché à savoir si plusieurs fœtus pouvaient ou non être conçus dans le même temps, et les avis sont partagés à ce sujet. Toutes les fois qu'il y a deux ou plusieurs fœtus contenus dans les mêmes membranes, il est probable qu'ils ont été conçus ensemble; mais on ne saurait en juger de même lorsque les fœtus sont complètement séparés. Il faut ici faire quelque distinction : il ne paraît pas déraisonnable de croire que deux conceptions puissent avoir lieu successivement et à peu de distance l'une de l'autre. En effet, dans les premiers jours de la grossesse, le col de l'utérus peut rester béant, et permettre de pénétrer par les trompes de Fallope jusqu'aux ovaires; mais, au bout de quelque temps, le col de l'utérus est fermé : supposé qu'il soit ouvert, il n'y a point de passage pour pénétrer aux trompes et aux ovaires; il est plus croyable que deux ovules ont été fécondés en même temps, et qu'ils se sont développés inégalement. Peut-être les fœtus n'atteignent-ils pas tous le neuvième mois, et s'en trouve-t-il quelques uns dont la naissance est un peu précoce; mais on ne doit point ajouter foi aux rapports de superfétations (c'est ainsi qu'on nomme les conceptions arrivées à diverses époques), dans lesquelles il y a eu un mois ou plus d'intervalle. On a dit que, dans les cas de superfétation, l'utérus était double : cette disposition paraît être assez commune; mais elle n'a rien de constant, et, d'ailleurs, elle n'est pas nécessaire pour expliquer ce phénomène : il suffit d'admettre l'existence de plusieurs placentas; ce qui arrive quelquefois, de l'avis de tout le monde.

CHAPITRE XXX.

DU FŒTUS.

525. Nous avons examiné les phénomènes que présente la femme pendant la grossesse; nous

allons maintenant étudier le développement et l'organisation du fœtus. On n'est pas d'accord sur l'époque à laquelle on aperçoit les rudiments de ce nouvel être : Osiander assure l'avoir vu long de deux lignes à la seconde semaine ; Sprengel rapporte cette dimension à la troisième semaine. On aperçoit d'abord un léger nuage dans le liquide transparent qui remplit l'ovule ; la face par laquelle il adhère à la matrice, est hérissée de villosités ; deux membranes deviennent distinctes : à l'endroit où l'œuf adhère à l'utérus, il offre une substance épaisse, dense, et presque charnue. Chez les poulets soumis à l'incubation, au bout de trente-six heures se manifeste un point opaque ; c'est la trace du cœur. On est porté à croire que la même chose arrive dans le fœtus humain, mais à une époque différente. Le *punctum saliens*, car c'est ainsi qu'on nomme ce premier point de développement, s'étend peu à peu, de manière à ce qu'au dix-septième jour on aperçoive déjà des mouvements manifestes ; cependant le cœur n'existe pas encore, mais il se développe, et devient perceptible aux sens avant les autres parties du corps : peu à peu on voit partir du cœur des filets rouges, qui sont les premiers linéaments des vaisseaux sanguins, et toutes les parties s'accroissent par degrés. Dès que le fœtus commence à être formé complètement, il se présente replié sur lui-même, ayant à peu près la forme d'un haricot, suspendu par le cordon ombilical, et nageant au milieu du liquide exhalé par la face interne des membranes qui l'environnent.

526. A mesure que l'embryon prend de l'accroissement, les membres supérieurs d'abord, puis les membres inférieurs, prennent une forme mieux déterminée. Des organes des sens, les yeux sont les premiers qui se montrent; déjà, dans les rudiments de l'embryon, on les voit sous la forme de deux petits points; les paupières se développent ensuite, et les recouvrent. Dans le cours du quatrième mois, une graisse rouge se dépose dans les aréoles du tissu cellulaire, et les muscles exécutent quelques mouvements: plus on approche de l'époque de la naissance, plus l'accroissement du fœtus est rapide; l'eau de l'amnios diminue dans la même proportion. Il n'est pas facile de déterminer le poids et la longueur du fœtus aux différentes époques de la gestation: un enfant nouveau-né a généralement vingt-deux pouces de long, et pèse dix livres et demie. C'est vers le cinquième mois environ que commence la sécrétion de la bile; bientôt après les cheveux poussent; au commencement du septième mois, les ongles commencent à se montrer, et la membrane qui bouche la pupille,

et que pour cela on nomme membrane pupil-
laire, se déchire ; les reins, qui d'abord étaient
composés de quinze à vingt-deux noyaux, se
réunissent chacun de manière à former un organe sans division; les testicules, qui d'abord
sont placés sur les côtés de la colonne lombaire et de l'aorte, près de l'origine des vaisseaux spermatiques, descendent le long des
vaisseaux iliaques, jusqu'à l'anneau inguinal,
dirigés par un petit cordon cellulaire, que Hunter nomme *gubernaculum testis*, et franchissent
cet anneau, entraînant une portion du péritoine
destinée à former la tunique vaginale. On avait
coutume de croire que la portion de péritoine
comprise entre l'anneau inguinal et le testicule
tombé dans le scrotum, se résolvait en tissu cellulaire. Richerand a démontré la fausseté de cette
opinion, qui ne repose sur aucune preuve positive : il fait observer qu'au commencement de
la vie, les testicules, bien qu'ayant franchi l'anneau, en sont encore très rapprochés ; la portion de la tunique vaginale qui, suivant le cordon spermatique, monte jusqu'à l'anneau, le
dépasse quelquefois, en conservant avec le péritoine une communication évidente, ainsi que
l'ont démontré plusieurs fois des hernies inguinales, congéniales : avec le temps, les testicules
descendent dans le scrotum, et s'éloignent de

l'anneau; d'où il résulte que le prolongement
membraneux qui, dans le premier âge. enveloppait tout le cordon, et qui n'avait que quelques
lignes de longueur, chez l'adulte ne couvre que
la partie inférieure, sans que pour cela il y ait
eu ni dégénération ni rupture du péritoine. L'avis de Richerand a été généralement adopté.

527. Passons maintenant à l'étude de la circulation dans le fœtus, qui est fort différente de
ce qu'elle est après la naissance. Les artères utérines apportent à la matrice une quantité de
sang trop considérable pour la nutrition de cet
organe: la plus grande partie de ce sang est
portée au placenta. Quelques auteurs pensent
que les artères portent dans le placenta le sang
tout entier; les autres, qu'il n'y envoie que sa
partie séreuse; d'autres, enfin, qu'une humeur
chyleuse, lymphatique, blanchâtre. Schreger
pense que les artères versent dans les cellules
du placenta une humeur séreuse; que les vaisseaux lymphatiques l'absorbent et l'envoient au
cœur, d'où elle est chassée dans l'aorte et les
artères ombilicales jusqu'au placenta; que les
organes du fœtus lui font subir l'hématose,
et qu'ensuite les veines ombilicales le lui rapportent pour sa propre nutrition. Les divisions
des veines et des artères ombilicales, répandues
dans le placenta, y renvoient le résidu de cette

nutrition : ce surplus est absorbé par les vaisseaux lymphatiques, et reporté dans le torrent
circulatoire de la mère. Cette hypothèse de Schreger paraît plus ingénieuse que réelle. En effet,
comme le fait très bien observer Richerand,
pourquoi le fluide nourricier fourni par la mère,
après avoir été distribué dans toutes les parties
du corps de l'enfant par l'aorte, reviendrait-il au
placenta, pour retourner de nouveau au fœtus,
chez lequel l'absorption s'exerce à peine? L'absorption extérieure est empêchée par la couche
grasse dont il est enduit de toutes parts : l'absorption intérieure est peu manifeste. Il est donc
raisonnable de croire que le sang fourni par la
mère au fœtus est employé presque uniquement
à la nutrition de ce dernier ; ce qui explique son
rapide accroissement. Nous pensons que le sang
de la mère, après avoir subi quelque modification dans le placenta, est porté au fœtus : il est
rapporté par les rameaux de la veine ombilicale
dans le tronc de cette veine ; de là il se rend au
foie ; puis, par le canal veineux, il passe dans
la veine cave inférieure, et de là dans l'oreillette
droite du cœur. Comme les orifices des veines
caves ne sont pas directement en face l'un de
l'autre, le sang qui revient par la veine cave supérieure, de la tête et des parties les plus élevées du corps, n'empêche pas que celui de la

veine cave inférieure ne gagne le trou de Botal,
vers lequel son orifice est dirigé ; ainsi il se rend
dans l'oreillette gauche, et de là dans le ventricule du même côté. Les poumons, étant com-
pactes, ne peuvent admettre le sang qui est versé
dans l'oreillette droite par les veines caves ; il
était donc nécessaire qu'une partie de ce sang
passât de l'oreillette droite dans la gauche, au
moyen d'une ouverture placée dans la cloison
inter-auriculaire. La portion de sang qui, par
l'orifice auriculo-ventriculaire, passe de l'oreillette droite dans le ventricule droit, ne pourrait
même pas traverser le poumon ; c'est à en détourner encore une partie qu'est destiné le canal
artériel, qui établit une communication entre
l'artère pulmonaire et l'aorte. Tandis qu'une
partie du sang est portée aux poumons par l'artère pulmonaire, l'autre passe dans l'aorte par
le canal artériel ; et celle qui, de l'oreillette droite
se rend dans l'oreillettte gauche, à travers le trou
de Botal, pénètre dans le ventricule gauche, qui
la pousse dans l'aorte.

528. Nous avons dit que le sang de la mère
était conduit au fœtus pour le nourrir ; mais il
faut avertir que ce n'est pas là l'opinion générale. Quelques auteurs pensent avec Boerhaave
que le fœtus avale l'eau de l'amnios, et s'en
nourrit ; d'autres croient qu'elle est absorbée à

la surface de la peau : les uns et les autres sont conduits à cette opinion parceque le cordon ombilical se trouve quelquefois oblitéré. Mais, si l'on observe que des fœtus sont venus au monde avec la bouche complètement fermée ; que très souvent ils sont couverts d'un enduit caséiforme très épais ; que l'interception du cours du sang dans le cordon ombilical ne permet pas d'expliquer l'exhalation de l'eau de l'amnios, on établira que les faits d'oblitération du cordon sont douteux, et que le fœtus se nourrit du sang que lui fournit sa mère. Nous nous embarrassons peu des objections faites par les auteurs d'un avis contraire, savoir, que l'estomac du fœtus contient une grande quantité de matière visqueuse, et qu'on a trouvé du chyle dans le canal thorachique. Elles sont faciles à réfuter : toutes les fois que la bouche était fermée, l'eau de l'amnios ne trouvait aucune voie pour pénétrer dans l'estomac. La matière contenue dans ce viscère n'a aucune ressemblance avec le liquide amniotique ; elle est acide et gélatineuse. Est-elle sécrétée par l'estomac ou par l'œsophage ? Magendie en doute. Quoi qu'il en soit, nous ne prétendons pas nier que le fœtus puisse avaler quelque peu d'eau de l'amnios : on est porté à le croire, parcequ'on a trouvé dans l'estomac de quelques fœtus des poils semblables à ceux qui naissent à la surface du corps; mais on peut considérer cela comme des cas particuliers, et cette matière ne semble pas nécessaire à la nutrition du fœtus. En effet, on en a vu venir au monde à terme, bien que l'estomac manquât chez eux. Enfin, ce qu'on a trouvé dans le canal thorachique est de la lymphe, et non du chyle. Il faut savoir, cependant, que les vaisseaux du fœtus n'ont pas avec ceux de la mère une communication directe : en effet, si l'on injecte les vaisseaux utérins avec des liquides colorés, le placenta ne présentera cette couleur que dans sa portion utérine; si, au contraire, on introduit ces liquides dans la veine ombilicale, on ne retrouve la couleur qu'à la face fœtale du placenta : c'est de là qu'on a coutume de diviser en quelque sorte ce corps en deux parties, l'une utérine et l'autre fœtale. D'autres faits encore prouvent que la communication n'est pas directe : car, si elle l'était, les battements artériels seraient isochrones dans la mère et le fœtus; au contraire, chez ce dernier, ils sont infiniment plus précipités. Pour démontrer ce fait, on ouvre les veines à une chienne près de faire ses petits, et on la laisse périr d'hémorrhagie; on peut voir alors que la portion utérine du placenta est seule privée de sang. Cette disposition est une preuve de la prévoyance de la nature : en effet, si les vaisseaux de la mère et de l'enfant communiquaient entre eux d'une manière directe, l'accouchement ne saurait s'opérer sans déchirements, et l'impétuosité de la circulation chez la mère porterait de fâcheuses atteintes à la frêle organisation du fœtus.

529. On est partagé d'opinions sur les usages du placenta. Richerand pense que le sang, en parcourant la longueur des vaisseaux dont se compose le placenta, se change en sang noir ou veineux, et qu'il prend les caractères de sang artériel dans le foie, qui, dans le fœtus, paraît remplir les fonctions auxquelles les poumons sont destinés plus tard : il croit que ce viscère débarrasse le sang d'un excès d'hydrogène et de carbone. D'autres, au contraire, attribuant au placenta les fonctions que le physiologiste français assigne au foie, soutiennent qu'il fait passer le sang à l'état de sang artériel, et non pas à celui de sang veineux. Il est cependant juste de confesser qu'il n'y a rien de positivement démontré à ce sujet.

530. Le fœtus peut être atteint de diverses maladies : les unes viennent de la mère, d'autres du fœtus lui-même, ou du moins d'un état particulier de l'utérus, étranger à l'état général de la mère. On comprend facilement que les maladies de la mère peuvent affecter l'enfant,

lorsqu'elles ne dépendent pas d'un principe contagieux ; mais il est bien plus difficile de fixer
ses idées sur les maladies contagieuses. En effet,
comment le miasme de la variole pourrait-il arriver au fœtus? Serait-ce par le sang? Mais sait-
on s'il est contenu dans ce liquide? L'opinion la
plus générale est que le principe contagieux de
la variole réside dans les pustules, et non ailleurs.
Cependant tant d'auteurs parlent de fœtus affectés de la variole, qu'il paraît téméraire de
révoquer en doute ce fait. Quant à moi, je pense
que le principe variolique, lié au liquide que sécrètent les pustules, peut être absorbé par les
vaisseaux lymphatiques, porté dans le sang, et
aller ainsi infecter le fœtus.

531. Des physiologistes distingués, au nombre desquels on distingue Bichat et Richerand,
prétendent que le fœtus privé des fonctions de
la vie animale n'a qu'une existence végétative : je
ne partage pas cette opinion. Comment pourrait-
on expliquer les mouvements qu'exécute le fœtus,
sans admettre qu'il est doué de la vie animale?
Mais, dira-t-on, les sens externes sont inactifs
chez lui; je soutiens que le tact ne l'est pas. Je
remarque d'ailleurs que le cerveau peut éprouver des modifications intérieures, en vertu desquelles il y aura des mouvements spontanés. Il
est vrai que chez le fœtus la vie organique est

très circonscrite, puisque le tact, excepté les sens externes, sont dans un repos complet; mais cela ne suffit pas pour qu'on puisse nier son existence. Nous n'avons pas dessein d'entamer cette discussion quant aux premiers temps de la vie du fœtus; en effet, nous ne pourrions raisonner d'après aucune donnée positive. Nous remarquerons seulement que c'est une grave erreur que de considérer comme une faute légère la mort du fœtus, provoquée dans les premiers temps de son existence; car, ainsi que l'a dit Tertullien, c'est un homicide anticipé que d'empêcher de naître : il n'y a pas de différence entre celui qui arrache la vie et celui qui l'empêche de se développer; celui qui est destiné à devenir un homme, doit dès lors être considéré comme tel.

CHAPITRE XXXI.

DE L'ACCOUCHEMENT.

532. Au bout du neuvième mois de la grossesse survient l'accouchement. D'abord la femme éprouve des douleurs lancinantes, et semblables à des coliques; bientôt elle se livre à des efforts tels qu'on en fait pour aller à la garde-robe. L'u-

térus se contracte énergiquement, et quelquefois ces contractions suffisent pour expulser le
fœtus, indépendamment des efforts de la mère.
Les membranes qui enveloppent l'enfant dilatent
le col de l'utérus, elles s'amincissent et se rom-
pent ; alors les eaux s'écoulent, elles lubrifient le
vagin, et relâchent toutes les parties de la génération. Ainsi mise à nu, la tête du fœtus s'engage
à la manière d'un coin dans le vagin, les efforts
de la mère augmentent, souvent la symphyse
du pubis s'écarte ; la femme est alors en proie à
des douleurs intolérables, et tout son corps est
agité de tremblement. Après avoir traversé le vagin, le fœtus dépasse la vulve, et aperçoit pour
la première fois la lumière ; il respire, et il annonce sa naissance par des cris, comme s'il prévoyait déjà les maux qui appesantissent leur
joug de fer sur les mortels. Cependant la mère
fixe des yeux avides sur son enfant, elle oublie
toutes les douleurs qu'elle a souffertes, elle est
toute à la joie, et jouit à l'avance, dans son imagination, des caresses et du babil de l'enfance, des
succès de l'adolescence, de la gloire de la jeunesse, et de la piété filiale de l'âge mûr.

533. Pour l'ordinaire le placenta reste quelque temps dans la matrice ; au bout de quelques heures, de nouvelles douleurs amènent
de nouveaux efforts qui opèrent la délivrance

(c'est ainsi qu'on nomme la sortie du placenta). Après l'accouchement il y a , par les parties génitales, un écoulement sanguin qui peu à peu perd sa couleur rouge, et finit par être séreux : ce flux , désigné par le nom de lochies , dure de seize à vingt jours.

534. On a cherché à savoir pourquoi l'utérus, à une époque déterminée, se débarrasse du produit de la conception : les uns soutiennent que l'utérus, arrivé à un certain degré de distension, entre en contraction ; les autres pensent que l'accouchement arrive lorsque la quantité du liquide amniotique est notablement diminuée ; d'autres l'attribuent à la nécessité de respirer, ou au besoin de prendre de la nourriture. Mais pourquoi l'utérus se développe-t-il pendant neuf mois ? pourquoi, ce temps expiré, entre-t-il subitement en contraction ? pourquoi les fœtus doubles ou triples ne sont-ils pas expulsés plus tôt ? A l'époque de l'accouchement, il reste encore une assez grande quantité de liquide amniotique, qui est ce qui prouve qu'une quantité donnée de ce liquide est nécessaire au fœtus. Enfin, ce n'est point assez d'assurer que le fœtus vient à la lumière par suite de la nécessité de respirer et de prendre de la nourriture ; il faut dire encore pourquoi cette nécessité ne se manifeste pas plus tôt. Il est plus convenable d'établir que la vo-

lonté de la nature a été que le fœtus vive dans l'utérus pendant un temps donné, après lequel il doit venir au jour. Si nous allons plus loin, nous ne pouvons rien avancer que de supposé et d'invraisemblable.

535. Dans l'accouchement, l'utérus se contracte avec force : est-il donc de nature musculaire ? c'est sur quoi on n'est pas d'accord ; toujours est-il vrai que l'anatomie n'y découvre point de structure musculaire : on y trouve, il est vrai, des fibres qui, pendant la grossesse, sont rouges; mais la couleur rouge ne prouve pas sûrement la nature musculaire des fibres : d'ailleurs, pourquoi cette rougeur n'existe-t-elle pas hors le temps de la grossesse? Il est donc naturel de penser que les fibres utérines rougissent pendant la grossesse, à cause de la turgescence vitale, ou de l'orgasme auquel elles sont en proie : c'est pourquoi la plupart des physiologistes ont décidé que la matrice était de nature musculaire, plutôt d'après son action que d'après l'examen anatomique : ce qu'il y a de certain, c'est que, si toutes les parties contractiles doivent être considérées comme musculaires, l'utérus doit être rapporté à la classe des muscles. Au contraire, si des parties non musculaires peuvent être contractiles, l'utérus pourrait probablement leur être assimilé : la question reste encore indécise

Mais, dira-t-on, pourquoi l'utérus ne se contracte-t-il pas pendant la longue durée de la grossesse? Je l'ignore; mais je sais que d'autres parties obéissent à la même loi. En effet, l'intestin rectum et la vessie urinaire ne se contractent que quand l'urine et les matières fécales sont accumulées en certaine quantité.

556. Nous avons dit que le fœtus venait à la lumière à la fin du neuvième mois de la grossesse; mais quelquefois la nature s'écarte de cette loi, et rend l'accouchement plus précoce. On a même pensé que le temps de la gestation est déterminé pour les animaux, et ne l'est pas pour l'homme : cette opinion, émise d'abord par Aristote, a depuis été adoptée par un grand nombre d'auteurs. Voici les faits qui semblent l'appuyer. Dans l'espèce humaine, les tempéraments et les constitutions offrent de nombreuses différences: l'utérus présente, chez les femmes, divers degrés de volume et de densité; chez les unes, le sang y abonde; chez les autres, il est en petite quantité : l'espèce humaine tient le milieu entre les espèces qui font un grand nombre de petits, et celles dont les portées sont peu considérables. L'homme n'a pas de temps déterminé pour l'acte de la génération; de là il résulte que la gestation n'a pas une durée parfaitement identique chez toutes les femmes.

Mais tous les faits allégués par ces auteurs ne prouvent rien en faveur de leur opinion. La diversité de tempérament, de constitution, d'état de la matrice, peut faire que la grossesse soit ou non exempte d'incommodités, que le fœtus soit faible ou robuste ; mais assurément elle ne peut influer en rien sur l'époque de l'accouchement. On ne peut pas supposer non plus que la différence de quantité du sang chez les femmes ait un semblable résultat. Nous avons démontré plus haut qu'il est rare et difficile que le sang s'élève, chez le même individu, au-delà de la quantité naturelle, ainsi que le pensent quelques personnes ; mais, cela même supposé, elle n'aura que l'effet que nous avons dit plus haut ; savoir, de rendre la grossesse plus pénible. Qu'importe que l'homme tienne le milieu entre les espèces dont les portées sont nombreuses, et celles qui font un petit nombre de petits ? s'ensuit-il de là que la durée de la gestation doive être variable ? Nous convenons que l'homme peut, dans tous les temps, se livrer à l'acte de la génération ; il en résultera que l'accouchement peut de même avoir lieu à toutes les époques, de manière cependant à ce que, entre la conception et l'accouchement, il y ait toujours un intervalle de neuf mois. Au reste, nous avouons que différentes affections de la mère ou du fœtus peuvent amener un accouchement prématuré; dans ce cas, l'expulsion du fœtus n'est point naturelle, et a reçu le nom particulier d'avortement: mais il est évident qu'on ne saurait conclure d'un phénomène étranger aux lois naturelles, à ceux qui sont conformes à ces lois.

557. Cependant, nous ne considérerons pas comme avortement tout accouchement qui arrive avant la fin du neuvième mois; car l'observation nous enseigne que la nature s'écarte et se joue quelquefois de ses lois habituelles; ce qui a lieu pour l'accouchement dans quelques circonstances: mais il faut savoir en même temps que ces accouchements précoces n'ont pas lieu indistinctement dans tous les temps de la grossesse, mais seulement à des époques peu nombreuses et déterminées. La plupart des accouchements prématurés ont lieu à la fin du septième mois de la grossesse, plus rarement au huitième. On a cherché à savoir si un enfant né à sept mois est plus viable que celui qui naît à huit. On lit dans un ouvrage attribué mal à propos à Hippocrate, de l'avis de savants distingués, que les enfants nés à sept mois vivent plutôt que ceux qui naissent à huit. Voici les principes sur lesquels repose cette opinion. Le fœtus, à la fin du septième mois de la grossesse, fait des efforts pour venir à la lumière: lorsque ses efforts ont

été vains, il devient malade ; au huitième mois il n'est pas encore rétabli : c'est pourquoi, s'il naît à la première époque, il doit vivre ; mais, comme pendant le neuvième mois les forces augmentent et s'affermissent, celui qui naît alors seulement, paraît plus propre à conserver la vie. Tout cela est imaginaire. En effet, si le fœtus, au septième mois, faisait des efforts pour venir à la lumière, les accouchements à ce terme seraient très communs, et ceux à neuf mois devraient être considérés comme des écarts de la nature ; mais, au contraire, les accouchements à sept mois sont les plus rares ; de plus, rien ne prouve que le fœtus devienne malade à cette époque. Au contraire, si nous considérons qu'on est d'autant plus apte à vivre, que l'organisation est plus parfaite, nous serons portés à penser que les fœtus de huit mois sont plus viables que ceux de sept : nous avouerons cependant que les accouchements à huit mois sont très rares.

538. On a agité la question de savoir si un fœtus né avant la fin du septième mois est viable ou non. Dans la plupart des cas, il n'est pas viable ; mais, s'il s'agissait de prononcer s'il n'est jamais viable, je ne hasarderais pas une décision semblable. Je me rappelle l'histoire de Fortunio Liceti, qui vint au monde avant la fin du sixième mois sans donner aucun signe de vie.

Son père, cependant, ne perdit pas l'espoir de le conserver : il le plongea dans du lait tiède ; au neuvième mois, l'enfant fit des mouvements comme pour venir à la lumière, et il parvint à une heureuse vieillesse. Ce fait démontre que le fœtus, à la fin de la grossesse, se livre à des mouvements dont le but est de provoquer l'utérus à se contracter pour se débarrasser du produit de la conception.

539. On a également cherché à savoir si le fœtus pouvait rester dans la matrice au-delà de la période ordinaire de neuf mois. Hippocrate a admis des accouchements à onze mois ; et, dans Homère, Neptune, s'adressant à la fille de Salmonée, dont il a obtenu les faveurs, lui dit : « Femme, réjouis-toi ; dans neuf mois, tu donneras le jour à des fils éclatants de beauté. » Dans l'hymne à Apollon, Homère, parlant de Junon donnant le jour à Typhon, dit qu'elle le mit au monde au bout d'un an, et qu'il ne ressemblait ni aux dieux ni aux hommes. Hésiode, dans *le Bouclier d'Hercule*, introduit ce héros racontant à Iolas qu'il est né jumeau d'Iphiclus, père de ce dernier, et lui fait dire : « Bientôt l'année étant écoulée, nous vîmes le jour ton père et moi ; mais nous n'avions ni le même caractère ni la même intelligence. » Quoi qu'il en soit, l'autorité d'un poëte est de peu de valeur en médecine : au reste,

les passages que nous avons extraits d'Homère et d'Hésiode ne prouvent pas que la grossesse puisse se prolonger pendant un an. On doit savoir que les Grecs emploient souvent le passé pour le présent : c'est pourquoi les mots *evoluto anno* doivent se traduire comme s'il y avait *volvente anno*. Souvent, en effet, on prend le mot année d'une manière indéfinie, et non pas comme exprimant une période de douze mois ; ce qui se rapporte avec notre explication. Enfin, personne ne saurait nier que les accouchements à neuf mois sont beaucoup plus communs que les autres, et que les accouchements tardifs sont si rares, qu'on peut douter de leur réalité : cela prouve que les poëtes précités n'ont pas voulu parler d'une année écoulée, mais bien d'une année dans son cours. Jusqu'à quel temps croirons-nous donc que peut se prolonger la grossesse ? On parle d'accouchements à dix mois, époque qu'ils ne sauraient dépasser : telle est du moins l'opinion des médecins les plus distingués, et c'est là-dessus que se base la législation pour décider la question de légitimité. Amatus Lusitanus et Schenck pensent que la grossesse peut se prolonger trois jours au-delà du treizième jour ; mais on peut douter que l'époque de la conception ait été exactement reconnue. Peut-être demandera-t-on s'il est contre les lois de la nature que l'accouchement ait lieu à onze mois ou même à un an. Je répondrai que l'observation ne fournit rien là-dessus, et je m'en tiendrai là. Qui pourrait, en effet, fixer des limites certaines à la puissance de la nature?

540. Il s'agit maintenant de déterminer si l'enfant nouveau-né peut vivre ou non. Ainsi que nous l'avons dit, les enfants venus avant le septième mois doivent être considérés comme ne devant pas vivre : il en est souvent de même de ceux qui ont atteint ce terme, et cela est très difficile à constater lorsqu'on ignore l'époque de la conception. Les auteurs ont donné quelques signes au moyen desquels on peut juger de l'aptitude que l'enfant a à vivre : j'appelle cette aptitude *vivacitas*, plutôt que *vitalitas*. En effet, le dernier mot exprime la faculté en vertu de laquelle la fibre organique, sous l'influence des stimulants, exécute les mouvements propres à la vie; tandis qu'il s'agit d'exprimer celle en vertu de laquelle un enfant nouveau-né peut conserver sa vie : c'est ce qu'en français on nomme *viabilité*. On reconnaît qu'un fœtus est avant terme, lorsque ses membres ne sont pas complètement développés, que la bouche et l'anus sont fermés, que les doigts et les orteils ne sont pas séparés, que les ongles ne sont pas encore

formés. Plus ces défauts d'organisation sont nombreux et importants, plus la probabilité de la vie diminuera. Cependant, en voyant un enfant dont les membres sont parfaitement développés, mais qui ne donne aucun signe de vie, il ne faut pas se hâter de prononcer qu'il est mort ou qu'il n'est pas viable : quelquefois, en effet, les nouveau-nés ne se remuent pas, ne poussent point de cris, et n'exécutent aucune fonction ; cependant, au bout de peu de temps, ils donnent des signes de vie, et fournissent une longue carrière : ils étaient donc dans un état de mort apparente. Or, comme il est très difficile de décider si un enfant nouveau-né (je le suppose venu à terme) est susceptible de vivre ou non, le droit commun a établi fort sagement que tout enfant né vivant est apte à recueillir la succession de ses parents. En France, le code veut que l'enfant soit non seulement vivant, mais viable. Je ne blâme pas cette disposition, je fais seulement observer qu'on demande une chose que, dans la plupart des cas, on ne saurait déterminer exactement. En effet, on doit prononcer qu'un enfant est vivant quand il exécute tous les actes qui appartiennent à la vie, c'est-à-dire si la circulation, la respiration et les mouvements volontaires ont lieu sans obstacles. Des recherches plus détaillées à ce sujet sont du ressort de la médecine légale.

34

CHAPITRE XXXII.

DE LA PREMIÈRE RESPIRATION.

541. L'homme respire aussitôt qu'il a franchi les parties de la génération : quelle est la cause de cette première respiration ? c'est une question encore très obscure. Je vais cependant peser les diverses opinions des physiologistes à ce sujet. Après l'accouchement, on fait sur le cordon ombilical deux ligatures à peu de distance l'une de l'autre, et entre lesquelles ce cordon se sépare : on interrompt ainsi toute communication entre la mère et le fœtus. Une plus grande quantité de sang se rend alors aux poumons, et y détermine un sentiment pénible ; ce qui occasione la dilatation de la poitrine , et l'air se précipite dans les poumons. Cependant l'air qui a pénétré dans ces organes s'y altère, et une nouvelle cause d'anxiété détermine l'expiration : ce dernier mouvement amène la compression des poumons ; le sang n'y trouve plus une voie libre ; il en résulte encore de l'anxiété, et partant l'inspiration ; enfin, l'air, qui a perdu de son oxygène, et auquel s'est ajouté du gaz acide carbonique, se trouve altéré ; l'ex-

piration a lieu. Bichat a cherché à réfuter cette opinion, qui avait prévalu depuis long-temps : cet áuteur pense que le nouveau-né passant subitement d'un liquide tiède dans une atmosphère froide, et éprouvant des stimulus auxquels il n'était pas accoutumé, en est vivement affecté ; les muscles inspirateurs se contractent, la poitrine se dilate, l'air pénètre dans les poumons ; puis les muscles, qui viennent d'agir suivant la loi commune au système musculaire, se relâchent après s'être contractés ; en même temps les muscles antagonistes se contractent, la poitrine se resserre, et l'air est chassé des poumons. Diverses considérations sont contraires à l'opinion de Bichat. Un enfant qui naîtra dans un endroit dont la température égale celle de l'eau de l'amnios ; qui, en sortant du sein de sa mère, est reçu dans de l'eau tiède, n'en respirera pas moins. Ensuite, on peut demander pourquoi on observe la contraction des muscles qui opèrent l'inspiration, et point du tout celle des autres muscles. L'opinion précédente, que Cigna a adoptée, me paraît bien plus près de la vérité. Du reste, il n'est pas facile d'expliquer pourquoi un afflux plus grand de sang vers les poumons amène le besoin de respirer ; pourquoi l'air altéré détermine l'expiration. En effet, le rôle que jouent les poumons dans le mécanisme de la respiration est peu marqué: suivant quelques uns même, il est nul; tandis qu'on doit attribuer la plus grande part aux muscles dont l'action produit la dilatation et le resserrement de la poitrine : mais le sang qui afflue en plus grande quantité aux poumons ne pourrait dilater ces organes s'il ne survenait l'action des muscles inspirateurs; ni l'air inspiré ne pourrait presser les poumons sans la contraction des muscles destinés à resserrer la cavité thorachique. La cause de la première respiration est donc encore couverte d'un voile épais ; mais il est beaucoup plus difficile encore d'expliquer pourquoi se succèdent pendant toute la vie les mouvements alternatifs d'inspiration et d'expiration, sans l'intervention d'aucune sensation, et sans le concours de la volonté.

CHAPITRE XXXIII.

DE LA CAUSE DES PREMIÈRES ACTIONS DU NOUVEAU-NÉ.

542. Pourquoi le nouveau-né applique-t-il sa bouche aux mamelles de sa mère, presse-t-il le mamelon avec ses lèvres, et en exprime-t-il le lait? Pourquoi rit-il, pleure-t-il, suivant qu'il

est affecté? Darwin a cherché à expliquer ainsi ces phénomènes : poussé par la faim ou par le besoin de changer la position de ses muscles, le fœtus ouvre la bouche ; l'eau de l'amnios s'y précipite, il l'avale, et éprouve une sensation agréable qui le détermine par la suite à répéter ce mouvement; il apprend peu à peu à opérer la déglutition : après la naissance il se porte vers les mamelles de sa mère ; attiré par l'odeur du lait qu'elles contiennent, il applique sa bouche au mamelon et en extrait le lait. Lorsqu'il s'est rassasié de cette nourriture, son muscle orbiculaire, qui s'était contracté pour la soutirer, se relâche, et les muscles opposés se contractent; c'est ce qui produit le rire, qui est pendant toute la vie le signe du plaisir. L'air affecte désagréablement, soit l'ouverture du sac lacrymal, soit le reste de la surface du corps du nouveau-né : la glande lacrymale sécrète alors un liquide qui se répand sur le globe de l'œil, et tombe ensuite sur les joues. La contraction de la peau du front, la dépression des paupières, et diverses contractions des traits de la face servent à comprimer les glandes lacrymales, et sollicitent une sécrétion plus abondante de l'humeur qui leur est propre; aussi, toutes les fois que, pendant la vie, nous sommes affectés désagréablement, nous répandons des larmes. Cette explication est très ingénieuse, mais ne peut guère être admise. Il serait déplacé de réfuter longuement l'opinion de Darwin ; je remarquerai seulement, en passant, que c'est après quelque temps, et non point immédiatement après la naissance, que l'enfant rit : ses premiers cris ne sont point accompagnés de pleurs ; la satiété ne détermine pas toujours chez lui le rire ; le seul relâchement du muscle orbiculaire, et la contraction des muscles antagonistes, ne suffisent pas pour opérer le rire : la joie s'exprime encore par les mouvements des autres muscles de la face et des yeux, ainsi que par l'épanouissement du front. Il faut donc se réduire à dire que la nature a établi un rapport entre les diverses affections de l'âme et les divers états des organes ; entre le plaisir et les actions qui déterminent le rire, ou qui accélèrent et augmentent les mouvements du cœur, ou enfin qui concourent à amener divers changements dans les autres organes ; entre la douleur et l'augmentation de la sécrétion des larmes, et les autres phénomènes qui expriment la tristesse de l'âme.

CHAPITRE XXXIV.

DE LA SÉCRÉTION DU LAIT.

543. La nature prépara une nourriture appropriée au nouveau-né; c'est le lait, dont la sécrétion s'opère après l'accouchement. Souvent il survient une légère fièvre, appelée *fièvre de lait*. Sauvages pense qu'elle est due à la prévoyance de la nature. La circulation du sang étant activée, la distension des vaisseaux des mamelles occasione la sécrétion du lait. Frédéric Hoffmann croit que le sang qui affluait à l'utérus pendant la grossesse se porte aux mamelles après l'accouchement; ce qui détermine la fièvre. D'après Van-Swiéten, l'irritation produite dans l'utérus par l'extraction du placenta dispose à l'inflammation; d'où résulte la fièvre de lait : mais il est absurde d'imaginer que le concours de la fièvre soit nécessaire au commencement de la sécrétion du lait. Pourquoi ne l'observe-t-on pas toujours? pourquoi, lorsqu'elle survient avant l'accouchement, ne détermine-t-elle pas la sécrétion du lait? pourquoi, chez les femmes qui allaitent, la fièvre diminue-t-elle souvent cette

sécrétion? De plus, il n'est pas constant que l'accouchement soit suivi d'un état inflammatoire; pourquoi admettre un tel état lorsqu'on n'observe aucun de ses signes? J'en conclurai donc que la fièvre légère qu'éprouvent les nouvelles accouchées n'a pas lieu constamment, et qu'elle peut provenir de diverses causes.

544. Le lait qui est sécrété en premier, ou *colostrum*, jouit d'une propriété laxative propre à déterminer l'évacuation des matières fécales contenues dans l'intestin du nouveau-né, et appelées méconium. Les aliments, les affections de l'âme, les maladies, ont la plus grande influence sur le lait : on doit avoir égard à ces considérations lorsqu'il s'agit du choix d'une nourrice. Lorsque l'enfant a acquis les forces suffisantes pour pouvoir digérer des aliments solides, il refuse le sein de sa mère; la sécrétion du lait diminue alors, et cesse enfin entièrement. Les enfants ne doivent pas être sevrés trop promptement. Zimmermann a prouvé que l'usage de la bouillie, chez les enfants trop jeunes, avait souvent les plus graves inconvénients. Il est une loi de la nature qui prescrit à la mère de fournir elle-même à son enfant la nourriture qui lui convient : cette loi sacrée est souvent violée, mais ce n'est pas impunément. Que d'incommodités affligent les femmes des villes ! on

les attribue à diverses causes : cependant on doit surtout en accuser cette funeste habitude des mères de repousser leurs enfants de leur propre sein ; de les confier, contre le vœu de la nature, à des nourrices mercenaires. Certainement ce n'est pas sans s'exposer à des suites fâcheuses que l'on trouble la sécrétion du lait, qui tend à s'établir après l'accouchement : toutefois il est quelques femmes qui ne peuvent pas, sans inconvénient, nourrir leurs enfants ; je n'adresse ces observations qu'à celles que le vain désir de conserver leur beauté entraîne à violer les lois les plus sacrées de la nature.

CHAPITRE XXXV.

DE LA GÉNÉRATION.

545. Il me reste à traiter des fonctions destinées à perpétuer l'espèce ; à rechercher ce qui a lieu, lors du rapprochement des sexes, pour qu'un nouvel être soit créé : phénomène étonnant, mais dont les causes sont couvertes des voiles les plus épais. Je dois, cependant, exposer ce que l'on a dit sur cette fonction : nous n'en pourrons, il est vrai, tirer aucune conclu-

sion qui puisse être regardée comme l'expression de la vérité ; nous aurons du moins l'occasion d'admirer la puissance infinie de l'Être suprême. Hippocrate pensait que le fœtus était formé par le mélange des semences fournies par l'homme et par la femme : la prédominance de l'une ou l'autre de ces semences déterminait le sexe correspondant de l'enfant. Suivant Descartes, les deux semences éprouvent une fermentation, d'où résulte la formation du fœtus. Buffon prétend que les semences de l'homme et de la femme contiennent des molécules organiques : celles-ci se forment pendant l'acte de la génération, suivant certaines lois. Celles qui proviennent des yeux sont destinées à former les yeux ; celles qui viennent des oreilles doivent composer les oreilles. Si la semence masculine domine, il en résulte un enfant mâle ; c'est le contraire pour les enfants du sexe féminin. Diogène et tous les philosophes stoïciens pensaient que le fœtus dérivait seulement de la semence de l'homme, et que ses enveloppes étaient fournies par la femme. Leewenoëck, Hartsoëcher, Boerhaave, ont avancé qu'il existait dans le sperme des animalcules, rudiments de l'être nouveau. Aristote et Galien, chez les anciens ; Harvey, Needham, Muller, Wolf, chez les modernes, soutiennent que le fœtus se forme peu à peu par la réunion de cer-

taines parties, ou, comme on le dit, par épigé-
nèse. D'après Bonnet et Spallanzani, il y a dans
l'œuf fourni par la mère les rudiments complets
de l'être ; le sperme n'est qu'un stimulus qui
leur imprime la vitalité : cette évolution des rudiments de l'être est désignée sous le nom de
palingénésie. Quelques naturalistes ont imaginé
qu'il y avait, répandus dans tout l'univers, des
germes qui, sous l'influence de certaines circonstances, pouvaient se transformer en êtres vivants : c'est ce qu'on a appelé la doctrine de la
panspermie. Je ne dois pas m'occuper de l'opinion de Pythagore, relativement à la puissance
des nombres sur la génération ; de celle de Par-
ménides sur le chaud et le froid, considérés
comme causes de la génération ; de celle de
Thalès sur l'humidité, origine du fœtus ; de celle
enfin de Stahl sur l'action de l'âme dans la formation d'un nouvel individu, mais j'exposerai
plus au long les idées récemment émises sur ce
sujet par Darwin, Rolando et Carrara. Darwin a
donné l'explication la plus étendue de la génération. Il se forme chez la femme, avant la fé-
condation, une certaine quantité de particules
nutritives qui n'ont pas besoin d'une élaboration
plus prononcée de la part de la digestion, de la
sécrétion et de l'oxygénation : ce sont les œufs.
Le mâle donne naissance à un filet vivant qui,

s'interposant entre les particules dont il a été fait mention, est stimulé par elles, et est mis en action : de là, quelques unes de ces particules nutritives s'associent au filet vivant ; la partie surajoutée est stimulée par les particules nutritives voisines. Une sensation s'ajoute à l'irritation ; ce qui occasione le rapprochement de nouvelles particules. Au moyen de la force de l'association, ou par celle de l'irritation, les parties déjà formées persistent dans leurs mouvements : la force de sensation détermine d'autres mouvements, puis celle de volonté, ou, comme on l'appelle, la volition. L'existence de cette dernière force semble être détruite, chez le fœtus avancé, par une sorte de sommeil, qui n'est autre chose que le repos momentané de la volition. Le filet vivant primitif est doué de deux forces, l'une au moyen de laquelle il repousse les particules appliquées à certaines de ses parties, la seconde qui lui sert à attirer les autres particules propres à exciter ses parties : c'est ainsi que se créent les premières formes de l'embryon. Cette opération n'exige pas un temps bien long, car les particules nutritives n'ont pas besoin de préparation préliminaire. Quelquefois, par l'influence de la matière nutritive fournie par la mère, le germe n'acquiert pas les parties exactement semblables à celles qui existent chez le père ; d'où résultent les espèces hybrides et les monstres. Le germe vivant provient du père : c'est pourquoi l'enfant manifeste ses penchants et ses goûts ; mais lorsque la première matière nutritive est fournie par la mère, l'enfant hérite de ses penchants. L'influence de l'imagination du père, dans la fonction de la génération, détermine la formation d'un fœtus du sexe mâle plutôt que du sexe féminin, et lui donne les dispositions à certaines qualités. Dès que le fœtus est formé complètement, il possède les organes propres à la fonction de la digestion ; toutefois, le défaut de matière nutritive de la mère peut encore le modifier. L'accroissement du fœtus complètement formé, au moyen des particules nutritives qui s'y ajoutent, a lieu non seulement par distension, mais encore par apposition ; c'est ce qui fait que les parties qui prennent de l'accroissement conservent toujours les mêmes formes. Il s'ensuit évidemment que Darwin pensait que le père fournissait le germe du nouvel individu, et la mère la matière nutritive. Rolando croit que l'embryon est composé de deux éléments primitifs, savoir, le système cellulovasculaire, et le nerveux ; le premier fourni par la mère, le second par le père, et que les autres systèmes étaient formés par l'action simultanée de ceux-là. Carrara est du même sentiment.

546. Maintenant que j'ai exposé les principales hypothèses émises au sujet de la génération, je devrais indiquer celle qui mérite la préférence ; mais il est impossible de se décider, à
moins qu'on ne se contente de quelques proba-
bilités. Les théories basées sur la mixtion des
semences tombent d'elles-mêmes : il est certain
qu'il n'y a aucune semence fournie par la femme;
toute la question se borne donc à décider si le
sperme féconde seulement l'œuf, ou s'il concourt en quelque chose à la formation de l'embryon. La théorie proposée par Spallanzani paraît, au premier abord, assez fondée; mais on
ne peut se dissimuler qu'il s'élève contre elle de
nombreuses et de fortes objections. Souvent les
enfants ressemblent à leur père, et nullement à
leur mère ; et l'on ne peut pas avoir recours au
pouvoir de l'imagination. Morgagni cite l'exemple
d'une famille dont les membres n'avaient que six
vertèbres cervicales : les femmes ignoraient ce
fait, du moins dans les premiers temps ; d'ailleurs, peut-on croire que l'imagination agisse
au point de déterminer l'excès ou l'absence de
certaines parties? Il est très fréquent de voir les
enfants sujets aux mêmes maladies que leurs
pères. On se rendra difficilement compte de ces
faits dans la théorie de Spallanzani ; mais ce que
rapporte Hérissant paraît confirmer cette opi-

nion, que le sperme n'est pas seulement destiné à féconder l'œuf de la mère, mais à concourir à la formation de l'embryon. Un mulet provenant d'une jument et d'un âne avait le braiement de ce dernier animal ; il fallait que ce mulet eût la même conformation spéciale du larynx que l'âne qui l'avait engendré. Ces considérations m'engagent à me ranger de l'avis de Rolando, qui croit que le sperme concourt à l'organisation de l'embryon. Mais je m'arrête à cette conclusion : je n'oserais pas décider si le père fournit le système nerveux, et la mère le système cellulo-vasculaire ; car tous les systèmes paraissent formés ensemble, ils sont certainement unis et confondus. Admirons les sublimes desseins de la nature, et respectons le mystère dont elle a voulu s'envelopper.

547. J'ai rapporté plus haut l'opinion de Darwin relativement aux monstres, je dois donner quelques développements sur ce sujet. Il ne faut ni admettre ni rejeter toutes les espèces de monstres ; on doit regarder comme fabuleux les monstres qu'on dit avoir présenté l'apparence d'animaux et leurs habitudes. On ne peut pas nier la réalité de tous les monstres qui offraient quelque aberration des lois de la nature ; Buffon les a distingués en trois classes : la première comprend les monstres par excès des parties ; la seconde,

les monstres par défaut; la troisième, ceux qui ont une mauvaise ou vicieuse conformation, qui offrent une transposition des parties.

548. La formation des monstres est assez obscure; et l'on ne peut guère espérer d'en trouver la cause, tant qu'on ignorera si le sperme féconde seulement l'œuf, ou s'il concourt à l'organisation de l'embryon. Malebranche, dont l'opinion a été suivie par beaucoup de personnes, attribuait l'origine des monstres à l'imagination de la mère. Long-temps auparavant, Empedocle et Aristote avaient émis cette idée; mais le célèbre Malebranche rassembla beaucoup de faits pour en prouver la justesse. On lit dans l'Écriture sainte que le patriarche Jacob jetait dans un ruisseau, vers lequel il conduisait son troupeau, des baguettes de peuplier, les unes couvertes de leur écorce, les autres dépouillées entièrement ou en partie de cette écorce, pour qu'il naquît des agneaux noirs ou blancs, ou de diverses couleurs. Les Grecs et les Romains exposaient aux regards des femmes enceintes des tableaux de la plus grande beauté, afin d'avoir de beaux enfants. Une femme enceinte, témoin du supplice d'un homme condamné à périr sur la roue, mit au monde un enfant dont les membres étaient brisés aux mêmes endroits que ceux du roué; mais on objecte contre cette opinion que le fœtus

ne forme pas continuité avec sa mère, et que
l'influence de l'imagination ne peut avoir lieu sur
lui. Au milieu d'une telle dissidence, que con-
clurons-nous? La chose est certainement difficile ; cependant il faut bien se prononcer de quelque manière : on ne doit pas croire aux monstres
humains qu'on dit avoir présenté la forme d'animaux ; on ne doit pas non plus attribuer les diverses monstruosités ni à l'imagination de la mère
ni à des rapprochements infâmes. Pour que des
animaux d'espèces différentes puissent engendrer, il faut qu'il y ait quelque affinité entre ces
espèces : ainsi l'âne et la jument, le cheval et
l'ânesse, peuvent engendrer, mais nullement le
bœuf avec la jument. Il est donc ridicule de
croire qu'il y ait des monstres moitié homme et
moitié animal : ceux qui offrent un excès de
parties doivent ce vice de conformation à la génération elle-même. Si l'on suit l'opinion de
Spallanzani, l'on pensera qu'il existait un germe
monstrueux dans l'ovaire; si l'on adopte, au
contraire, le sentiment de Rolando, qui croit
que le sperme entre pour quelque chose dans la
formation de l'embryon, on pourra imaginer
que la monstruosité provient ou du germe ou
du sperme, ou de l'un et de l'autre. Les monstres qui sont avec défaut de parties dérivent, ou
de la même cause que les précédents, ou d'ob-

stacles apportés à l'évolution des parties. D'après ce que j'ai dit plus haut, il est évident qu'il n'existe pas de communication directe entre la mère et le fœtus : l'imagination de la mère ne peut donc pas déterminer des effets aussi subits et aussi prononcés que ceux que rapportent Malebranche et quelques autres. L'exemple tiré de l'Écriture sainte ne peut être ici d'aucun poids : ce qu'on raconte de Jacob doit être considéré comme un prodige; les autres faits sont ou faux ou exagérés. Tout ce qu'il semble devoir être accordé à l'effet de l'imagination, c'est que l'état de la mère influe sur celui du fœtus. Le plus souvent une femme robuste donne naissance à un enfant robuste, une femme débile engendre un enfant faible : on observe des exemples contraires, mais ils sont rares. Ainsi, qu'une femme enceinte soit frappée de terreur, ou atteinte de quelque affection de l'âme, elle deviendra malade, et le fœtus se ressentira de sa maladie; son développement sera entravé, ou la nutrition s'opérera d'une manière vicieuse en quelque endroit, ou quelque sécrétion sera altérée, d'où résultera l'augmentation ou la diminution dans le volume de quelques parties, ou quelques vices de conformation.

CONCLUSION.

En étudiant l'homme, nous avons admiré la noble image de la Divinité; mais notre admiration serait stérile si nous ne faisions tourner à l'avantage de la société les bienfaits que nous a dispensés le Créateur. Il est impossible de n'être pas ravi par les merveilles de la nature, et ce serait tomber dans une absurde contradiction que d'éprouver un tel ravissement, et de n'être point porté à suivre le chemin de la vertu.

FIN.

TABLE

DES CHAPITRES.

SECONDE PARTIE.

DES FONCTIONS.

ORDRE PREMIER.

DES FONCTIONS NUTRITIVES.

ORDRE II.

DES FONCTIONS ANIMALES.

ORDRE III.

DES FONCTIONS GÉNITALES.

FIN DE LA TABLE.

www.ingramcontent.com/pod-product-compliance
Lightning Source LLC
LaVergne TN
LVHW050452060726
842526LV00001B/123